La genialidad no tiene color.
La fuerza no tiene género.
El valor no tiene límite.

EL LIBRO QUE INSPIRÓ LA PELÍCULA DE TWENTIETH CENTURY FOX

TALENTOS OCULTOS

BASADA EN LA HISTORIA REAL JAMÁS CONTADA

 HarperCollins *Español*

Editora en Jefe: *Graciela Lelli*
Diseño interior: *MT Color & Diseño, S. L.*

Actualmente una superproducción de Twentieth Century Fox.

ISBN: 978-0-71809-274-0
Impreso en Estados Unidos de América
17 18 19 20 DCI 6 5 4 3 2 1

*A mis padres, Margaret G. Lee y Robert B. Lee III,
y a todas las mujeres del NACA y de la NASA que ofrecieron
su hombro para seguir avanzando*

CONTENIDO

NOTA DE LA AUTORA

«Negro», «De color», «Indio», «Chicas». Aunque a algunos lectores el lenguaje de *Talentos ocultos* pueda resultarles discordante en la actualidad, he intentado mantenerme fiel a la época y a las voces de los individuos representados en esta historia.

PRÓLOGO

La señora Land trabajó como computista en Langley», dijo mi padre mientras giraba a la derecha para salir del aparcamiento de la Primera Iglesia Bautista de Hampton, Virginia.

Mi marido y yo visitamos a mis padres poco después de la Navidad de 2010, cuando disfrutábamos de unos pocos días lejos del trabajo y de nuestra vida en México. Nos pasearon por el pueblo en su furgoneta verde de veinte años de antigüedad, con mi padre al volante y mi madre en el asiento del copiloto, y Aran y yo sentados atrás como si fuéramos hermanos. Mi padre, sociable como siempre, nos ofrecía una serie de comentarios que iban desde las últimas noticias sobre amigos y vecinos con los que nos habíamos encontrado por el pueblo hasta la previsión meteorológica, pasando por elaborados discursos sobre física, resaltando su última investigación como estudiante de doctorado de sesenta y seis años en la Universidad de Hampton. Disfrutaba mostrándole a mi marido, nacido y criado en Maine, nuestro pequeño rincón del mundo y, ya de paso, reavivando mi conexión con la vida local y la historia de la zona.

Durante el tiempo que estuvimos allí, yo pasaba las tardes con mi madre yendo al cine del pueblo, mientras que Aran seguía a mi padre y a sus amigos a ver los partidos de fútbol de la Universidad Estatal de Norfolk. Tomábamos hamburguesas de pescado en antros cercanos a Buckroe Beach, visitamos la colección de arte de los nativos americanos propiedad del Museo de la Universidad de Hampton y recorríamos las tiendas de antigüedades del pueblo.

A los dieciocho años, cuando me marché a la universidad, veía mi pueblo como una plataforma de lanzamiento hacia una vida en entornos más cosmopolitas, como un lugar del que proceder más que un lugar en el que estar. Pero los años y los kilómetros lejos de casa jamás atenuaron la manera en que mi pueblo definió mi identidad y, cuantos más lugares exploraba y más gente conocía lejos de Hampton, más significativo se volvió para mí mi estatus de hija del pueblo.

Aquel día, después de la iglesia, pasamos un rato charlando con la maravillosa señora Land, que había sido una de mis profesoras favoritas de la escuela parroquial. Kathaleen Land, una matemática jubilada de la NASA, seguía viviendo sola a pesar de tener más de noventa años y jamás dejaba de asistir un domingo a la iglesia. Nos despedimos de ella y nos subimos a la furgoneta para ir a tomar el almuerzo en familia. «Muchas mujeres de por aquí, blancas y negras, trabajaban como computistas», continuó mi padre, mirando a Aran por el espejo retrovisor, pero dirigiéndose a ambos. «Kathryn Peddrew, Ophelia Taylor, Sue Wilder —dijo y enumeró algunos nombres más—. Y Katherine Johnson, que calculaba las ventanas de lanzamiento para los primeros astronautas».

Aquel relato despertó recuerdos de hacía décadas, de algún día maravilloso que yo pasaba sin ir a clase en la oficina de mi padre en el Centro de Investigaciones de la Administración Nacional de la Aeronáutica y del Espacio situado en Langley. Yo iba en el asiento delantero de nuestro Pontiac de 1970, mi hermano, Ben y mi hermana Lauren iban detrás mientras nuestro padre recorría el trayecto de veinte minutos desde nuestra casa, cruzaba el puente de Virgil I. Grissom, atravesaba el bulevar Mercury y llegaba al camino que conducía hacia la puerta de la NASA. Mi padre mostraba su placa y accedíamos hasta un terreno de calles perfectamente paralelas repletas de un extremo al otro de edificios de dos plantas de ladrillo rojo. Solo el gigantesco complejo de túneles de viento hipersónico —una esfera plateada de treinta metros que se alzaba sobre cuatro globos plateados de dieciocho metros— daba fe del admirable trabajo que tenía lugar en aquellas instalaciones de aspecto, por lo demás, anodino.

El Edificio 1236, el destino diario de mi padre, albergaba un bizantino complejo de cubículos grises perfumados con los olores adultos del café y del humo del tabaco. Sus compañeros ingenieros, con su estilo descuidado y sus modales distraídos, me parecían bichos raros. A los niños nos daban pilas de papel continuo para ordenadores, impresas por una cara con crípticas series de números, mientras que la otra cara suponía un lienzo en blanco para crear obras maestras con las ceras de colores. En muchos de esos cubículos había mujeres; respondían al teléfono o escribían a máquina, pero también realizaban marcas jeroglíficas en diapositivas transparentes y hablaban con mi padre y los demás hombres de la oficina sobre las pilas de documentos que abarrotaban sus escritorios. El hecho de que muchas de ellas fueran afroamericanas, de que muchas tuvieran la edad de mi abuela, me resultó algo completamente normal: habiendo crecido en Hampton, la cara de la ciencia era morena como la mía.

Mi padre entró en Langley en 1964 como estudiante en prácticas y se jubiló en 2004 como climatólogo respetado internacionalmente. Cinco de los siete hermanos de mi padre se ganaron la vida como ingenieros o tecnólogos, y algunos de sus mejores amigos —David Woods, Elijah Kent, Weldon Staton— se forjaron exitosas carreras en Langley como ingenieros. Nuestro vecino de al lado impartía Física en la Universidad de Hampton. En nuestra iglesia abundaban los matemáticos. Los expertos supersónicos ocupaban cargos de liderazgo en la hermandad de mi madre, y los ingenieros eléctricos formaban parte de la junta directiva de las asociaciones de alumnos de la universidad de mis padres. Charles Foxx, el marido de mi tía Julia, era hijo de Ruth Bates Harris, una funcionaria pública y feroz defensora de los derechos de las mujeres y de las minorías; en 1974, la NASA la nombró administradora auxiliar adjunta, la mujer con el cargo más alto de toda la agencia. En la comunidad había sin duda profesores de inglés negros, como mi madre, así como médicos y dentistas negros, mecánicos negros, conserjes negros, zapateros, organizadores de bodas, agentes inmobiliarios, enterradores y varios abogados negros, además de un puñado de vendedoras negras de Mary Kay. Sin embargo, de niña, yo conocía a tantos afroamericanos que se dedicaban a la ciencia, a las matemáticas y a la ingeniería que pensaba que aquello era lo que hacían los negros en general.

Mi padre, que creció durante la segregación, experimentó otra realidad. «Hazte profesor de educación física», le dijo mi abuelo en 1962 a su hijo de dieciocho años, que estaba empeñado en estudiar ingeniería eléctrica en la Facultad Estatal de Norfolk, históricamente negra.

En aquella época, los afroamericanos con estudios y sentido común solían buscar trabajo en la enseñanza o en correos. Pero mi padre, que construyó su primer cohete en clase de Tecnología en el instituto, después del lanzamiento del Sputnik en 1957, desafió a mi abuelo y se lanzó al camino de la ingeniería. Claro, el temor de mi abuelo a que a un hombre negro le resultase difícil abrirse paso en la ingeniería no era infundado. En 1970, solo un 1% de los ingenieros estadounidenses era negro; número que ascendió a un 2% en 1984. Aun así, el gobierno federal era el mejor empleador de afroamericanos dentro del campo de la ciencia y la tecnología: en 1984, 8,4% de los ingenieros de la NASA eran negros.

Los empleados afroamericanos de la NASA aprendieron a adaptarse al mundo de la ingeniería de la agencia espacial, y, a cambio, sus éxitos permitieron a sus hijos acceso hasta entonces inimaginable a la sociedad estadounidense. Al crecer con amigos blancos y asistir a escuelas integradas, muchas veces daba por sentado aquel trabajo de fondo que habían hecho por nosotros.

Cada día veía a mi padre ponerse un traje y salir de casa para conducir esos veinte minutos hasta el Edificio 1236, exigiéndose a sí mismo el máximo para poder dar el máximo al programa espacial y a su familia. Trabajando en Langley, mi padre se aseguró de que mi familia perteneciera a la clase media acomodada, y Langley se convirtió en uno de los referentes de nuestra vida social. Todos los veranos, mis hermanos y yo ahorrábamos nuestra paga para comprar billetes para montar en poni durante la feria anual de la NASA. Año tras año le entregaba mi lista de regalos de Navidad al Papá Noel de la NASA durante la fiesta navideña infantil de Langley. Durante años, Ben, Lauren y mi hermana pequeña, Jocelyn, que aún era un bebé, nos sentábamos en las gradas del Edificio de Actividades de Langley los jueves por la noche y animábamos a mi padre y a los Stars, su equipo de la «NBA» (NASA Basketball Association). Yo fui un producto de la NASA como lo fue el aterrizaje en la Luna.

La chispa de curiosidad pronto se convirtió en un fuego que me devoraba. Freía a mi padre a preguntas sobre sus primeros días en Langley a mediados de los sesenta, preguntas que nunca antes había hecho. Al domingo siguiente interrogué a la señora Land sobre la primera época de la sala de computación de

Langley, cuando parte de la responsabilidad de su trabajo consistía en saber qué cuarto de baño estaba reservado a los empleados «de color». Y menos de una semana más tarde estaba sentada en el sofá del salón de Katherine Johnson, bajo una bandera americana que había estado en la Luna, escuchando a una mujer de noventa y tres años con una memoria mejor que la mía hablar de los autobuses segregados, de los años de enseñanza mientras criaba a su familia y calculaba la trayectoria del viaje espacial de John Glenn. Escuché las historias de Christine Darden sobre los largos años que pasó como analista de datos, esperando que le llegara la oportunidad de demostrar que era ingeniera.

Incluso como profesional en un mundo integrado, yo había sido la única mujer negra en demasiadas salas de reuniones y de conferencias como para poder imaginarme el descaro necesario para que una mujer afroamericana en un entorno de trabajo del sur segregado les dijera a sus jefes que estaba segura de que sus cálculos llevarían al hombre a la Luna. El camino de esas mujeres marcó el rumbo del mío; sumergirme en sus historias me ayudó a comprender la mía.

Aunque la historia hubiese comenzado y terminado con las cinco primeras mujeres negras que fueron a trabajar al lado oeste segregado de Langley en mayo de 1943 —las mujeres que después fueron conocidas como «computistas del oeste»—, yo me habría dedicado de igual forma a registrar los hechos y las circunstancias de sus vidas. Al igual que las islas —lugares aislados con una biodiversidad rica y única— son relevantes para los ecosistemas de todas partes, también lo es estudiar a gente aparentemente aislada o ignorada, y los acontecimientos del pasado tienen conexiones inimaginables con el presente. La idea de que la NASA contratara a mujeres negras para trabajar como matemáticas en el sur durante la época de la segregación desafía nuestras expectativas y gran parte de lo que creemos que sabemos sobre la historia de Estados

Unidos. Es un gran relato, y solo eso hace que merezca la pena ser contado.

Cuando empecé a documentarme para este libro, compartí detalles de lo que había descubierto con expertos en la historia de la agencia espacial. Alentaban lo que consideraban una valiosísima adición al cúmulo del conocimiento, aunque algunos cuestionaban la magnitud de la historia.

¿De cuántas mujeres estamos hablando? ¿Cinco o seis?

Yo había conocido a más de esas en Hampton cuando era pequeña, pero incluso a mí me sorprendía lo mucho que crecían las cifras. Esas mujeres aparecían en fotos y guías telefónicas, en fuentes normales e inusuales. La mención a un trabajo en Langley que aparecía en un anuncio de compromiso matrimonial en el *Norfolk Journal and Guide*. Un puñado de nombres que dio la hija de una de las computistas del oeste. Una circular de 1951 del jefe de personal de Langley en la que aparecía el número y el estatus de las empleadas negras, y en la que inesperadamente se hacía referencia a una mujer negra que era «científica investigadora del GS-9». Descubrí un documento de personal de 1945 que describía un hervidero de actividad matemática en una oficina de un edificio nuevo del lado oeste de Langley, donde trabajaban veinticinco mujeres negras haciendo cálculos durante veinticuatro horas, supervisadas por tres supervisores negros que ofrecían sus informes a dos computistas jefas blancas. Incluso mientras escribo las últimas palabras de este libro, sigo haciendo números. Puedo poner nombre a casi cincuenta mujeres negras que trabajaron como computistas, matemáticas, ingenieras o científicas en el Laboratorio Aeronáutico de Langley entre 1943 y 1980, y mi intuición me dice que podría sacar otros veinte nombres más de los archivos con un poco de documentación adicional.

Y, aunque las mujeres negras son las más ocultas de todos los matemáticos que trabajaron en el NACA, el Comité Asesor Nacional de Aeronáutica, y después en la NASA, no estaban solas en la oscuridad: las mujeres blancas que constituyeron la mayor parte de la mano de obra en la computación durante los años no han sido reconocidas por su contribución al éxito de la agencia a largo plazo. Virginia Biggins se ocupó de la sección de Langley para el periódico *Daily Press* y cubrió el programa espacial que empezó en 1958. «Todos decían, "Es un científico, es un ingeniero" y siempre era un hombre», dijo en 1990 durante un congreso sobre los computistas de Langley. Nunca llegó a conocer a ninguna de esas mujeres. «Di por hecho que eran todas secretarias», dijo. Cinco mujeres blancas se unieron a la primera sala de computación de Langley en 1935 y, en 1946, cuatrocientas «chicas» ya habían sido entrenadas como soldados de infantería aeronáutica. La historiadora Beverly Golemba, en un estudio de 1994, estimó que Langley había contratado a «varios cientos» de mujeres como computistas. En el tramo final de la documentación para *Talentos ocultos*, me doy cuenta de que ese número podría superar el millar.

Para una autora novel sin experiencia como historiadora, escribir sobre un tema que básicamente no aparece en los libros de Historia resultaba todo un desafío. Soy consciente de la disonancia cognitiva que provoca la frase «mujeres negras matemáticas en la NASA». Desde el principio, supe que tendría que aplicar el mismo tipo de razonamiento analítico a mi investigación que esas mujeres aplicaban a las suyas. Porque, por excitante que resultara descubrir nombre tras nombre, el primer paso era averiguar quiénes eran. El verdadero desafío era documentar su trabajo. Más aún que el sorprendente número de mujeres negras y blancas que se ocultaban en una profesión conocida universalmente por pertenecer a los varones blancos, el trabajo que dejaron a sus espaldas fue toda una revelación.

Estuvo Dorothy Hoover, que trabajó para Robert T. Jones en 1946 y publicó una investigación teórica sobre sus famosas alas delta en forma de triángulo en 1951. Estuvo también Dorothy Vaughan, que trabajó con las «computistas del este» blancas para escribir un libro de texto sobre métodos algebraicos para las máquinas de cálculo que eran sus compañeras constantes. Estuvo Mary Jackson, que defendió su análisis frente a John Becker, uno de los aerodinamistas más reputados del mundo. Y tenemos a Katherine Coleman Goble Johnson, que describió la trayectoria orbital del vuelo de John Glenn; los cálculos de su asombroso informe de 1959 eran tan elegantes y precisos como una sinfonía. Estaba también Marge Hannah, la computista blanca que fue la primera jefa de las mujeres negras y que coescribió un informe con Sam Katzoff, que se convirtió en el científico jefe del laboratorio. Estuvo Doris Cohen, la primera autora del NACA, que les abrió el camino a todas ellas con su primer informe de investigación en 1941.

Mi investigación se volvió más una obsesión; seguía cualquier rastro si eso significaba encontrar a una de estas computistas. Estaba decidida a demostrar su existencia y su talento de manera que nunca volviesen a perderse en la historia. A medida que las fotos, los informes, las ecuaciones y los relatos familiares se convertían en personas reales, a medida que las mujeres se convertían en mis compañeras y volvían a la juventud o a la vida, comencé a desear para ellas algo más que documentar simplemente su existencia. Lo que deseaba era que tuvieran el relato grandioso que merecían, la clase de historia americana que pertenece a los hermanos Wright y a los astronautas, a Alexander Hamilton y a Martin Luther King hijo. No contado como una historia diferente, sino como parte de la historia que todos conocemos. No al margen, sino en el centro, como protagonistas del drama. Y no solo porque sean negras, o porque sean mujeres, sino porque forman parte de la epopeya estadounidense.

Hoy, mi pueblo —la aldea que en 1962 fue apodada «Pueblo espacial de EE. UU.»— se parece a cualquier ciudad suburbana en una América moderna e hiperconectada. Gente de todas las razas y nacionalidades se mezcla en las playas de Hampton y en las estaciones de autobús, los carteles de SOLO BLANCOS forman parte del pasado y han quedado relegados al museo de historia local y al recuerdo de los supervivientes de la revolución por los derechos civiles. El bulevar Mercury ya no evoca imágenes de la misión epónima que lanzó a los primeros americanos más allá de la atmósfera, y día a día Virgil Grissom va alejándose del puente que lleva su nombre. Un programa espacial recortado y décadas de reveses gubernamentales han sacudido con fuerza a la región; hoy en día, una universitaria ambiciosa a la que le gusten los números podría aspirar a un puesto en alguna pequeña empresa de Silicon Valley o entrar en una de las muchas empresas tecnológicas que conquistan el NASDAQ desde las afueras de Washington, D.C.

Pero antes de que un ordenador se convirtiera en un objeto inanimado, y antes de que Mission Control aterrizara en Houston; antes de que el Sputnik cambiara el rumbo de la historia y antes de que el NACA se convirtiera en la NASA; antes de que el caso del Tribunal Supremo *Brown contra la Junta Educativa de Topeka* estableciera que «separado» no es lo mismo que «igual», y antes de que la poesía del discurso de «He tenido un sueño», de Martin Luther King hijo, resonara por los rincones del Lincoln Memorial, las computistas del oeste de Langley ayudaron a Estados Unidos a dominar el campo de la aeronáutica, la investigación espacial y la tecnología informática, haciéndose un hueco como matemáticas que además eran negras, matemáticas negras que además eran mujeres. Para un grupo de mujeres afroamericanas, diligentemente preparadas para una carrera en matemáticas y ansiosas por jugar en las grandes ligas, Hampton, Virginia, debía de parecer el centro del universo.

TALENTOS OCULTOS

CAPÍTULO 1

Una puerta se abre

Melvin Butler, el jefe de personal del Laboratorio Aeronáutico de Langley Memorial, tenía un problema, cuya naturaleza quedó clara en un telegrama de mayo de 1943 enviado al jefe de operaciones de campo del servicio civil. *Este establecimiento necesita urgentemente unos 100 físicos y matemáticos en prácticas, 100 computistas adjuntos, 75 aprendices de laboratorio, 125 becarios auxiliares, 50 taquígrafos y mecanógrafos*, exclamaba la misiva. Cada mañana a las siete en punto, Butler y su equipo se ponían en marcha, enviaban la furgoneta del laboratorio a la estación de tren, a la de autobús y a la terminal del ferri para recoger a los hombres y mujeres —muchas mujeres, cada vez más mujeres— que habían viajado hasta aquella franja de tierra solitaria en la costa de Virginia. El vehículo llevaba a los empleados hasta la puerta del Edificio de Servicio del laboratorio, situado en las instalaciones de Langley. Arriba, el personal de Butler les ayudaba con el protocolo del primer día: formularios, fotos y el juramento de la oficina: «Apoyaré y defenderé la Constitución de Estados Unidos contra todo enemigo, extranjero o local [...] con la ayuda de Dios».

Una vez instalados, los nuevos empleados civiles se dispersaban para ocupar sus puestos en uno de los cada vez más numerosos edificios de investigación del centro, en los que ya no cabía ni un alfiler. En cuanto Sherwood Butler, el jefe de compras del laboratorio, colocaba el último ladrillo en un nuevo edificio, su hermano Melvin comenzaba a llenarlo con nuevos empleados. Armarios y pasillos, almacenes y talleres hacían las veces de oficinas. A alguien se le ocurrió la brillante idea de colocar juntos dos escritorios y poner en medio un asiento reclinable para poder así meter a tres trabajadores en un espacio diseñado para dos. En los cuatro años transcurridos desde que las tropas de Hitler ocuparan Polonia —dado que los intereses estadounidenses y la guerra europea convergieron en un conflicto que lo consumió todo—, los quinientos y pico empleados del laboratorio al final de la década iban camino de mil quinientos. Aun así, la insaciable máquina de guerra se los tragaba enteros y seguía hambrienta.

Las oficinas del Edificio de Administración daban al aeródromo en forma de media luna. Solo el flujo de personas vestidas de civiles camino del laboratorio, el puesto de control más antiguo del Comité Asesor Nacional de Aeronáutica (NACA), distinguía los edificios bajos de ladrillo pertenecientes a la agencia de los otros edificios idénticos empleados por las tropas aéreas del Ejército de Estados Unidos. Ambas instalaciones habían crecido juntas: la base aérea, entregada a desarrollar el poder aéreo militar de Estados Unidos; el laboratorio, como agencia civil encargada de avanzar en el entendimiento científico de la aeronáutica y difundir sus hallazgos a la industria militar y privada. Desde el principio, el ejército había permitido al laboratorio operar en las instalaciones del aeródromo. La estrecha relación con los miembros del ejército de aire servía para recordar a los ingenieros que cada experimento que realizaran tendría implicaciones en el mundo real.

El hangar doble —dos edificios contiguos de treinta y tres metros de largo cada uno— había sido cubierto con pintura de camuflaje en 1942 para engañar a los ojos enemigos en busca de objetivos, y su interior sombrío y cavernoso protegía a las máquinas y a sus ingenieros de los elementos. Hombres vestidos con overol de lona, a veces en grupos, se movían en furgonetas y en *jeeps* de un avión a otro, se detenían para inspeccionarlos como si fueran insectos polinizando, los supervisaban, les ponían gasolina, reemplazaban algunas partes, se fundían con ellos y los llevaban hacia el cielo. La música de los motores de los aviones y las hélices girando en las diferentes fases del despegue, el vuelo y el aterrizaje sonaba desde antes del amanecer hasta el anochecer. El sonido de cada máquina era tan único para sus responsables como el llanto de un bebé para su madre. Por debajo de las notas tenores de los motores sonaba el rugido grave de los túneles de viento del laboratorio, que proyectaban sus huracanes artificiales hacia los aviones, partes de aviones, aviones a escala, aviones a tamaño real.

Dos años antes, cuando se atisbaban las nubes de tormenta, el presidente Roosevelt desafió a la nación para que aumentara su producción de aviones hasta cincuenta mil al año. Parecía una tarea imposible para una industria que hasta 1938 solo proporcionaba al Cuerpo Aéreo del Ejército noventa aviones al mes. Ahora, la industria aeronáutica de Estados Unidos era un milagro de la producción y había sobrepasado el objetivo de Roosevelt en más de la mitad. Se había convertido en la mayor industria del mundo, la más productiva, la más sofisticada, tres veces mejor que la de los alemanes y casi cinco veces mejor que la japonesa. Los hechos eran evidentes para todos los contendientes: la conquista final llegaría del cielo.

Para los chicos del Cuerpo Aéreo, los aviones eran mecanismos para transportar tropas y suministros a las zonas de combate, alas armadas para perseguir a los enemigos, plataformas de lanzamiento aéreas desde las que dejar caer bombas capaces de hundir barcos. Revisaban sus vehículos exhaustivamente antes del vuelo. Los mecánicos se remangaban y agudizaban la vista; un pistón roto, un arnés de seguridad que no se cerraba de forma adecuada, un piloto defectuoso en el panel del tanque de combustible, cualquiera de esas cosas podía costar vidas. Pero, incluso antes de que el avión respondiera a las caricias diestras del piloto, su naturaleza, su ADN —desde la forma de las alas hasta la cubierta del motor— había sido manipulado, refinado, transformado, deconstruido y recombinado por los ingenieros de al lado.

Mucho antes de que las fábricas de aviones comenzaran a producir una de sus máquinas voladoras recientemente diseñadas, enviaban un prototipo al laboratorio de Langley para que revisaran y mejoraran el diseño. Casi todos los modelos de aviones de alto rendimiento producidos por Estados Unidos viajaban hasta el laboratorio para una puesta a punto: los ingenieros colocaban los aviones en los túneles de viento, tomaban nota de cualquier superficie que alterase el paso del aire, fuselajes abombados, geometría desigual en las alas. Como cualquier médico de cabecera prudente y meticuloso, examinaban cada aspecto del aire que pasaba por el avión y tomaban nota de cualquier detalle fundamental. Los pilotos de pruebas del NACA, a veces con un ingeniero como copiloto, realizaban un vuelo con el avión. ¿Giraba inesperadamente? ¿Se detenía? ¿Resultaba difícil de manejar? ¿Se resistía al piloto como un carrito de la compra con una rueda defectuosa? Los ingenieros sometían a los aviones a pruebas, anotaban y analizaban los números, recomendaban mejoras, a veces mínimas, a veces significativas. Incluso la más pequeña mejora en velocidad y eficiencia podía marcar la diferencia que a largo plazo decantara la balanza de la guerra en favor de los aliados.

«¡La victoria mediante la potencia aérea!», les insistía a sus empleados Henry Reid, ingeniero al frente del laboratorio de Langley, y la consigna servía para recordarles la importancia del avión para el resultado de la guerra. «¡La victoria mediante la potencia aérea!», se repetían los empleados del NACA los unos a los otros, poniendo atención a cualquier punto decimal, revisando ecuaciones diferenciales y tablas de distribución de presión hasta que les dolían los ojos. En la batalla de la investigación, la victoria sería suya.

A no ser, claro, que Melvin Butler no lograse abastecer de mentes despiertas aquella operación con tres turnos diarios durante seis días a la semana. Una cosa eran los ingenieros, pero cada ingeniero necesitaba el apoyo de otros: artesanos que construyeran las maquetas de los aviones que probaban en los túneles, mecánicos que mantuvieran los túneles y cerebritos veloces capaces de procesar aquella riada numérica que salía de la investigación. Elevación y arrastre, fricción y flujo. ¿Qué era un avión sino un montón de física? Y la física, claro está, significaba matemáticas, y eso implicaba matemáticos. Y, desde mediados de la década anterior, los matemáticos solían ser mujeres. La primera sala de computación de mujeres de Langley, fundada en 1935, había causado un auténtico revuelo entre los hombres del laboratorio. ¿Cómo podía la mente de una mujer procesar algo tan riguroso y preciso como las matemáticas? ¡Invertir quinientos dólares en una máquina calculadora para que la utilizara una chica! La idea sonaba ridícula. Pero las «chicas» resultaron ser buenas, muy buenas, mejores incluso que muchos de los ingenieros, como tuvieron que admitir a regañadientes los propios hombres. Dado que solo un puñado de chicas se ganaron el título de «matemática» —una denominación profesional que las situaba al mismo nivel que los empleados varones—, el hecho de que casi todas las computistas fueran consideradas «no profesionales» con sueldos inferiores supuso un impulso para el balance presupuestario del laboratorio.

Pero, en 1943, resultaba más difícil encontrar chicas. Virginia Tucker, la computista jefe de Langley, recorrió la Costa Este en busca de alumnas con capacidades analíticas o mecánicas, con la esperanza de encontrar universitarias que llenaran los cientos de puestos disponibles como computistas, ayudantes, maquetistas, ayudantes de laboratorio y, sí, incluso matemáticas. Reclutó lo que parecían ser clases enteras de licenciadas en matemáticas de la Universidad de Greensboro para mujeres, su *alma mater* de Carolina del Norte, y examinó escuelas de Virginia como Sweetbriar, en Lynchburg, y la Universidad Estatal de Educación de Farmville.

Melvin Butler presionó todo lo que pudo a la Comisión del Servicio Civil de Estados Unidos y a la Comisión de Personal Laboral de Guerra para que el laboratorio fuese su máxima prioridad debido al escaso número de candidatos cualificados. Escribió anuncios para el periódico local, el *Daily Press*: «¡Reduzca sus tareas del hogar! Las mujeres que no teman remangarse y realizar trabajos antes limitados a los hombres deben ponerse en contacto con el Laboratorio aeronáutico de Langley», decía uno de los anuncios. El departamento de personal publicó fervientes llamamientos, en «Air Scoop», el boletín informativo de los empleados: «¿Hay miembros en su familia u otras personas que conozca que querrían ayudar a ganar la supremacía del aire? ¿Tiene amigos, de cualquier sexo, dispuestos a realizar un trabajo importante para ganar y acortar la guerra?», Dado que los hombres eran absorbidos por el ejército y las mujeres ya estaban muy demandadas por las empresas, el mercado laboral se encontraba tan exhausto como los propios trabajadores de la guerra.

Surgió entonces una esperanza gracias al problema de otro hombre. A. Philip Randolph, presidente del mayor sindicato negro del país, exigió a Roosevelt que ofreciera puestos de trabajos de guerra lucrativos a los solicitantes negros, y en el verano de 1941 amenazó con llevar a cien mil negros a la capital de la nación para protestar si el presidente rechazaba su petición. «¿Quién diablos es ese tal Randolph?», preguntó Joseph Rauh, ayudante del presidente. Roosevelt solo parpadeó.

Asa Philip Randolph, un «hombre negro alto y elegante con una dicción propia de Shakespeare y la mirada de un águila», íntimo amigo de Eleanor Roosevelt, dirigía la Hermandad de los Botones de Coches Cama, que contaba con 35 000 miembros. Los botones atendían a los pasajeros en los trenes segregados del país y soportaban a diario prejuicios y humillaciones por parte de los blancos. De todos modos, esos trabajos eran muy codiciados en la comunidad negra porque proporcionaban cierta estabilidad económica y estatus social. Convencido de que los derechos civiles iban intrínsecamente unidos a los derechos económicos, Randolph luchó incansablemente para que los estadounidenses negros se beneficiaran de manera justa de la riqueza del país que ellos mismos habían ayudado a construir. Veinte años más tarde, Randolph se dirigía a una multitud en Washington y después cedería la palabra a un joven y carismático pastor de Atlanta llamado Martin Luther King.

Las generaciones posteriores asociarían el movimiento de liberación negro con el nombre de King, pero en 1941, cuando Estados Unidos orientaba todos los aspectos de su sociedad hacia la guerra por segunda vez en menos de treinta años, fueron la visión a largo plazo de Randolph y el fantasma de una manifestación que nunca llegó a producirse los que abrieron la puerta que había estado cerrada como la caja fuerte de un banco desde que terminase la Reconstrucción. Con dos simples firmas —Orden Ejecutiva 8802, que prohibía la segregación en la industria de defensa, y la Orden Ejecutiva 9346, que creó el Comité de Prácticas de Empleo Justo para supervisar el Proyecto

Nacional de Inclusión Económica—, Roosevelt dio la bienvenida a una nueva fuente de mano de obra para que participara en el ajustado proceso de producción.

Casi dos años después del ultimátum de Randolph, cuando las peticiones de personal del laboratorio llegaron al servicio civil, las solicitudes de candidatas negras cualificadas comenzaron a filtrarse en el Edificio de Servicio de Langley, y los encargados de personal del laboratorio empezaron a tomarlas en consideración. Se aconsejaba no poner foto en la solicitud. Ese requisito, instaurado bajo la administración de Woodrow Wilson, fue eliminado cuando la administración Roosevelt intentó acabar con la discriminación en las prácticas de contratación. Pero las *alma mater* de las solicitantes enseñaron sus cartas: la Universidad Estatal de Virginia Occidental, la Escuela de Agricultura de Arkansas, el Instituto Hampton, al otro lado del pueblo; todas ellas escuelas negras. En las solicitudes no se mencionaba nada salvo la cualificación para el trabajo. En todo caso, parecían tener más experiencia que las candidatas blancas, con muchos años de experiencia como maestras y con licenciaturas en matemáticas y ciencias.

Melvin Butler sabía que necesitarían un espacio aparte. Después tendrían que designar a alguien que dirigiera al nuevo grupo, una chica —blanca, por supuesto— con experiencia, alguien cuya disposición favoreciera la sensibilidad de la tarea. El Edificio de Almacén, un espacio recién estrenado en el lado oeste del laboratorio, una parte de las instalaciones que aún distaba mucho de parecer un espacio de trabajo, podría ser el lugar indicado. El grupo de su hermano Sherwood ya se había trasladado allí, al igual que algunos empleados del departamento de personal. Con la presión constante por probar los aviones que esperaban en el hangar, los ingenieros agradecerían la ayuda adicional. Muchos de los ellos eran del norte, relativamente indiferentes al asunto de la raza, pero devotos en lo referente al talento para las matemáticas.

El propio Melvin Butler era de Portsmouth, al otro lado de la bahía. No le costaba imaginar lo que pensarían algunos de sus compañeros virginianos de la idea de integrar a mujeres negras en las oficinas de Langley, de los «ven-aquí» (como llamaban los virginianos a los recién llegados al estado) y de sus extrañas costumbres. Siempre había habido empleados negros en el laboratorio: conserjes, personal de cafetería, ayudantes de mecánica, encargados de mantenimiento. Pero algo muy distinto era abrir la puerta a negros que serían iguales a ellos en el terreno laboral.

Butler actuó con discreción: nada de anuncios en el *Daily Press*, ni fanfarria en el *Air Scoop*. Pero también procedió con determinación: nada que proclamara la llegada de las mujeres negras al laboratorio, pero tampoco nada que descarrilase su llegada. Quizá Melvin Butler fuese progresista para su época, o quizá fuese un simple funcionario que llevaba a cabo su labor. Quizá fuese ambas cosas. La ley estatal —y las costumbres de Virginia— le impidió actuar de manera verdaderamente progresista, pero quizá la promesa de tener una oficina segregada fuese la excusa necesaria para lograr meter a las mujeres negras en el laboratorio, un caballo de Troya de la segregación que abría la puerta a la integración. Fueran cuales fueran sus opiniones personales sobre la raza, una cosa estaba clara: Butler era un hombre de Langley por los cuatro costados, fiel al laboratorio, a su misión, a su visión del mundo y a su papel durante la guerra. Por naturaleza —y por mandato—, él y el resto del NACA preferían las soluciones prácticas.

A. Philip Randolph también las prefería. Su activismo incansable, su presión implacable y sus excepcionales capacidades organizativas colocaron los cimientos de lo que, en los años sesenta, llegaría a conocerse como el movimiento por los derechos civiles. Pero ni Randolph, ni los hombres del laboratorio, ni nadie podría haber pronosticado que contratar a un grupo de mujeres matemáticas negras en el Laboratorio Aeronáutico de Langley tendría como resultado viajar a la Luna.

Todavía no habían salido a la luz los grandes avances aeronáuticos que desterrarían la idea de que volar más rápido que el sonido era una imposibilidad física, ni las herramientas de cálculo electrónico que amplificarían el poder de la ciencia y de la tecnología hasta dimensiones impensables. Nadie anticipaba que millones de mujeres del periodo de guerra se negarían a abandonar el lugar de trabajo y cambiarían para siempre el significado del trabajo de las mujeres, o que los negros americanos perseverarían en sus exigencias por acceder a los ideales fundacionales de su país y se mantendrían firmes. Las mujeres matemáticas negras que llegaron a Langley en 1943 se encontrarían en el centro de aquellas grandes transformaciones y su mente y su ambición contribuirían a lo que Estados Unidos consideraría como una de sus mayores victorias.

Pero, en 1943, Estados Unidos existía solo en el presente más inmediato. Butler debía responder a las necesidades del aquí y ahora, de modo que dio el siguiente paso y añadió un objeto más a la lista aparentemente interminable de requisitos de Sherwood: una placa para el baño con las palabras CHICAS DE COLOR.

CAPÍTULO 2

Movilización

No había manera de escapar al calor en el verano de 1943, ni en los mares embravecidos del Pacífico Sur, ni en los cielos ardientes que cubrían Hamburgo y Sicilia, y mucho menos para el grupo de mujeres negras que trabajaban en la lavandería del Campamento Pickett. La temperatura y la humedad dentro de aquellas instalaciones eran tan intensas que salir al aire libre y experimentar los más de treinta y siete grados del mes de junio en el centro de Virginia resultaba un alivio.

La lavandería era una de las rendijas de la guerra, pero también un microcosmos de la guerra en sí, una máquina sofisticada y eficiente capaz de procesar dieciocho mil fardos de colada a la semana. Un grupo de mujeres metía la ropa sucia en las inmensas lavadoras. Otras trasladaban la ropa empapada a las secadoras. Otro equipo se encargaba de las planchas, como cocineras en una parrilla gigante. Dorothy Vaughan, de treinta y dos años, se encontraba en la zona de clasificación, se encargaba de recopilar los calcetines perdidos y los pantalones y colocarlos en las bolsas de la colada de los soldados blancos y negros que acudían al Campamento Pickett en tren para realizar un entrenamiento básico de cuatro semanas antes de dirigirse al Puerto de Newport News. Hablaban de sus maridos, de sus hijos, de su vida cotidiana, o de la guerra, siempre presente, y sus voces se alzaban por encima del rumor y el zumbido de las lavadoras y secadoras gigantes. «Le hicimos una despedida muy bonita, vino todo el vecindario. Menos mal que no se encuentran medias en ninguna parte, con este calor que hace. Ese tal señor Randolph tiene algo, ¡y además es amigo de la señora Roosevelt!». Se preocupaban por los maridos, los hermanos y los padres que se dirigían hacia aquel conflicto tan alejado de las necesidades diarias de sus vidas en Virginia, pero a la vez tan cercano a sus oraciones y a sus sueños.

La mayoría de las mujeres que llegaba hasta la lavandería del ejército había dejado atrás trabajos como sirvientas domésticas o en fábricas de tabaco. La lavandería era un infierno húmedo y el trabajo era tan monótono como incómodo. Las lavanderas se encontraban en lo más bajo de la gran pirámide de la guerra, invisibles y valiosas al mismo tiempo. Un directivo de la industria aeronáutica estimaba que cada lavandera mantenía a tres de sus trabajadores; teniendo a otra persona que se encargara de su ropa sucia, los hombres y mujeres encargados de la producción tenían tasas más bajas de absentismo laboral. Las lavanderas ganaban cuarenta centavos la hora, lo que las situaba entre los trabajadores de la guerra peor pagados, pero, dadas las pocas opciones de trabajo que tenían disponibles, les parecía un dinero caído del cielo.

Solo había pasado una semana entre el final del año escolar en el Robert Russa Moton, el instituto negro de Farmville, Virginia, donde Dorothy trabajaba como profesora de matemáticas, y su primer día de trabajo en el Campamento Pickett. Como licenciada universitaria y profesora, estaba casi en la cima de lo que la mayoría de mujeres negras podía aspirar. Se consideraba que los profesores tenían «el nivel superior de formación e inteligencia de la raza», eran educadores que no solo enseñarían lo que decían los libros, sino que vivirían en la comunidad negra y «dirigirían sus ideas y sus movimientos sociales». Los suegros de Dorothy eran pilares de la élite negra de la ciudad. Poseían una barbería, unos billares y una estación de servicio. Las actividades de la familia aparecían regularmente en la columna de sociedad en la sección dedicada a Farmville en el *Norfolk Journal and Guide*, el principal periódico negro del sureste de los Estados Unidos. Dorothy, su marido, Howard, y sus cuatro hijos vivían en una enorme casa victoriana en South Main Street con los padres y los abuelos de Howard.

En el verano de 1943, Dorothy se mostró encantada con la oportunidad de marcharse al Campamento Pickett y ganar algo de dinero extra durante las vacaciones escolares. Aunque la enseñanza gozaba de prestigio, la compensación económica era modesta. A nivel nacional, los profesores blancos de Virginia se encontraban en el cuarto inferior en cuanto a salarios de escuelas públicas, y sus homólogos negros podrían ganar casi un cincuenta por ciento menos. Muchos profesores negros del sur daban clases en escuelas de una o dos aulas que apenas podían considerarse edificios. Se les pedía que hicieran lo que fuera necesario por mantener las escuelas limpias, seguras y acogedoras para los alumnos. Recogían carbón en invierno, arreglaban las ventanas rotas, fregaban los suelos y preparaban la comida. Incluso gastaban dinero de su propio bolsillo cuando el presupuesto de la escuela era limitado.

Cualquier otra mujer en la situación de Dorothy habría considerado el trabajo en la lavandería como algo impensable, sin tener en cuenta la economía. ¿No era acaso el objetivo de un titulado universitario poder alejarse de la necesidad de realizar trabajos duros y sucios? Y la ubicación del campamento, a casi cincuenta kilómetros al sureste de Farmville, implicaba que tendría que vivir en las casas para empleados durante la semana y volver a casa solo los fines de semana. Pero los cuarenta centavos que Dorothy ganaba cada hora separando la ropa de la lavandería eran más de lo que ganaba como profesora y, con cuatro hijos, el dinero extra de aquel verano sería bien invertido.

Y Dorothy era especialmente independiente, impaciente con las pretensiones que a veces acompañaban a los miembros de la raza que ascendían socialmente. No hacía nada que llamase la atención en el Campamento Pickett, tampoco hacía distinciones entre las demás mujeres y ella. Había algo en su porte que trascendía su voz suave y su escasa estatura. Sus ojos dominaban su hermoso rostro color caramelo; eran unos ojos almendrados, grandes y muy intensos que parecían verlo todo. La educación estaba en lo más alto de su lista de ideales; era la manera más segura de luchar contra un mundo que exigiría más a sus hijos que a los hijos de los blancos y, a cambio, les devolvería menos. A la escalera de los negros hacia el sueño americano le faltaban peldaños, e incluso el más exitoso de los negros temía que, en cualquier momento, las fuerzas de la discriminación pudieran acabar con su estabilidad económica. Los ideales sin soluciones prácticas eran promesas vacías. Pasarse el día de pie en la lavandería suponía una oportunidad si con los uniformes arrugados de los militares podía comprar ropa nueva para el colegio, si con cada calcetín lograba costear un poco más de la educación de sus hijos.

Por las noches, tumbada en su litera de la vivienda de las trabajadoras, mientras deseaba que corriese la más ligera brisa, Dorothy pensaba en Ann, de ocho años, en Maida, de seis, en Leonard, de tres, y en Kenneth, de tan solo ocho meses. Sus vidas y su futuro motivaban cada decisión que tomaba. Al igual que casi todas las mujeres negras que conocía, luchaba por encontrar un equilibrio entre el tiempo que pasaba con ellos en casa y el tiempo que pasaba por ellos, por su familia, en el trabajo.

Dorothy nació en 1910 en Kansas City, Misuri. Su madre murió cuando ella tenía solo dos años y, menos de un año más tarde, su padre, Leonard Johnson, camarero de profesión, volvió a casarse. La madrastra de Dorothy, Susie Peeler Johnson, trabajaba como limpiadora en la inmensa Union Station para ayudar a mantener a su familia. Aceptó a Dorothy como su propia hija y la ayudó a triunfar, enseñándole a leer antes incluso de entrar en el colegio, lo que le hizo avanzar dos cursos. También alentó el talento musical natural de su hija llevándola a clases de piano. Cuando Dorothy tenía ocho años, la familia se trasladó a Morgantown, en Virginia Occidental, donde su padre aceptó un trabajo con un exitoso restaurador negro. Allí Dorothy asistió a la Escuela Beechhurst, un consolidado colegio negro situado cerca de la Universidad de Virginia Occidental, la principal universidad blanca del estado. Siete años más tarde, Dorothy recogió los frutos de su esfuerzo al graduarse con las mejores notas y obtener una beca completa para asistir a la Universidad Wilberforce, la universidad negra privada más antigua del país, en Xenia, Ohio. La Convención de la Escuela Dominical Metodista Episcopal Africana de Virginia Occidental, que respaldaba la beca, elogió a Dorothy, que por entonces tenía quince años, con un panfleto de ocho páginas que publicó y distribuyó entre los miembros de la iglesia, alabando su inteligencia, su ética en el trabajo, su disposición amable y su humildad. «Estamos ante el despertar de una vida, una promesa en ciernes. Los que hemos tenido la suerte de guiar su genio y ayudar a moldearlo, aunque brevemente, estaremos atentos a los próximos años», escribió Dewey Fox, el vicepresidente de la organización. Dorothy era la clase de joven que inspiraba en la raza negra la esperanza de un futuro en América más próspero que su pasado.

En Wilberforce, Dorothy obtuvo unas «calificaciones espléndidas» y eligió las matemáticas como especialidad. Cuando estaba en el último año, uno de sus profesores en Wilberforce la recomendó para un postgrado en matemáticas en la Universidad Howard, en la que sería la clase inaugural de un máster sobre el tema. Howard, ubicada en Washington, D.C., era la cima de los becados negros. Elbert Frank Cox y Dudley Weldon Woodard, los dos primeros hombres negros en conseguir doctorados en matemáticas, con licenciaturas en Cornell y en la Universidad de Pensilvania respectivamente, dirigían el departamento. El prejuicio de las escuelas blancas supuso un beneficio para las escuelas negras: dado que era casi imposible asegurar un puesto en el claustro de cualquier universidad blanca, investigadores negros como Cox, Woodard y W. E. B. Du Bois, el sociólogo e historiador que fue el primer negro en recibir un doctorado de Harvard, impartían clases exclusivamente en escuelas negras, gracias a lo cual estudiantes como Dorothy entraban en contacto con algunas de las mentes más privilegiadas del mundo.

La Universidad Howard representaba una oportunidad singular para Dorothy, de acuerdo con las elevadas expectativas del comité de la beca de los metodistas africanos. Poseedora de una seguridad innata que no la limitaba ni por su raza ni por su género, Dorothy agradeció la oportunidad de demostrar su valía en un terreno académico competitivo. Pero la realidad económica a la que se enfrentó Dorothy al salir de la universidad hacía parecer que el postgrado era una extravagancia irresponsable. Con la Gran Depresión como telón de fondo, los padres de Dorothy, al igual que un tercio de los estadounidenses, no encontraban trabajo estable. Cualquier ingreso extra ayudaría a mantener a flote la economía doméstica y aumentaría las probabilidades de que la hermana de Dorothy pudiera seguir su mismo camino hacia la universidad. Dorothy, a pesar de tener solo diecinueve años, consideró que era responsabilidad suya asegurarse de que la familia superase aquella mala racha, aunque eso significara cerrar la puerta a sus propias ambiciones, al menos por el momento. Optó por sacarse un título en educación para dedicarse a la enseñanza, la carrera más estable para una mujer negra con estudios universitarios.

Gracias al boca a boca, las universidades negras recibían llamadas de las escuelas de todo el país pidiendo profesores, de modo que enviaban a sus alumnos a ocupar plazas disponibles en cualquier lugar, desde chozas de tela asfáltica en la zona más rural de los campos de algodón hasta el prestigioso Instituto Dunbar de Washington, D.C. Los nuevos educadores albergaban la esperanza de poder impartir su especialidad, por supuesto, pero de ellos se esperaba que asumieran cualquier tarea que fuera necesaria. Tras graduarse en 1929, Dorothy fue enviada como una misionera secular para unirse a las filas de la enseñanza negra.

Su primer trabajo, impartiendo matemáticas e inglés en una escuela negra de Tamms, un pueblo rural de Illinois, terminó después del primer año escolar. La bajada del precio del algodón provocada por la Depresión golpeó con dureza la zona, el sistema educativo cerró sus puertas y dejó sin educación pública a los estudiantes negros de aquel condado rural. No le fue mucho mejor en su siguiente destino, en la costa de Carolina del Norte, donde, a mitad del año escolar, la escuela se quedó sin dinero y simplemente dejó de pagarle. Dorothy consiguió mantenerse y contribuyó a la economía familiar trabajando como camarera en un hotel de Richmond, Virginia, hasta 1931, cuando llegó a sus oídos un trabajo en la escuela de Farmville.

No fue de extrañar que la recién llegada de hermosos ojos llamase la atención de uno de los solteros más codiciados de Farmville. Alto, carismático y de sonrisa fácil, Howard Vaughan trabajaba como botones itinerante en hoteles de lujo, se trasladaba a Florida en invierno y a Nueva York y Vermont en verano. Algunos años encontraba trabajo más cerca de casa, en el Greenbrier, un complejo de lujo situado en White Sulphur Springs, Virginia Occidental, que era destino de la gente adinerada y espléndida de todo el mundo.

Aunque el trabajo de su marido le obligaba a cambiar de destino constantemente, Dorothy cambió sus ansias de viajar por la vida en Farmville y las rutinas de la familia, la estabilidad de un trabajo regular y la comunidad. Aun así, cumplir los veintiún años y empezar a formar parte de la población activa en mitad de la Gran Depresión siempre afectó a su forma de ver la vida. Se vestía recatadamente, sin estridencias ni extravagancias, y jamás dejaba pasar la oportunidad de meter algo de dinero en el banco. Pese a ser miembro de la Iglesia Metodista Episcopal Africana Beulah de Farmville, era la Primera Iglesia Bautista la que disfrutaba de su talento al piano cada domingo por la mañana, ya que la habían contratado como pianista.

* * *

A medida que se intensificaba la guerra, la oficina de correos del pueblo iba llenándose de boletines informativos de trabajo que competían por la atención de gente de la zona y estudiantes universitarios por igual. En uno de sus viajes a la oficina de correos durante la primavera de 1943, Dorothy vio la oferta de trabajo en la lavandería del Campamento Pickett. Pero también llamó su atención una palabra que aparecía en otro boletín: matemáticas. Una agencia federal de Hampton buscaba mujeres que ocuparan una serie de trabajos matemáticos que tenían algo que ver con aviones. El boletín, obra de Melvin Butler y del departamento de personal del NACA, iría dirigido sin duda a las estudiantes blancas y adineradas de la Facultad para mujeres de Educación de Farmville. El laboratorio había enviado solicitudes, avisos de pruebas para funcionarios y folletos donde describían el trabajo del NACA a las oficinas de colocación de la escuela, pidiendo al personal y al claustro que difundieran el aviso sobre los puestos de trabajo entre candidatas potenciales. «Esta organización está planeando visitar ciertas facultades de mujeres de la zona y entrevistar a las estudiantes de último curso especializadas en matemáticas», decía el laboratorio. «Se espera que las estudiantes más sobresalientes obtengan puestos de trabajo en este laboratorio». Con las entrevistas de aquel año se contrató a cuatro chicas de Farmville para trabajar como computistas en el laboratorio.

La casa de Dorothy, en South Main, se encontraba al final de la calle donde estaba el campus universitario. Cada mañana, cuando recorría las dos manzanas hasta su trabajo en el Instituto Moton, un edificio en forma de U ubicado en una manzana triangular al sur del pueblo, veía a las alumnas de la Facultad Estatal de Educación para mujeres entrar con sus libros en las aulas de su santuario frondoso en mitad del campus. Dorothy se iba a la escuela al final de la calle tocando con los dedos la línea invisible que las separaba.

Nunca se le habría ocurrido que un lugar con un nombre tan barroco como el Laboratorio Aeronáutico de Langley solicitaría candidatas negras, igual que no se le ocurría pensar que las mujeres blancas de la facultad del final de la calle pudieran hacerle señas con la mano para que se acercarse. Sin embargo, los periódicos negros trabajaban incansablemente para difundir la noticia de que había trabajos de guerra disponibles y animaba a sus lectoras a solicitar un empleo. Algunos catalogaban la Orden Ejecutiva 8802 y el Comité de Prácticas de Empleo Justo de «el movimiento más significativo por parte del Gobierno desde la Proclamación de Emancipación». Incluso la propia cuñada de Dorothy se había trasladado a Washington para ocupar un puesto en el Departamento de Guerra.

Durante la primera semana del mes de mayo de 1943, el *Norfolk Journal and Guide* publicó un artículo que llamó la atención de Dorothy como el letrero del camino que no había tomado. «Abriendo el camino para las mujeres ingenieras», rezaba el titular. La foto que acompañaba al artículo mostraba a once mujeres negras bien vestidas frente al Laboratorio Bemis del Instituto Hampton, graduadas en Ingeniería para mujeres, una clase de formación de guerra. Fundado en 1868, el Instituto Hampton había nacido de las clases impartidas por la profesora negra Mary Peake a la sombra de un majestuoso árbol conocido como el roble de la emancipación. Poco antes de la Segunda Guerra Mundial, Hampton era una de las universidades negras más prestigiosas del país y el foco de la participación de la comunidad negra en el conflicto.

Las mujeres procedían de toda la Costa Este y también del propio pueblo. Pearl Bassette, una de las varias nativas de Hampton, era hija de un abogado negro muy conocido y los orígenes de su familia se remontaban a la primera época del pueblo. Ophelia Taylor, procedente de Georgia, se graduó en el Instituto Hampton y, antes de empezar la clase, dirigía una escuela de enfermería. Mary Cherry era de Carolina del Norte, Minnie McGraw de Carolina del Sur, Madelon Glenn de la lejana Connecticut. Miriam Mann, una pequeña alborotadora que impartía clases en Georgia, había llegado al pueblo con su familia cuando su marido, William, aceptó un puesto como instructor de mecánica en la Escuela de Formación Naval de Estados Unidos en el Instituto Hampton.

Había trabajos de negros y había buenos trabajos de negros. Separar la ropa de la colada, hacer camas en las casas de los blancos, quitar los tallos a las hojas de tabaco en las fábricas: esos eran trabajos de negros. Poseer una barbería o una funeraria, trabajar en correos o recorrer el país como botones en vagones de primera clase: esos eran buenos trabajos de negros. Profesor, predicador, médico, abogado: esos eran muy buenos trabajos de negros, y ofrecían la estabilidad y el prestigio que acompañaban a la formación.

Pero el trabajo en el laboratorio aeronáutico era algo nuevo, algo tan raro que aún no había entrado a formar parte de los sueños colectivos. Ni siquiera el plan, largamente pospuesto, de igualar el salario de los profesores negros al de sus homólogos blancos podía rivalizar con aquella oportunidad. Incluso aunque la guerra durase seis meses o un año, un sueldo mucho mayor durante ese breve periodo de tiempo permitiría a Dorothy asegurar el futuro de sus hijos.

De modo que aquella primavera, Dorothy Vaughan rellenó cuidadosamente y envió dos solicitudes de empleo: una para trabajar en el Campamento Pickett, donde la necesidad de mano de obra era tan acuciante que lo más probable era que la contrataran. En la otra solicitud, mucho más larga, expuso detalladamente sus cualificaciones. Experiencia laboral. Referencias personales. Escuelas: instituto y universidad. Cursos, títulos. Idiomas (Francés, que había estudiado en Wilberforce). Viajes al extranjero (Ninguno). «¿Estaría dispuesta a aceptar un trabajo en el extranjero?» (No). «¿Estaría dispuesta a aceptar un trabajo en Washington, D.C.?» (Sí). «¿Cuándo podría estar lista para empezar a trabajar?» Sabía la respuesta antes de que sus dedos la escribieran sobre el papel: «48 horas», escribió. Puedo estar lista para irme dentro de cuarenta y ocho horas.

CAPÍTULO 3

El pasado es un prólogo

El año escolar de 1943 en el Instituto Robert Russa de Farmville comenzó como habían comenzado otros años siempre: el mismo espacio y más estudiantes. El «nuevo» instituto, construido en 1939 para albergar a 180 estudiantes, había quedado obsoleto casi desde el principio. El primer año de funcionamiento de la escuela, llegaron 167 estudiantes para recibir clases. Cuatro años más tarde, Dorothy Vaughan y sus doce compañeros docentes recibieron a 301 jóvenes sedientos de educación, instados por unos padres que querían para sus hijos algo más que una vida trabajando en las fábricas de tabaco. Los estudiantes recorrían kilómetros a pie para llegar a la escuela o se arriesgaban a tomar cada mañana unos autobuses casi inservibles que hacían las rutas por el condado de Prince Edward.

Como miembro de la asociación de padres de alumnos y miembro de la junta directiva de la sección de Farmville de la NAACP [Asociación Nacional para el Progreso de la Gente de Color], Dorothy trabajó duramente para mejorar las perspectivas educacionales a largo plazo de los jóvenes de Farmville.

Como profesora, sus ambiciones eran más inmediatas: con solo ocho aulas, sin gimnasio, ni taquillas, ni cafetería, y con un auditorio equipado con sillas plegables, tuvo que hacer uso de todo su liderazgo y creatividad para mantener un entorno de aprendizaje ordenado. Logró impartir sus clases de aritmética y álgebra en el auditorio mientras tenían lugar otras dos clases simultáneamente. Quizá el edificio de la escuela fuese modesto, pero los estándares de Dorothy no lo eran. En una ocasión descubrió un error en uno de los libros de texto de matemáticas que utilizaba en clase y escribió una carta a la editorial para informarles de su error (lo corrigieron y a cambio le enviaron una carta de agradecimiento). El propio Dios todopoderoso se habría removido en su asiento si la señora Vaughan le hubiera pillado en clase sin haber hecho los deberes de álgebra. Al finalizar el día dedicaba tiempo a los alumnos que necesitaban ayuda extra. También trabajaba con el coro de la escuela; bajo su dirección, varios cuartetos vocales de Moton salieron victoriosos en competiciones musicales estatales. En 1935, un artículo del *Norfolk Journal and Guide* que cubría el evento anual la denominaba «la directora más trabajadora y entusiasta del festival». En 1943, Dorothy y Altona Johns, la profesora de música del colegio, empezaron a preparar a los estudiantes para el musical de Navidad, *The Light Still Shines*.

El caluroso verano dio paso al follaje del otoño y a las mañanas frescas, pero las rutinas habían cambiado con la guerra. El club escolar del instituto preparaba cajas de comida para los soldados que se iban al frente y organizó un debate en la comunidad con el título «¿Qué podemos hacer para ganar la guerra?». La oficina de la Escuela Moton puso a la venta sellos de guerra y cada compra era una pequeña compensación frente al inmenso coste de la producción militar. La comunidad organizaba fiestas de despedida para los jóvenes que se iban a combatir.

Dorothy actualizó sus clases con una unidad llamada «Matemáticas en tiempos de guerra» y enseñó a los alumnos a aplicar las operaciones aritméticas al presupuesto familiar y a las cartillas de racionamiento, además de renovar los problemas clásicos con aviones en vez de automóviles.

A veces parecía que Dorothy había estado siempre en Farmville. El pueblo la acogió con el cariño con que acogería a una oriunda; para ella había sido su casa más que cualquier otro lugar en el que había vivido a lo largo de sus treinta y dos años. Su vida, sin embargo, era el clásico ejemplo de la historia de amor de Estados Unidos con la movilidad, en todos los sentidos. En momentos de profunda reflexión, Dorothy posiblemente detectó el aceleramiento de algo que iba más allá de la esperanza pragmática del avance económico, el avivamiento de unas ascuas que no habían terminado de apagarse en los doce años que llevaba en Farmville.

Resolver problemas sobre el papel era una cosa, pero el caos de la vida real era otra bien distinta. Ya no era una estudiante soltera con un alma viajera, sino una esposa y madre de cuatro hijos. El trabajo en Langley era un puesto a jornada completa y requería seis días de trabajo a la semana en una oficina situada demasiado lejos como para regresar a casa los fines de semana, como había hecho durante el verano en el Campamento Pickett. Y aun así, cuando al fin llegó la carta ansiada y a la vez olvidada, ya se había decidido. Y una vez que Dorothy se decidía, nadie —ni su marido, ni sus suegros, ni el director de Moton— podría disuadirla de su objetivo.

Queda contratada como matemática de grado P-1, con un salario de 2000 dólares al año, durante el tiempo que sean necesarios sus servicios, pero sin extenderse más allá de la duración de la presente guerra y seis meses a partir de esa fecha.

El sueldo duplicaba con creces los 850 dólares anuales que ganaba dando clases en Moton.

La despedida de Dorothy fue tan directa y sencilla como la carta que había llegado del NACA aquel otoño. Ni fiestas ni fanfarrias marcaron su marcha, solo una frase en la sección del *Norfolk Journal and Guide* dedicada a Farmville: «La señora D. J. Vaughan, profesora de matemáticas en el instituto durante varios años, ha aceptado un puesto en Langley Field, VA». A Dorothy nunca le habían gustado las despedidas largas, así que se mantuvo junto a sus hijos en su casa de South Main solo hasta que sonó el timbre de la puerta. «Volveré para Navidad», les dijo mientras daba una última ronda de abrazos. Durante doce años, cada mañana había girado a la izquierda al salir de casa para ir a trabajar. Ahora el taxi giró a la derecha y la llevó en dirección contraria.

* * *

La sala de espera para gente de color en la estación de autobuses de Greyhound servía de antesala para un mundo intermedio. Dorothy subió al autobús y, a cada kilómetro que pasaba, su vida en Farmville iba quedando desdibujada a lo lejos. El trabajo en Langley, una abstracción durante medio año, comenzaba a ser visible. Los anteriores viajes de Dorothy —de Misuri a Virginia Occidental, de Ohio a Illinois, de Carolina del Norte a Virginia— empequeñecían los 220 kilómetros que separaban Farmville de Newport News, donde había logrado encontrar alojamiento temporal utilizando una lista de habitaciones en alquiler para inquilinos de color. Sin duda nunca había recorrido una distancia emocional tan grande. En el espacio de transición que representaba el autobús, daba vueltas una y otra vez a las preguntas que habían plagado su cabeza desde que enviara su solicitud seis meses atrás. ¿Cómo sería trabajar con gente blanca? ¿Se sentaría junto a mujeres jóvenes como las de la Facultad Estatal de Educación para mujeres? ¿Echaría de menos las frondosas colinas de Virginia, o se enamoraría de la inmensa bahía de Chesapeake y los muchos ríos, ensenadas y pantanos que adornaban la costa de Virginia? ¿Cómo soportaría el tiempo y la distancia lejos de sus hijos, cuando aún sentía en la piel el calor de sus abrazos a medida que el autobús avanzaba hacia el sur?

Rodeados de abuelos y docenas de tías, tíos y primos, en una comunidad donde los vecinos eran como familia, e intervenían cuando los parientes no podían, los hijos de Dorothy advertirían muy pocos cambios en su vida. Acostumbrados a las largas jornadas laborales de su madre y a las prolongadas ausencias de su padre, echarían de menos a Dorothy, pero su partida no interrumpiría una vida llena de familia, amigos y clases.

Sin embargo, sí complicaría su matrimonio con Howard, en el que el tiempo que pasaban separados ya se medía en semanas o meses, más que en días. Dorothy tenía veintidós años cuando se casó en 1932, y estuvo dispuesta a asumir las cargas de una vida familiar tradicional. Ella, que creció sin abuelos, disfrutó con la estabilidad y el cariño de la familia Vaughan, pero unos suegros cariñosos no podrían reemplazar la compañía de un marido ausente. La separación geográfica entre marido y mujer representaba la distancia emocional que se abría entre ellos según avanzaban los años, dejando al descubierto una desigualdad que quizá estuvo presente desde el principio de su relación.

Cuando estaba en casa descansando de su trabajo en los hoteles, Howard ansiaba las cosas sencillas de la vida en un pequeño pueblo: pasar tiempo con la familia y los amigos y trabajar en los billares de la familia. Dorothy, por su parte, llenaba de actividades cualquier hora libre que tuviera, desde las reuniones de la NAACP hasta los ensayos de piano en la iglesia.

Howard estaba satisfecho con su diploma del instituto, pero años después de elegir la enseñanza por encima de un máster universitario de la Universidad de Howard, Dorothy había decidido viajar a la Universidad Estatal de Virginia para negros situada cerca de Richmond una vez a la semana durante un cuatrimestre para ampliar sus conocimientos en educación.

Dorothy, que conocía bien la llamada de la carretera, entendía parte del atractivo del trabajo itinerante de Howard y lo apoyaba lo mejor que podía. En 1942, la familia al completo acompañó a Howard a White Sulphur Springs, Virginia Occidental, y alquiló una casa en el pueblo que estaba lo suficientemente cerca para que Howard pudiera ir andando hasta su trabajo como botones en el Greenbrier. Advertidos por sus padres de que ni se les ocurriera poner un pie en los terrenos del hotel, los hijos de los Vaughan se acercaban todo lo posible al inmenso complejo de columnas blancas y se asomaban por entre la verja de hierro cubierta de arbustos para poder ver a los detenidos alemanes y japoneses que se encontraban en el campamento improvisado para prisioneros de guerra ubicado allí.

La casa que tenían alquilada estaba situada frente al hogar de una anciana pareja de negros, Joshua y Joylette Coleman. Joshua y Howard trabajaban ambos como botones en la recepción del Greenbrier. Mientras los hombres trabajaban, Dorothy y los niños pasaban el día con Joylette, una maestra de escuela jubilada. Los hijos de los Vaughan llegaron a querer mucho a los Coleman; era como tener otros abuelos más. Dorothy, que había pasado siete años de su juventud en Virginia Occidental, contaba historias de su vida en aquel estado y escuchaba a los Coleman hablar orgullosos de los logros de sus hijos, especialmente los de Katherine, su hija pequeña.

Charles, Margaret, Horace y Katherine Coleman habían crecido en ese mismo pueblo. Katherine, de veinticuatro años, vivía en Marion, Virginia, un diminuto pueblo en el suroeste rural del estado. Hasta que se casó y formó una familia, Katherine también había trabajado como profesora de matemáticas. Al igual que Dorothy, las dotes intelectuales de Katherine, en particular su talento para las matemáticas, le habían permitido adelantar algún curso. Se graduó en el instituto con catorce años y se matriculó en el Instituto Estatal de Virginia Occidental, una escuela negra situada a las afueras de Charleston, la capital del estado. En su penúltimo año de carrera, Katherine ya había aprobado todas las asignaturas de matemáticas del catálogo de la escuela y fue acogida bajo las alas de un joven profesor de matemáticas llamado William Waldron Schieffelin Claytor, que creó clases de matemáticas avanzadas especialmente para ella. Claytor, que obtuvo un doctorado en Matemáticas por la Universidad de Pensilvania en 1933, fue el tercer negro del país en obtener esa credencial. Se licenció en la Universidad de Howard en 1929 y ocupó una plaza en el máster de matemáticas inaugural de un año de duración de la escuela; la misma oferta que Dorothy había sido incapaz de aceptar.

Quizá Dorothy y Katherine no se dieron cuenta de que el brillante Claytor era una de las conexiones que compartían —Dorothy casi nunca hablaba de que había sido admitida en Howard—, pero el camino que siguió Katherine después de licenciarse en la universidad, con *summa cum laude* en Matemáticas y Francés, debió de parecerle a Dorothy una versión alternativa de su propia historia. En 1936, el Departamento de Defensa Legal de la NAACP, dirigido por Charles Hamilton Houston, llevó con éxito ante el Tribunal Supremo el caso *Murray contra Pearson*, que puso fin a las políticas de admisión en escuelas de postgrado que denegaban el acceso a estudiantes negros. Reforzada por esa victoria, la organización volvió a apuntarse un tanto en los juzgados en 1938 con el caso *Misuri ex rel. Gaines contra Canadá*, y exigió a los estados que proporcionaran programas de educación de postgrado separados (pero «iguales») a los estudiantes negros o que les permitieran matricularse en las escuelas blancas. Algunos estados, como Virginia, simplemente se negaron a obedecer: en 1936, una estudiante negra de Richmond llamada Alice Jackson Houston solicitó entrar en la Universidad de Virginia para estudiar Francés, pero se le negó la admisión. La NAACP demandó en su nombre y, en respuesta, el estado de Virginia organizó un fondo para reembolsar el importe de la matrícula que subvencionaba los estudios superiores de los estudiantes negros en cualquier lugar salvo Virginia, una política que se prolongó hasta 1950.

* * *

Sin embargo, Virginia Occidental decidió acatar la ley. Rápida y discretamente, sin protestar, tres estudiantes negros «inusualmente cualificados» comenzaron estudios de postgrado en la Universidad de Virginia Occidental de Morgantown en el verano de 1940. Katherine, la hija de los Coleman, era una de ellos, lo que daba fe de su talento académico y de su fortaleza de carácter, que le ayudarían a soportar el aislamiento y el escrutinio a los que se veía sometida por ser una estudiante negra al comienzo de la desegregación. Pero, al igual que Dorothy, no llegó a realizar un máster en matemáticas. Tras el verano, Katherine decidió abandonar el programa de postgrado de la universidad para dedicarse a su vida como esposa y madre, y la llamada de la vida doméstica venció a sus ambiciones académicas.

Los padres de Katherine querían mucho a su yerno, Jimmy, un profesor de química al que Katherine había conocido en su primer trabajo como maestra, y adoraban a sus tres nietas. La decisión de Katherine de priorizar la vida familiar no disminuyó el orgullo que sentían sus padres por sus logros académicos. Ella, al igual que Dorothy, ¿se preguntaría alguna vez dónde habría podido llegar con esa oportunidad? ¿Se imaginaría lo que habría sido su talento si lo hubiera llevado al extremo? Katherine había tomado su decisión solo dos años atrás. Pero

Dorothy había dejado pasar su gran oportunidad hacía ya quince años, lo que le hacía suponer que la suerte en su vida ya estaba echada.

Y aun así, a finales de noviembre de 1943, a los treinta y dos años, a Dorothy Vaughan se le presentó una segunda oportunidad, una que tal vez desatara al fin todo su potencial profesional. Apareció en forma de una licencia temporal de su vida como profesora, un periodo que terminaría y la devolvería a la familiaridad de Farmville cuando finalizara el sangriento conflicto de su país. La hija pequeña de los Coleman encontraría esa misma segunda oportunidad pasados los años, seguiría el camino de Dorothy Vaughan hasta Newport News, convirtiendo la casualidad de un encuentro durante el verano de Greenbrier en algo que se parecía más al destino.

Por la ventanilla del autobús de Greyhound, las alegres colinas fueron descendiendo, la capital del estado quedó atrás y, a medida que Dorothy se acercaba a la llanura costera de Virginia a sesenta y cinco kilómetros por hora, una de las ciudades del país más prósperas gracias a la guerra abría sus brazos para recibir a su nueva residente.

CAPÍTULO 4

La Doble V

Dorothy Vaughan se subió al autobús de Greyhound en una América y se bajó en otra, igual de ansiosa, esperanzada y emocionada que cualquier inmigrante que llegara por barco. El grupo de pueblos y aldeas que rodeaban el puerto de Hampton Roads —Newport News y Hampton al norte, Portsmouth, Norfolk y Virginia Beach al sur— estaban llenos de inmigrantes. Los días en que la región era un terreno rústico habían quedado atrás para recibir a la marea de recién llegados. Desde los bosques, las lonjas y las granjas del estado emergía una poderosa capital militar, un centro neurálgico que había recibido a sus residentes a miles desde que comenzara el conflicto. Ahora, el asunto principal de la gente de Hampton Roads era la guerra.

Ya se accediera a ella por tierra o por mar, Newport News, con su amplio complejo de muelles de carbón y andamios, cajas y altas chimeneas que expulsaban humo, raíles y elevadores, embarcaderos que se extendían por James River, daba fe del gran poder concentrado en torno a las fuerzas armadas de Estados Unidos, el alcance de una máquina de producción de proporciones casi inconcebibles, la consumación de un imperio militar e industrial sin precedentes en la historia. Cientos de estibadores y armadores se peleaban con los cabrestantes y cargaban cajas de raciones y munición en los barcos de guerra que aguardaban en los embarcaderos. Filas de *jeeps* embarcaban y creaban atascos de tráfico en los muelles mayores que los que podían verse en tierra. Los soldados obligaban a las mulas a subir por las pasarelas, los perros K9 subían a bordo con sus fieles compañeros de dos patas. Las tropas aliadas esperaban en el Campamento Patrick Henry, a unos ocho kilómetros al norte por la autopista militar, y llegaban al muelle en tren. El mosaico americano era evidente, jóvenes que apenas habían dejado atrás la adolescencia y hombres que estrenaban la madurez, recién salidos de sus ciudades, de sus pueblos, de sus aldeas, inundando las ciudades de guerra como un aguacero de verano. Los regimientos de negros llegaban de todo el país. Un destacamento se componía enteramente de japoneses americanos. Reclutas de los países aliados, como los oficiales médicos chinos y el primer regimiento caribeño, se presentaban ante los comandantes del puerto antes de zarpar. Las integrantes del Cuerpo de Mujeres del Ejército se mantenían firmes y recibían el saludo militar. La banda del puerto despedía a los soldados con *Boogie Woogie Bugle Boy, Carolina in My Mind*, la *Marsellesa…*, las melodías de cientos de corazones y ciudades diferentes.

En la ciudad más próspera, gran parte del trabajo pertenecía a las mujeres. Ver a mujeres con overol trabajando en las estaciones de servicio de la zona era tan común que ya no llamaba la atención. Las mujeres abrillantaban zapatos, trabajaban en el astillero y llenaban las oficinas en las instalaciones militares. Como los hombres se iban al frente, la mano de obra de las mujeres tomaba el relevo y los negocios de la zona hacían todo lo posible por contratar mujeres. El Departamento de Guerra contrataba a mujeres para que posaran como maniquís en los escaparates de los grandes almacenes Smith & Welton de Norfolk, y su misión era atraer a otras mujeres para que solicitaran trabajos de guerra.

Entre 1940 y 1942, la población civil de la región pasó de 393 000 a 576 000, y eso sin tener en cuenta el incremento del personal militar, que se elevó de 15 000 a más de 150 000. La guerra no daba tregua —con tres turnos de ocho horas cada uno— y los negocios se esforzaban por seguir el ritmo. El comercio local era robusto, demasiado robusto en algunos casos: un cartel que decía POR FAVOR, LAVEN EN CASA aguardaba a los clientes de una lavandería de Norfolk con exceso de trabajo. El cine Norva de Norfolk proyectaba películas desde las once de la mañana hasta la medianoche, y llenaba el auditorio con películas como *Esto es el ejército* y *Casablanca*. Las imágenes ofrecían una vía de escape y una generosa dosis de patriotismo. Los noticiarios antes y después de la proyección se centraban en las hazañas estadounidenses en el campo de batalla. Incluso Walt Disney realizó un cortometraje animado titulado *Victory Through Air Power*, alabando las virtudes de los aviones como armas de guerra. Los bancos, llenos de efectivo, permanecían abiertos hasta tarde para que los trabajadores cobrasen los cheques. Los sistemas de agua, las plantas eléctricas, los sistemas educativos y los hospitales se esforzaban por seguir el ritmo de la creciente población. Los recién llegados tenían que hacer cola en los hoteles, día tras día. Los arrendadores duplicaban sus alquileres y aun así tenían listas de espera.

Sin embargo, nada ejemplificaba la envergadura, el alcance y el impacto económico de la guerra en la zona de Hampton Roads como el desarrollo urbanístico financiado federalmente en el East End de Newport News, construido para aliviar la escasez de hogares para los trabajadores de la guerra. Los migrantes hacían cola para alquilar una de las 5200 viviendas prefabricadas desmontables, 1200 en Newsome Park, destinadas a los negros, y 4000 en Copeland Park diseñadas para los blancos. Desde la calle 41 hasta la 56, desde Madison Avenue hasta Chestnut Avenue, el proyecto urbanístico de defensa más grande del mundo —dos pequeñas ciudades separadas dentro de una misma ciudad— suavizaba el problema de la escasez de viviendas en la península de Virginia.

Dorothy Vaughan llegó a Newport News un jueves y comenzó a trabajar en el Laboratorio aeronáutico de Langley el lunes siguiente. El departamento de personal tenía un archivo de alojamientos disponibles para los nuevos empleados, segmentado cuidadosamente por raza para «establecer relaciones amistosas» y «evitar el bochorno». Con cinco dólares a la semana, Dorothy obtuvo un lugar donde dormir, dos comidas al día y las amables atenciones de Frederick y Annie Lucy, una pareja negra de sesenta y tantos años. Los Lucy poseían una tienda de comestibles y abrían su espacioso hogar, ubicado en la periferia de la urbanización de Newsome Park, a los huéspedes. El East End era una versión a gran escala de lo que Dorothy había dejado atrás, habitado por familias de negros acomodadas que vivían en casas elegantes, plagado de negocios prósperos y con una clase media creciente, parte de la cual trabajaba en el astillero desde antes del *boom* de la guerra. En la esquina del bloque de los Lucy, un farmacéutico había adquirido un local y planeaba abrir la primera farmacia para negros de la ciudad. Había incluso un nuevo hospital cerca de allí: Whittaker Memorial, abierto a principios de 1943, organizado por médicos negros y construido por arquitectos negros.

Alejada de su marido y de sus hijos, la vivienda de Dorothy pasó de ser una espaciosa casa a una pequeña habitación, su maleta se convirtió en su armario y su vida diaria quedó reducida a los elementos más sencillos. Aquellos pocos días antes de comenzar el trabajo le bastaron para averiguar las cosas esenciales para su nueva vida: dónde se encontraba la iglesia metodista episcopal africana más próxima, a qué hora se comía en casa de los Lucy y qué medio de transporte utilizar para llegar al trabajo.

Los autobuses y tranvías circulaban de la mañana a la noche, desbordados de pasajeros desde antes del naranja del amanecer hasta después del rosa del atardecer. Los empleados que abandonaban el turno de noche se cruzaban con los madrugadores del turno de mañana que comenzaban su jornada. Los estragos de la guerra eran más evidentes en las multitudes de desconocidos que se empujaban unos a otros en los vehículos en que realizaban su recorrido. Organizar a la multitud en un espacio tan limitado habría sido difícil de por sí en la mejor de las circunstancias, pero las retorcidas leyes segregacionistas de Jim Crow hacían que el viaje al trabajo fuese un calvario para todos los pasajeros. Los blancos entraban y salían por la puerta delantera del autobús y se sentaban en la sección destinada para ellos en la parte delantera. Los negros debían entrar y salir por la puerta trasera y buscar hueco atrás, más allá de la línea de la gente de color; además debían ceder su asiento a los blancos si la sección de estos estaba llena. La escasez de revisores en la puerta de atrás suponía que, la mayor parte del tiempo, los negros debían entrar por la puerta delantera y abrirse paso entre los pasajeros blancos para llegar a la sección de los negros. Luego tenían que volver a atravesar el pasillo para salir. Y, si los pasajeros blancos de alguno de los autobuses con dos revisores encontraban asiento en la parte de atrás del autobús, también tenían que recorrer el pasillo hasta la parte delantera, ya que la ley prohibía a los blancos utilizar la puerta de atrás. Si las leyes de segregación estaban diseñadas para reducir la tensión manteniendo separadas a las razas, en la práctica tenían justo el efecto contrario.

Autobuses abarrotados; seis días de trabajo a la semana; ruido constante; escasez de azúcar, café, mantequilla y carne;

largas colas para todo, desde el mostrador del comedor hasta la gasolinera… La presión de la vida diaria en las ciudades más prósperas de la guerra de todo el país tensaba las relaciones raciales, de por sí delicadas, hasta casi romperlas. Hasta el momento, Hampton Roads había evitado los conflictos registrados en Detroit, Mobile y Los Ángeles, donde la tensión entre blancos y negros (y en Los Ángeles entre jóvenes mexicanos, negros y filipinos y los soldados que les atacaban) derivaba en enfrentamientos violentos.

Mientras que los blancos de las ciudades prósperas podían pensar que tales conflictos se debían a la guerra, los negros, condicionados desde hacía mucho tiempo a la hostilidad racial, estaban cansados de librar siempre las mismas batallas. Se multaba a los negros que iban sentados en las secciones de los autobuses o tranvías destinadas a los blancos, por muy abarrotados que estos fueran. Alguno de los infractores era sacado a rastras del autobús e incluso golpeado por la policía. Las integrantes de un club femenino llamado Les Femmes escribieron una carta a la compañía de autobuses quejándose del tratamiento despectivo que sus conductores dirigían diariamente a las mujeres negras. Un conductor de autobuses que cubría la ruta de Newport News a Hampton llegó a negar la entrada a hombres negros con uniforme militar. A lo largo y ancho del país, algunos equiparaban a los soldados negros de uniforme con gente que se había salido de su sitio, y aquello provocaba desprecio e incluso violencia hacia ellos.

La resistencia de los negros ante esta injusticia había sido una constante desde que el primer barco llevase esclavos africanos hasta Old Point Comfort, en las orillas de Hampton, en 1609. Sin embargo, la guerra y la retórica de la que iba acompañada crearon una urgencia entre la comunidad negra para cobrarse la deuda que su país tenía con ellos desde hacía tanto tiempo. «Los hombres de cualquier credo y de cualquier raza, fuera cual fuera su lugar de procedencia», tenían derecho a las

«Cuatro Libertades»: libertad de expresión, libertad de culto, libertad frente a la necesidad y libertad frente al temor, dijo Roosevelt al dirigirse al pueblo estadounidense durante su discurso anual de 1941. Pedía a los Estados Unidos acabar con los dictadores que privaban a otros de su libertad. Los negros se sumaron al estupor de sus compatriotas ante los horrores que Alemania ejercía sobre sus ciudadanos judíos restringiendo el tipo de trabajos que podían hacer y los negocios que podían realizar, encarcelándolos sin sentido y privándoles de un juicio justo y de todos los derechos de ciudadanía, sometiéndolos a humillaciones y violencia por parte del estado, segregándolos en guetos y finalmente explotándolos en campos de concentración y marcándolos para la exterminación. ¿Cómo podía un negro estadounidense observar el exterminio que tenía lugar en Europa sin identificarlo con su propia lucha frente a la privación, la esclavitud y la violencia, que duraba ya cuatro siglos?

La Orden Ejecutiva 8802 y la instauración del Comité de Prácticas de Empleo Justo hizo florecer el optimismo, y muchos miembros de la comunidad negra confiaron en que las puertas de la oportunidad, que se abrían al fin, no volvieran a cerrarse. Pero, casi tres décadas antes, la Primera Guerra Mundial había sido anunciada como el acontecimiento que acabaría con los prejuicios de la raza. «Miles de sus hijos están en los campamentos y en Francia, y de este conflicto ustedes sacarán sin duda todos los derechos de ciudadanía, los mismos de los que disfruta cualquier otro ciudadano», les aseguró a los negros el presidente Woodrow Wilson, nacido en Virginia, durante el conflicto anterior. Incluso entonces, los negros se mostraron dispuestos a canjear sus vidas por la herencia que se les debía. Pero el ejército les prohibía servir con los blancos y los consideraba mentalmente deficientes para los rigores del combate. La mayoría era relegada a los batallones de trabajo manual, como cocineros, estibadores, peones y cavadores de tumbas. Los pocos que lograban ser oficiales seguían encontrando cuartos de baño sucios, uniformes de segunda mano, duchas segregadas y faltas de respeto por parte de los soldados blancos. Y un hombre que había sobrevivido a los horrores del campo de batalla desafiaba al peligro caminando por las calles de su pueblo vestido de uniforme.

La firme oposición de Charles Hamilton Houston a la discriminación institucionalizada en Estados Unidos se debía en parte a sus propias experiencias como soldado en Francia durante la Primera Guerra Mundial. El hombre que después se convertiría en abogado de la NAACP y otros soldados de color de su regimiento sufrieron incontables abusos a manos de los oficiales blancos. De vuelta por fin en Estados Unidos, Houston y un amigo, aún de uniforme, volvían a su casa en tren cuando un hombre blanco se negó a sentarse junto a ellos en el vagón comedor. «Me alegré mucho de no haber perdido la vida luchando por mi país», recordó en una columna de 1942 publicada en el *Pittsburgh Courier*.

Después de la Guerra Civil y durante la era de la Reconstrucción, el gobierno federal había ofrecido trabajos a los negros, proporcionando movilidad social especialmente para aquellos que tenían estudios. La reforma del funcionariado a finales del siglo XIX redujo el amiguismo y la corrupción e introdujo un sistema de méritos que permitía a los negros tener oportunidades laborales. Sin embargo, durante la presidencia de Woodrow Wilson el telón de acero de la segregación cayó sobre el empleo federal. Una norma de 1915 que pedía una fotografía en todas las solicitudes de empleo convertía la raza en una variable tácita para tomar la decisión final. Desde agencias tan diversas como la Oficina de Grabado, el Servicio de Correos de Estados Unidos y el Departamento de la Armada, los oficiales de Wilson purgaban las filas de los más altos rangos para que no hubiera oficiales negros. Aquellos que permanecían en el servicio eran relegados a zonas segregadas u ocultados tras una cortina para que los funcionarios blancos y los visitantes no tuvieran que verlos.

La intransigencia de las fuerzas que se oponían a la lucha de los negros por la igualdad quedó flagrantemente patente en un comentario realizado en 1943 por Mark Etheridge, editor del *Louisville Courier-Journal*, que había sido el director del Comité de Prácticas de Empleo Justo promovido por Roosevelt. «No existe ningún poder en el mundo —ni en todos los ejércitos de la tierra, aliados o del Eje— capaz de obligar a los blancos del sur a abandonar el principio de segregación social», dijo Etheridge, un liberal blanco vilipendiado con frecuencia por su apoyo al avance de los negros. El sistema que mantenía a la raza negra en lo más bajo de la sociedad estadounidense estaba tan arraigado en la historia de la nación que resultaba inmune a los ideales de igualdad del país. Los restaurantes que se negaban a servir a Dorothy Vaughan no tenían problemas en atender a los alemanes del campamento de prisioneros de guerra de la cárcel ubicada bajo el puente del río James de Newport News. Aquella contradicción dividía a los negros, como individuos y como pueblo, su identidad americana estaba en conflicto permanente con su alma negra; era la agonía de la doble conciencia que explicó W. E. B. Du Bois en su revelador libro *The Souls of Black Folk*.

Los miembros más francos de la comunidad se negaban a interiorizar esa contradicción y equiparaban abiertamente a los racistas extranjeros que Estados Unidos pretendía destruir con los racistas estadounidenses que el país decidía tolerar. «Cualquier tipo de brutalidad perpetrada por los alemanes en nombre de la raza es el pan nuestro de cada día para los negros del sur de nuestro país», declaró Vernon Johns, el marido de Altona Trent Johns, antigua compañera de Dorothy Vaughan. El «brillante y erudito predicador» de Farmville se había hecho famoso en el país por sus elocuentes sermones y por sus inconformistas opiniones sobre el progreso racial. Sus ideas eran radicales en aquella época. Sin embargo, su política de no hacer concesiones con las faltas de respeto raciales de ningún tipo tendría una influencia directa e indirecta en las acciones por los derechos civiles de los años cincuenta y sesenta.

Los periódicos negros —abiertamente partidarios de las causas de los negros— se negaban a censurarse, pese a la amenaza gubernamental de presentar contra ellos cargos por sedición. «Ayúdennos primero a conseguir algunos de los beneficios de la democracia aquí en nuestro país antes de subirse al carro de "liberar a otros pueblos" y decirnos que nos vayamos al frente a morir en un país extranjero», escribió P. B. Young, dueño del *Norfolk Journal and Guide*, en un editorial de 1942. Como con el resto de asuntos relativos a la seguridad, educación, movilidad económica y poder político de los negros, la prensa negra expresaba abiertamente los sentimientos encontrados que sus lectores tenían sobre la guerra.

James Thompson, un hombre de veintiséis años que trabajaba en una cafetería, explicó elocuentemente el dilema de los negros en una carta que escribió al *Pittsburgh Courier*: «Comoestadounidense de tez oscura —escribió Thompson—, me vienena la mente las siguientes preguntas: "¿Debería sacrificar mi vida para ser un estadounidense a medias?" […] "¿Merece la pena defender la América que yo conozco?" […] "¿Los estadounidenses de color seguirán sufriendo la penurias que han soportado en el pasado?". Estas y otras preguntas necesitan respuesta; yo quiero saber, y creo que cualquier estadounidense de color con dos dedos de frente quiere saber».

«¿Por qué luchamos?», se preguntaban a sí mismos y entre ellos.

La pregunta resonaba por los techos abovedados del auditorio del edificio Ogden en el Instituto Hampton. Se oía en los santuarios de la Primera Iglesia Bautista, de la Iglesia Metodista Episcopal Africana y en miles de iglesias negras de todo el país. Se palpaba en el club de la USO (organización que proveía servicios recreacionales a los miembros de las fuerzas armadas), uno de los muchos centros destinados a mantener alta la moral; incluso la USO estaba segregada, con distintos clubes para negros, blancos y judíos. La pregunta aparecía en los titulares del *Pittsburg Courier,* el *Norfolk Journal and Guide,* el *Baltimore Afro-American,* el *Chicago Defender* y todos los periódicos negros del país. La comunidad negra formulaba esa pregunta en privado y en público, y con todas las formas posibles: retóricamente, con rabia, con incredulidad, con esperanza. ¿Qué significaba aquella guerra para el «décimo hombre de América», el ciudadano de cada diez que formaba parte de la mayor minoría del país?

No eran los agitadores norteños los que instaban a los negros a cuestionar a su país, como querían creer muchos blancos del sur. Lo que inspiraba a los negros era su propio orgullo, su patriotismo, su profunda creencia en la posibilidad de una democracia. ¿Y por qué no? ¿Quién mejor que los negros conocía la democracia estadounidense? Conocían las virtudes, vicios y carencias de la democracia, su forma y su voz, debido a que había estado ausente en sus vidas. El no poder asegurar los beneficios de esa democracia era el rasgo que mejor definía su existencia en Estados Unidos. Cada domingo iban a sus iglesias y rezaban al Señor para que les enviara alguna señal de que la democracia les llegaría a ellos también.

Cuando la democracia estadounidense volvió a llamarles, tras el ataque a Pearl Harbor, ellos cerraron filas, como habían hecho en la Guerra Revolucionaria, en la Guerra Civil, en la Guerra Hispanoamericana, en la Primera Guerra Mundial y el resto de guerras estadounidenses; se prepararon para luchar, por el futuro de su país y por el suyo propio. Las iglesias negras, las hermandades negras, la Liga Urbana, el Consejo Nacional de Mujeres Negras, Les Femmes Sans Souci, el Club de los Bachelor-Benedicts, las universidades negras de todo el país se movían con una organización que hacía sombra a la del gobierno. La prensa negra les daba las señales, establecía la comunicación entre los líderes y las tropas, difundiendo las consignas para que la comunidad negra avanzara en sintonía con Estados Unidos, pero, sobre todo, como un todo unificado. Cualquier acción alimentaba la esperanza de una victoria definitiva.

De la grieta de aquella doble conciencia siempre presente surgió la idea de la doble victoria, explicada por James Thompson en su carta al *Pittsburgh Courier*: «Que los estadounidenses de color adopten la Doble V para una doble victoria; la primera V por una victoria frente a nuestros enemigos de fuera, la segunda V por una victoria frente a nuestros enemigos de dentro. Pues sin duda aquellos que alimentan esos horribles prejuicios aquí buscan destruir nuestra forma de gobierno democrático igual que las fuerzas del eje».

El 1 de diciembre de 1943, cuando los líderes de Estados Unidos, Gran Bretaña y Rusia concluían una conferencia en Teherán en la que planearon invadir Francia en el verano de 1944 —operación que pasaría a la historia como el Día D—, Dorothy Vaughan atravesó la línea de la gente de color en el autobús público y se dirigió hacia su primer día de trabajo en el Laboratorio aeronáutico de Langley.

CAPÍTULO 5

Destino manifiesto

En su primer día en Langley, Dorothy Vaughan pasó la mañana en el departamento de personal rellenando el papeleo necesario. Levantó la mano derecha e hizo el juramento del funcionariado de Estados Unidos, confirmando su estatus de empleada del Comité Asesor Nacional de Aeronáutica. Pero era su placa de empleada —un círculo azul de metal con su cara y el logo alado del NACA a cada lado— la que aseguraba su estatus como miembro del club, la portadora de una llave que le daba acceso a las instalaciones del laboratorio. Dorothy Vaughan se subió al autobús de enlace de Langley que la llevaría a su destino final en la zona oeste del laboratorio.

«Si el jefe de colocación ve oportuno enviarte a una tierra lejana y desolada llena de marismas y mosquitos llamada la Zona Oeste, no le maldigas. Pero ponte botas altas, piensa que tu hospitalización está cubierta, vete de safari a la naturaleza salvaje y no te quejes de tu amargo destino», bromeaba un colaborador en *Air Scoop*, el boletín semanal de los empleados.

Desde que se fundara en 1917, las operaciones del laboratorio se habían concentrado en las instalaciones de la base militar de Langley Field, en las orillas del Back River de Hampton. El laboratorio comenzó en el Edificio de Administración, con un único túnel de viento, y creció hasta que las limitaciones de espacio le obligaron a expandirse hacia el oeste sobre varias propiedades que en la época colonial albergaban plantaciones. Algunos de los habitantes de Hampton aún recordaban cómo los extraños personajes del laboratorio habían salvado al pueblo de la desesperación económica de la Ley Seca. Dado el desproporcionado número de habitantes de Hampton que se ganaba la vida con la industria del alcohol a comienzos del siglo XX, la sequía que azotaba el país resultaba potencialmente devastadora. Harry Holt, el secretario del tribunal del pueblo, en colaboración con una camarilla que incluía al magnate de las ostras Frank Darling, cuya compañía, J. S. Darling e Hijo, era la tercera empaquetadora de ostras más grande del mundo, comenzó a comprar de forma clandestina parcelas de terreno que otrora fueron hogar de los virginianos adinerados, incluido George Wythe. Holt consolidó las parcelas y se las vendió al gobierno federal para el campo de vuelo y el laboratorio. «El futuro de esta afortunada región de Virginia ha quedado asegurado», declaró el periódico local. Fue lo mejor que ocurrió en la zona desde que Collins Huntington fundara su astillero en Newport News. La gente de la localidad se alegró tanto de la «energía revitalizante» del dinero federal que no guardó rencor a Holt ni a sus amigos por el beneficio que habían obtenido mediante la especulación inmobiliaria.

La construcción de la zona oeste comenzó de verdad en 1939. Ahora, cuando Dorothy y los otros pasajeros del autobús llegaban al final de la carretera arbolada que conectaba ambos lados de las instalaciones, el terreno se abría y daba paso a un extraño paisaje que consistía en edificios de ladrillo de dos plantas y zonas de obras vacías con estructuras a medio terminar que se alzaban por encima del bosque. Imponente detrás de uno de los edificios se elevaba una gigantesca tubería de metal corrugado de tres pisos de altura, como una oruga salida de la imaginación de H. G. Wells. Este circuito de aire llamado túnel de alta velocidad de cinco metros se terminó tan solo dos días antes del ataque a Pearl Harbor y formaba un circuito rectangular cerrado con un ancho de noventa metros y una profundidad de treinta. Al aspecto futurista del paisaje se sumaba el hecho de que todos los edificios de la zona oeste —en realidad, todos los edificios del laboratorio y también todo lo perteneciente a la base aérea— habían sido pintados de verde oscuro en 1942 para camuflarlos ante un posible ataque de las fuerzas del Eje.

El autobús que hacía el recorrido por la zona oeste se detuvo para dejar a Dorothy frente a un lugar llamado Edificio de Almacén. No había nada que distinguiera ese edificio o sus oficinas de cualquier otro espacio del laboratorio: las mismas ventanas estrechas que daban a las obras del exterior, las mismas luces de oficina en el techo, los mismos escritorios gubernamentales colocados como si fuera una clase. Incluso antes de entrar por la puerta del que sería su lugar de trabajo, ya oía la música de las máquinas calculadoras dentro de la habitación: un clic cada vez que su responsable pulsaba una tecla para introducir un número, un redoble en respuesta a una tecla de operaciones, otro redoble completo cuando la máquina repasaba un cálculo complejo; el efecto acumulado sonaba como si fuera la sala de ensayo de la banda militar. Sonaba en todas las estancias donde las mujeres llevaban a cabo investigaciones aeronáuticas a nivel granular, desde la sala de computación central de la zona este hasta los grupos más pequeños de computistas encargados de túneles de viento o de equipos de ingenieros específicos. La única diferencia entre las demás salas de Langley y aquella en la que entró Dorothy era que las mujeres sentadas a los escritorios, intentando sonsacar a las máquinas la respuesta a la pregunta «¿Qué hace que las cosas vuelen?», eran negras.

* * *

Las mujeres blancas de la Facultad Estatal de Educación situada frente a la casa de Dorothy en Farmville, así como sus hermanas de escuelas como Sweetbriar, Hollins y la Facultad de Nueva Jersey para mujeres, trabajaban juntas en la sala de computación de la zona este. En la oficina de la zona oeste donde Dorothy comenzaba a trabajar, los miembros del equipo de cálculos procedían de la Facultad Estatal de Virginia para negros, de Arkansas AM&N, y del Instituto Hampton. Esta sala, creada para albergar a unas veinte trabajadoras, estaba casi llena. Miriam Mann, Pearl Bassette, Yvette Brown, Thelma Stiles y Minnie McGraw ocupaban los cinco primeros asientos a finales de mayo. A lo largo de los seis meses siguientes, más graduadas de la clase de Ingeniería para mujeres del Instituto Hampton fueron uniéndose al grupo, así como mujeres llegadas de más lejos, como Lessie Hunter, una graduada de la Universidad Prairie View, de Texas. Muchas de ellas, como Dorothy, aportaban al puesto años de experiencia como maestras.

Dorothy ocupó su asiento mientras la mujeres la saludaban por encima del escándalo de las máquinas; sabía sin necesidad de preguntarlo que todas formaban parte de la misma confederación de facultades negras, asociaciones de alumnas, organizaciones municipales e iglesias. Muchas de ellas pertenecían a fraternidades con letra griega como Delta Sigma Zeta o Alfa Kappa Alfa, a la que Dorothy se había unido en Wilberforce. Al conseguir trabajo en el departamento de computación oeste de Langley, habían fundado una de las fraternidades más exclusivas del mundo. En 1940, solo el 2% de todas las mujeres negras tenían títulos universitarios, y el 60% de esas mujeres acababa siendo profesora, generalmente en colegios públicos de primaria e institutos. Absolutamente ninguna de esas licenciadas de 1940 era ingeniera. Y aun así, en una época en la que solo el 10% de las mujeres blancas y ni siquiera un tercio de los hombres blancos obtenía títulos universitarios, las computistas del oeste habían encontrado trabajo y se habían encontrado las unas a las otras en el «complejo de investigación aeronáutica más grande y avanzado del mundo».

En la parte delantera de la oficina, como profesoras en una clase, estaban dos antiguas computistas de la zona este: Margery Hannah, directora del departamento de computación oeste, y su ayudante, Blanche Sponsler. Alta y desgarbada, con unos ojos enormes y unas gafas más enormes aún, Margery Hannah comenzó a trabajar en el laboratorio en 1939 tras licenciarse en la Universidad Estatal de Idaho, poco después de que la sala de computación de la zona este sobrepasara la oficina que compartía con Pearl Young. Young, contratada en 1922, y durante casi dos décadas la única ingeniera del laboratorio, ahora trabajaba como editora técnica del laboratorio (la «crítica inglesa», como solían llamarla) y dirigía a un pequeño grupo, compuesto casi exclusivamente por mujeres, responsable de marcar los estándares de los informes de investigación del NACA. Virginia Tucker, que fue ascendida a computista jefe, dirigía la Sección de Computación de Langley con más de doscientas mujeres bajo su mando, y supervisaba a Margery Hannah y a las otras directoras de departamento. El trabajo que llegaba a un departamento en particular solía venir desde lo alto de la pirámide: los ingenieros acudían a Virginia Tucker con tareas de computación; ella distribuía las tareas entre sus directoras de departamento, quienes a su vez dividían el trabajo entre las chicas de sus departamentos. Con el tiempo, los ingenieros podrían acudir directamente a la directora del departamento, o incluso a una chica en particular cuyo trabajo les gustase.

Con la escasez de mano de obra, que afectaba a la capacidad del laboratorio para realizar importantes limpiezas y otras tareas diseñadas para que los aviones militares fueran todo lo poderosos, seguros y eficientes posible, las computistas del oeste aportaban una ayuda muy necesaria a los cada vez mayores esfuerzos de investigación de la agencia. El NACA planeaba duplicar el tamaño de la zona oeste de Langley en tres años. Mamá Langley había dado a luz a dos nuevos laboratorios: el Laboratorio Aeronáutico Ames de Moffett Field, California, en 1939, y el Laboratorio de Investigación en Motores de Avión de Cleveland, Ohio, en 1940. Ambos laboratorios reclutaban a empleados de Langley, incluidas computistas, para sus nuevos centros. La agencia trataba de mantener el ritmo productivo del milagro en que se había convertido la industria aeronáutica estadounidense, que había pasado de ser la cuadragésimo tercera empresa más grande del país en 1938 a ser la número uno mundial en 1943.

Durante casi toda su existencia había sido una empresa pequeña, pero ahora el laboratorio principal del NACA se había convertido en una oficina con muchas capas y llena de caras nuevas. A medida que los grupos de ingeniería crecían en número y complejidad, la rutina diaria de un empleado estaba menos sujeta a las revoluciones del laboratorio como conjunto y más sujeta a las relaciones entre sus grupos de trabajo. Los empleados se sentaban juntos con la misma gente durante la pausa para el café, comían como grupo en la cafetería y se marchaban juntos para tomar el autobús nocturno. *Air Scoop* publicaba todo, desde los resúmenes de las presentaciones realizadas por personajes eminentes de la aeronáutica hasta los resultados de la liga interna de *softball* y el programa de baile de la Noble Orden de la Vaca Verde, el club de la élite social blanca del laboratorio. El boletín semanal mantenía a los empleados al tanto de la actividad constante y levantaba su moral, pero en un año sin pausa en el que el personal del laboratorio casi llegaría a duplicarse, no era fácil para los propios empleados absorber todo el impacto de la inusual misión de la organización o el inusual conjunto de personas que la llevaba a cabo.

Pero, tan solo un mes antes de que Dorothy viajara desde Farmville, *Air Scoop* cubrió el viaje oficial de Frank Knox,

Secretario de la Armada, al laboratorio. Mil quinientos empleados llenaron el Laboratorio de Investigación de Estructuras, una instalación cavernosa situada en un claro polvoriento frente al Edificio del Almacén, para escuchar el discurso de Knox. Este felicitó al NACA por liderar al resto de agencias federales en la compra de bonos de guerra —versiones más grandes de los sellos de guerra que vendían en la Escuela Moton— y los elogió por la investigación que convirtió el prototipo poco fiable de un bombardero en el «lento pero letal» SBD Dauntless, una fuerza decisiva en la victoria de la Armada en junio de 1942 durante la batalla de Midway.

«Ustedes, hombres y mujeres que trabajan aquí, lejos del sonido de los golpes y las pistolas, que trabajan como civiles de acuerdo con su especialidad, están también ganando una parte de esta guerra: la batalla de la investigación —dijo Knox—. Esta guerra se está librando en los laboratorios así como en los campos de batalla».

La multitud de empleados se extendía de un lado a otro de la estancia, desde el fondo hasta el frente, una masa que ocupaba el inmenso espacio como el gas que llenara un globo de aire caliente. Knox, una mancha a lo lejos, estaba de pie en un podio frente a una bandera estadounidense gigante. La mayoría de la multitud estaba compuesta por hombres blancos, casi todos en mangas de camisa y corbata, o con chaqueta y jersey, otros con overol de mecánico u obrero. Situado a un lado en la parte delantera había un grupo de superiores vestidos de *tweed* y con brazaletes que los identificaban como responsables del secretario y miembros de su séquito. Los chicos listos de la clase —John D. Bird, Francis Rogallo y John Becker, de quienes ya se decía que estaban en lo más alto de su disciplina— sonreían unas filas más atrás. Apiñados en un rincón de la habitación había unos veinte hombres blancos, todos con overol de trabajo, algunos con sombrero de ala o gorra. Había mujeres blancas dispersas entre la multitud, muchas en primera fila, con faldas hasta las rodillas acompañadas de un calzado sensato para poder recorrer las instalaciones de Langley. Flanqueando a John Becker había más caras de mujer, caras marrones contemplando la escena desde la media distancia. Thelma Stiles sonreía, las gafas de Pearl Bassette reflejaban la luz de los flashes. La cabeza de la diminuta Miriam Mann apenas se veía entre los hombros de la multitud. ¿Quién habría pensado que semejante mezcla de blancos y negros, hombres y mujeres, obreros y oficinistas, los que trabajaban con las manos y los que trabajaban con números, sería posible? ¿Y quién habría imaginado que se encontraría en el pueblo sureño de Hampton, Virginia?

Después de la presentación, las computistas del oeste se fueron a la cafetería. Los empleados que no se veían los unos a los otros, que trabajaban en grupos o edificios diferentes, podrían encontrarse en la cafetería, ver de refilón a Henry Reid o a John Victory, el flemático secretario del NACA, de visita en el pueblo, o quizá oír las palabras picantes de John Stack, que supervisaba los túneles de viento utilizados en la investigación de alta velocidad. Treinta minutos y de vuelta al trabajo. El tiempo justo para comer caliente y charlar un rato.

Casi todos los grupos se sentaban juntos por costumbre. Lo de las computistas del oeste era por mandato. Un cartel de cartón blanco en una mesa al fondo de la cafetería designaba su lugar con letras negras y dejaba clara la jerarquía del comedor: COMPUTISTAS DE COLOR. Era el único cartel en la cafetería de la zona oeste; ningún otro grupo necesitaba que le indicaran cuáles eran sus asientos. Los conserjes, los obreros y los propios trabajadores de la cafetería no comían en la cafetería principal. Las computistas del oeste eran las únicas profesionales negras del laboratorio; no estaban técnicamente excluidas, pero tampoco incluidas.

En la jerarquía de afrentas raciales, ese cartel no era inusual o poco común. No presagiaba la clase de violencia racial que podía desatarse sin previo aviso, golpeando incluso a los negros más estables económicamente como el keroseno sobre los rescoldos calientes. Aquella era la clase de segregación que con el tiempo los negros habían aprendido a tolerar, si no a aceptar, para poder seguir con sus vidas. Pero en el idealista entorno del laboratorio, un lugar que las había seleccionado por su talento intelectual, el cartel parecía especialmente ridículo y más ofensivo.

Intentaban ignorar el cartel, obviarlo durante la hora de la comida, fingir que no estaba allí. En la oficina, las mujeres se sentían iguales. Pero en la cafetería, y en los baños destinados a las chicas de color, los carteles eran un recordatorio de que incluso en la meritocracia del funcionariado de Estados Unidos, incluso después de la Orden Ejecutiva 8802, unos eran más iguales que otros. Incluso el anodino nombre del grupo resultaba descriptivo y algo engañoso, lo que permitía al laboratorio cumplir con el Acta de Empleo Justo —computistas del oeste era solo una descripción funcional en una tabla organizativa— y al mismo tiempo apaciguar los estatutos discriminatorios del estado de Virginia. El cartel de la cafetería daba fe de que la ley que abría el camino a las computistas del oeste para trabajar en Langley no podía competir con las leyes estatales que las mantenían en un lugar separado. La puerta principal del laboratorio estaba abierta, pero muchas otras permanecían cerradas, como la de Anne Wythe Hall, una residencia para mujeres blancas solteras que trabajaban en Langley. Mientras que Dorothy caminaba varias manzanas cada mañana desde casa de los Lucy para tomar el autobús, las mujeres de la residencia gozaban de un servicio especial de autobuses. No había nada que pudieran hacer con eso, ni con el baño para «chicas de color». Pero aquel cartel de la cafetería...

Fue Miriam Mann la que finalmente decidió que aquello era demasiado. «Ahí está mi cartel de hoy», decía al entrar en la cafetería y ver el cartel que designaba su mesa al fondo de la sala. Miriam Mann no medía ni un metro cincuenta, le colgaban los pies cuando se sentaba en la silla, pero tenía una personalidad gigantesca.

Las computistas del oeste veían cómo su compañera quitaba el cartel y se lo guardaba en el bolso, un pequeño acto de rebeldía que inspiraba tanto ansiedad como cierto sentido de fortalecimiento. El ritual tenía lugar con una regularidad absurda. El cartel, colocado por una mano invisible, explicitaba las reglas tácitas de la cafetería. Cuando Miriam lo quitaba, desaparecía durante unos días, quizá una semana, tal vez más, antes de ser reemplazado por otro idéntico, con unas letras tan amenazantes como las de su predecesor.

Los carteles y su desaparición eran un tema de conversación frecuente entre las computistas del oeste, que debatían sobre la prudencia de semejante acto. Mientras en la cafetería de Langley se desarrollaba el drama del cartel, a treinta kilómetros de allí, en el condado de Gloucester, tenía lugar un incidente que tendría una repercusión nacional. Irene Morgan trabajaba en Glenn L. Martin Company, fábrica de aviones situada en Baltimore, y formaba parte de la producción del B-26 Marauder. En el verano de 1944 volvió a Virginia en el autobús de Greyhound para visitar a su madre, pero fue arrestada durante el viaje de vuelta a Baltimore por negarse a sentarse en la sección para gente de color. El departamento legal de la NAACP se hizo cargo del caso y planeó usarlo para desafiar las reglas segregacionistas en el transporte interestatal. En 1946, el Tribunal Supremo, en el caso *Morgan contra Virginia*, declaró que la segregación en los autobuses interestatales era ilegal. Pero ¿cómo iban a hacer del suyo un caso federal las computistas del oeste por algo tan banal como un cartel en la cafetería? Lo más probable sería que el encargado de abastecer de carteles la mesa decidiera que había llegado el momento de librarse de las alborotadoras. «Al final te despedirán por ese cartel, Miriam», le decía William, su marido, durante la cena. La vida de los negros en Estados Unidos consistía en una serie de negociaciones interminable: cuándo luchar y cuándo ceder. Y Miriam decidió que por aquello había que luchar. «Entonces no les quedará más remedio que hacerlo», solía responder.

Los Mann vivían en el campus del Instituto Hampton. Aunque el cuerpo estudiantil era predominantemente negro, el presidente de la escuela y gran parte del claustro era blanco. Malcolm MacLean, antiguo administrador de la Universidad de Minnesota, se había hecho cargo de la institución en 1940 y estaba decidido a que la participación plena y comprometida de la escuela en la guerra fuese su legado. A medida que el laboratorio aeronáutico se expandía hacia el oeste para cumplir con las exigencias de la guerra, su gemelo, Langley Field, quería crecer para poder albergar las florecientes operaciones de las Fuerzas Aéreas del Ejército. Un filántropo de Boston había cedido al Instituto Hampton una antigua plantación llamada Shellbanks Farm, que servía de laboratorio agrícola para estudiantes negros e indios de la escuela. En 1941, MacLean supervisó la venta de la propiedad, de más de 300 hectáreas, al gobierno federal para que fuera utilizada por Langley Field, convirtiéndola en una de las bases aéreas más grandes del mundo.

Siguiendo las instrucciones de MacLean, la escuela también había fundado una escuela de entrenamiento naval, lo que convirtió el campus en una base militar activa. La policía militar controlaba todas las entradas y vigilaba las idas y venidas de todos. Acudieron a la escuela más de mil reclutas negros de todo el país para recibir formación sobre la reparación de motores de aviones y barcos. Los graduados se marchaban después a realizar las prácticas en bases como la estación aeronaval de Patuxent River, en Maryland, zona cero de la actividad de pruebas de vuelo de la Armada. Y Hampton estaba decidido a ser el líder de todas las facultades negras a la hora de proporcionar los Programas de Formación en Ingeniería, Ciencia y Gestión de Guerra (ESMWT) en los que se habían graduado las primeras mujeres de las computistas del oeste. Hombres y mujeres abarrotaban las aulas del Instituto Hampton, que impartía clases de todo, desde radio hasta química. En una conferencia sobre mano de obra durante la guerra que organizó el Instituto Hampton en 1942, MacLean declaró ante los asistentes que la guerra podía ser «la mayor brecha en la historia para los grupos minoritarios».

Muchos blancos de la localidad consideraban a MacLean asquerosamente progresista, peligroso incluso, con su insistencia en promover la participación negra en la guerra. Lo que avivaba las llamas era su comodidad con la mezcla racial en situaciones sociales. En los discursos, instaba a las facultades blancas a contratar a profesores negros. Invitaba a gente blanca y negra a la residencia del presidente (llamada Mansion House), e incluso les permitía fumar. Llegó incluso a bailar con una alumna de Hampton en una fiesta del campus, escandalizando a la alta burguesía de la localidad (y ganando puntos con los estudiantes de Hampton). Parecía creer firmemente en la necesidad de que los negros avanzaran en la sociedad estadounidense, era un verdadero defensor de los principios de la Doble V.

Henry Reid, el ingeniero al cargo del laboratorio Langley, era cualquier cosa menos instigador. Reid, un sencillo ingeniero eléctrico graduado en el Instituto Politécnico de Worcester, en Massachusetts, era un embajador muy capaz para el laboratorio, que respondía a las invitaciones para asistir a las inauguraciones de puentes de la zona con el mismo cuidado y la misma rapidez que empleaba para escribirse con Orville Wright. Apreciaba a la alta sociedad del Club Kiwanis de Hampton y Newport News que MacLean tanto despreciaba. Y aun así, en algunos aspectos ambos hombres estaban cortados por el mismo patrón: apasionados en sus respectivas áreas, pragmáticos por naturaleza, forasteros con intereses y responsabilidades que iban más allá de la sensibilidad sureña y las obligaciones sociales del pueblo en el que trabajaban. Casi con seguridad coincidieron en el mismo lugar en algún momento, en sus acelerados esfuerzos por lograr que sus respectivas instituciones siguieran el ritmo de la guerra. Ninguno de los dos dejó huella en la decisión de Langley de contratar a matemáticas negras. Distanciarse públicamente del asunto pudo haber sido una decisión estratégica por parte de ambos: si el proceso de aprobación tenía lugar con discreción, mediante los engranajes burocráticos «ajenos al color» de la Administración Pública de Estados Unidos, existiría una probabilidad menor de descarrilar cualquier avance que beneficiara a sus misiones. Por la comunidad corrió la voz sobre las computistas de color, como es natural, y hubo quienes vieron su contratación como la prueba de que el mundo llegaba a su fin. Incluso entre la alta burguesía de la zona que asistía a conciertos y al teatro en Ogden Hall, el gran auditorio del Instituto Hampton, había quienes querían sentarse en la parte delantera, separados incluso de los administradores y del claustro negro de la escuela.

Algunos de los empleados blancos de Langley desafiaron abiertamente las convenciones sureñas. La computista jefe Margery Hannah se desvivió por tratar como iguales a las mujeres de la zona oeste, e incluso invitó a algunas de ellas a eventos sociales relacionados con el trabajo en su departamento. Aquello no tenía precedentes y Marge se convirtió en una paria para algunos de sus compañeros blancos.

Uno de los ingenieros más brillantes del laboratorio se interesó activamente por la lucha contra los prejuicios que veía por el pueblo. Robert «R.T.» Jones, cuya teoría sobre las alas de avión en forma de delta revolucionaría la disciplina, iba caminando por las calles de Hampton una noche cuando se encontró con un grupo de policías locales acosando a un hombre negro. Los policías estaban a punto de darle una paliza al hombre cuando Jones les gritó que se detuvieran. Estos dejaron en paz al hombre y le permitieron marcharse, pero en su lugar decidieron arrestar a Jones. Pasó la noche en la cárcel del pueblo por causar problemas. Otro ingeniero, Arthur Kantrowitz, lo sacó de allí a la mañana siguiente tras pagar la fianza.

Los ingenieros de los estados del norte y del oeste probablemente no estuvieran de acuerdo sobre la cuestión de mezclar las razas. Aunque habría sido impensable para la mayoría aumentar sus círculos sociales para incluir a compañeros negros, dentro de la atmósfera cerrada de la oficina, se mostraban cordiales, incluso amables. Llegaron a conocer a las mujeres por su trabajo, y solicitaban a sus favoritas para los proyectos, abiertos a dar a una persona lista —negra o blanca, hombre o mujer— la oportunidad de trabajar duramente. Las computistas del oeste sabían que esa gran mayoría pragmática tenía el poder de derribar las barreras que existían en Langley.

Tal vez sus instalaciones estuvieran separadas, pero las computistas del oeste demostrarían que eran iguales o mejores, habiendo interiorizado el teorema negro de tener que ser el doble de buenas para llegar la mitad de lejos. Llevaban su ropa de trabajo como armadura. Empuñaban su trabajo como si fuera un arma y así se defendían de la presunción de inferioridad por ser mujeres o negras. Se corregían el trabajo entre ellas y vigilaban sus filas como soldados frente a la impuntualidad, la apariencia descuidada o la moral laxa. Alejaban los estereotipos negativos que acechaban a los negros como una sombra, utilizando el amor propio para protegerse a sí mismas y al grupo. Y, cada vez que el laboratorio pasaba la caja de los donativos para el Tío Sam, las computistas del oeste rebuscaban en su bolso como ya hicieran cuando eran maestras, para que su departamento pudiera declarar el cien por cien de participación en la compra de bonos de guerra.

En algún momento durante la guerra, el cartel de COMPUTISTAS DE COLOR desapareció en el bolso de Miriam Mann y nunca volvió a aparecer. Permaneció la oficina separada, al igual que los baños segregados, pero, en la batalla de la cafetería de la zona oeste, la mano invisible se había visto obligada a conceder la victoria a su adversaria, pequeña pero incansable. No es que las computistas del oeste tuvieran planeado invadir una mesa vecina; simplemente querían el dominio absoluto de su mesa en aquel rincón. La insistencia de Miriam Mann en hacer olvidar aquel cartel humillante les dejó a ella y a las demás mujeres computistas más espacio para la dignidad y la seguridad de que el laboratorio también les pertenecía a ellas.

Tal vez la mano invisible y sus colaboradores hubieran llegado a la conclusión de que contar con la resistencia de las computistas del oeste era mejor que tenerlas como enemigas, ya que, si algo había exigido la guerra en los últimos tres años, y algo había que los negros tenían de sobra, era resistencia. Muchos habían sido los que vaticinaron un final rápido y limpio a la guerra, pero todos ellos se equivocaron. La lucha se prolongó, y aumentó la necesidad de gente, de dinero, de planes y de tecnología. La guerra terminaría algún día, pero no parecía que ese día estuviese cerca. Quizá las tornas de la guerra estuviesen cambiando, pero aún quedaban muchas batallas que ganar, y la victoria exigiría perseverancia.

No todo el mundo podía soportar las largas jornadas laborales y la presión de trabajar en Langley, pero casi todas las mujeres computistas de la zona oeste sentían que, si no aguantaban la presión, renunciarían a su oportunidad, y tal vez la oportunidad de las mujeres que vendrían después. Con su trabajo en Langley se jugaban más que la mayoría. Las relaciones que comenzaron en aquella época entre las computistas del oeste se convertirían con el tiempo en amistades que durarían toda su vida y más allá, hasta la vida de sus hijos. Dorothy Vaughan, Miriam Mann y Kathryn Peddrew se hicieron inseparables dentro y fuera del trabajo, cada día estaban más unidas entre ellas y más unidas al lugar que iba transformándolas al tiempo que ellas ayudaban a transformarlo.

Dorothy escuchaba atentamente mientras Marge Hannah le explicaba los pormenores del trabajo, tomando nota cuidadosamente de las expectativas con la misma precisión que ella misma aplicara a la hora de calificar a sus alumnos en Moton: «Precisión de las operaciones. Habilidad en la aplicación de técnicas y procedimientos. Precisión de los juicios y las decisiones. Fiabilidad. Iniciativa». Incluso si el trabajo durase solo seis meses, aprovecharía al máximo aquella oportunidad. Para una mente matemática ambiciosa y joven —o incluso no tan joven— no había un lugar mejor en el mundo.

CAPÍTULO 6

Pájaros de guerra

Los lectores de periódicos negros de todo el país seguían las hazañas de los aviadores de Tuskegee con una intensidad que rozaba la obsesión. ¿Quién decía que un negro no podía volar? El coronel Benjamin O. Davis hijo y el 332º grupo de combate declararon la guerra contra los países del Eje desde treinta mil pies de altura. Los periódicos enviaban corresponsales especiales para seguir a los pilotos mientras volaban por los cielos de Europa, y cada artículo desde el frente europeo despertaba el placer absoluto. «¡Los aviadores ayudan a machacar a los nazis! ¡Los pilotos negros hunden un buque nazi! El grupo 332 derriba 25 aviones enemigos. ¡Récord de victorias el fin de semana!» Ningún serial de radio podía competir con las hazañas reales de aquellos hombres que eran la personificación de la Doble V.

Los «Tan Yanks», como la prensa negra apodaba a los soldados negros que luchaban en el extranjero, adoraban sus aviones con la misma pasión que cualquier otro piloto estadounidense. Sus vidas, y las de la tripulación de los bombarderos a los que escoltaban, dependían de conocer los puntos fuertes y débiles del avión, sus pecados y sus excentricidades, y manejarlo a su voluntad por los cielos. Al principio servían en los Airacobras Bell P-38, después pasaron a los Thunderbolts Republic P-47 y, llegado el verano de 1944, el 332º grupo manejaba los Mustang North American P-51. «Asignar el magnífico avión Mustang P-51 a todos los pilotos negros hace presagiar importantes misiones y logros para todos ellos en esta guerra que entra en una etapa decisiva, escribía el Norfolk Journal and Guide».

«Puede describirse como un "avión para el piloto" —aseguró un oficial estadounidense en un artículo de portada del *Washington Post*—. Es muy rápido y funciona de maravilla a grandes velocidades. Los aviadores sienten que lo conocen desde siempre aunque solo lleven con él unos minutos». Con una gran hélice de cuatro aspas y un motor de Rolls-Royce Merlin, el Mustang surcaba el cielo como un caballo de carreras. Una vez arriba, alcanzaba los 650 kilómetros por hora con la facilidad de un sedán familiar en un paseo de domingo. Y era un contendiente feroz en un combate aéreo. Para los aviadores de Tuskegee era el mejor avión del mundo.

«Te llevaré por los aires, te dejaré hacer tu trabajo y te devolveré a tierra sano y salvo», prometía el Mustang, y lo cumplía. A los pilotos les daba igual cómo lo lograra, pero asegurarse de cumplir esa promesa se convirtió en el trabajo a jornada completa de Dorothy Vaughan.

«¡Laboratorios en la guerra!», declaraba *Air Scoop*. El NACA buscaba nada menos que derrotar a Alemania por aire, destruyendo su maquinaria de producción e interrumpiendo los desarrollos tecnológicos que pudieran otorgarle una ventaja militar. Langley era una de las armas ofensivas más poderosas de Estados Unidos, un arma secreta, o casi secreta, oculta a la vista de todos en un pequeño pueblo sureño.

Sin duda, a los Tan Yanks les habría sorprendido saber que las encargadas del rendimiento de sus adorados Mustang eran un grupo de computistas de color. Pero, mientras que cada maniobra ejecutada por el 332º grupo en sus Mustang de cola

roja aparecía en los titulares, el trabajo diario de las computistas del oeste y del resto de empleados del laboratorio era sensible, confidencial o secreto. Henry Reid aconsejó a los
empleados que estuvieran atentos a posibles espías disfrazados
de soldados de Langley Field y advirtió de topos de la quinta
columna que pudieran sonsacar información valiosa a empleados despistados del laboratorio. Los directores reprendieron a
un grupo de mensajeros que habían sido oídos aireando trapos
sucios de la oficina en un restaurante de la localidad, y unos ingenieros que fueron sorprendidos manteniendo una conversación de trabajo en la USO fueron severamente reprendidos. *Air
Scoop* hizo sonar la alarma: «Se lo dices a alguien que se lo re-
pite a alguien que es escuchado por alguien que trabaja para el
Eje, así que ALGUIEN que conoces… ¡podría morir!» Los empleados aprendieron a mantener la boca cerrada sobre el trabajo incluso sentados a la mesa durante la cena familiar. Pero,
incluso si hubieran querido compartir los detalles de su trabajo diario, habría resultado casi imposible encontrar a alguien
fuera de Langley que comprendiera de qué estaban hablando.

En los veinticuatro años desde que el laboratorio de Langley comenzara a operar, los más famosos del mundo aeronáutico habían peregrinado a Hampton. Orville Wright y Charles
Lindbergh formaron parte del comité ejecutivo del NACA.
Amelia Earhart estuvo a punto de perder su abrigo de piel de
mapache en la turbina gigante de un túnel de viento mientras
visitaba el laboratorio. El magnate Howard Hughes se presentó en la conferencia de investigación del laboratorio en 1934 y
Hollywood apareció en el aeródromo en 1938 para rodar la película *Piloto de pruebas*, protagonizada por Clark Gable, Spen-
cer Tracey y Myrna Loy. Las personas a las que los famosos
acudían a ver —Eastman Jacobs, Max Munk, Robert Jones,
Theodore Theodorsen— eran las más brillantes de aquella
nueva y emocionante disciplina. Aun así, la mayoría de los lugareños era ajena a cómo esa gente pasaba sus días; y, para ser

sinceros, les resultaban ciertamente peculiares. Sus costumbres y sus acentos solían delatarlos como californianos, europeos, yanquis e incluso «judíos de Nueva York». Llevaban camisas arrugadas sin corbata y sandalias; algunos se dejaban barba. Los lugareños los apodaban «cerebritos» o «chiflados del NACA»; algunos se referían a ellos como «bichos raros».

Cuando se les preguntaba por su trabajo, se mostraban tímidos y prudentes. Por el pueblo confundían y horrorizaban a los residentes haciendo cosas como desmontar una tostadora con un destornillador en los grandes almacenes locales para asegurarse de que el serpentín pudiera tostar bien el pan. Un empleado llevó un medidor de presión del laboratorio a la tienda para probar la capacidad de succión de una aspiradora. Los vendedores de autos de la zona se llevaban las manos a la cabeza cada vez que alguien de Langley se presentaba en el concesionario con un sinfín de preguntas técnicas sin sentido para las que no tenían respuesta. Iban a trabajar con libros en el volante. Los chiflados del NACA siempre creían tener una manera mejor de hacer las cosas y no dudaban en decírselo a los lugareños. El legendario intento de Eastman Jacobs de lanzar un auto enganchado a un avión sin motor utilizando la avenida Chesapeake de Hampton como pista de despegue sirvió para confirmar la impresión de los habitantes de Hampton de que Dios no siempre otorgaba cultura y sentido común al mismo individuo.

Pero Langley era un cónclave de los mejores aerodinamistas del mundo, estaba a la cabeza de la tecnología que transformaba no solo la naturaleza de la guerra, sino también del transporte civil y la economía. El tiempo transcurrido desde que el NACA descubría algún nuevo concepto en aerodinámica hasta que lo aplicaba a algún apremiante problema de ingeniería era tan breve, y el ritmo de su investigación y desarrollo era tan constante, que un puesto como principiante en el laboratorio suponía las mejores prácticas de postgrado en ingeniería. Los estudiantes más brillantes del MIT, de Michigan, de Purdue y de Virginia Tech ansiaban la oportunidad de entrar donde Dorothy se encontraba ahora.

Con el objetivo de convertir a las profesoras de matemáticas en ingenieras, el laboratorio organizó un curso de ingeniería física para las nuevas computistas, una versión avanzada de la clase que se impartía en el Instituto Hampton. Dos días a la semana, después del trabajo, Dorothy y algunas de las chicas nuevas llenaban un aula improvisada en el laboratorio para sumergirse en la teoría fundamental de la aerodinámica. También asistían a una sesión semanal de dos horas en el laboratorio para realizar prácticas en uno de los túneles de viento, además de sumar una media de cuatro horas de deberes a sus seis días de trabajo a la semana. Sus profesores eran los jóvenes talentos más prometedores del laboratorio, hombres como Arthur Kantrowitz, que era a la vez físico del NACA y candidato a un doctorado de Cornell bajo la supervisión del físico atómico Edward Teller.

Después de doce años al frente de la clase, habían cambiado las tornas y, por primera vez desde que se graduara en la Universidad de Wilberforce, Dorothy Vaughan se entregó por completo a la disciplina que había ocupado casi por completo su mente cuando era joven. Había cerrado el círculo y se esforzaba por acostumbrar el oído al argot que circulaba entre los componentes del laboratorio, todos queriendo responder la pregunta fundamental: «¿Qué hace que las cosas vuelen?». Dorothy, como la mayoría de los estadounidenses, nunca había subido a un avión y, con toda probabilidad, antes de aterrizar en Langley, nunca habría pensado mucho en ese tema.

Los primeros cursos impartidos trataban las bases de la aerodinámica. Para un ala en movimiento, el aire que circula a menor velocidad por debajo de ella ejerce una fuerza mayor que el aire que se mueve por encima de la misma a mayor velocidad. Esta diferencia de presión provoca la elevación, esa fuerza casi mágica que hace que el ala, y el avión (o animal) pegado a ella, ascienda hacia el cielo. El flujo suave del aire en torno al ala significa que el avión puede avanzar por el cielo con la mínima fricción, como hacen los nadadores más veloces en el agua. Las turbulencias, igual que los remolinos en el agua, ejercen resistencia sobre el avión, ralentizándolo y haciendo que resulte más difícil de pilotar. Una de las grandes contribuciones del NACA a la aerodinámica fue el diseño de una serie de alerones laminares en forma de ala que maximizaban el flujo suave del aire en torno al ala. Los fabricantes de aviones podían equipar sus aviones con alas basadas en una variedad de especificaciones del NACA, como elegir electrodomésticos de cocina en un catálogo para una casa nueva. El Mustang P-51 fue el primer avión en utilizar los alerones laminares del NACA, factor que contribuyó a un mayor rendimiento.

Las generaciones futuras darían por sentados esos avances, pero en el inicio los pájaros mecánicos revelaban sus secretos lentamente, presionados por la experimentación disciplinada, las matemáticas rigurosas, la intuición y la suerte. En el apogeo de los hermanos Wright y del tocayo del laboratorio, el inventor e investigador Samuel Langley, aquellos que tenían la idea de fabricar una máquina voladora realizaban un enfoque práctico: hacían algunas conjeturas, construían un avión, intentaban hacerlo volar y, si no morían en el intento, aplicaban lo aprendido la próxima vez. La evolución de la aeronáutica desde una infancia inestable hasta una adolescencia robusta hizo proliferar las profesiones de ingeniero aeronáutico y piloto de pruebas. Los pilotos de pruebas eran hombres atrevidos —y, con la excepción de Ann Baumgartner Carl en el aeródromo Wright en Ohio, todos eran hombres— que realizaban «el trabajo del tonto», pilotando un avión para descubrir su punto débil. Cada vez que el piloto volaba hasta el límite e identificaba cómo mejorar un buen avión o cómo eliminar uno malo, arriesgaba su propia vida y la pérdida de una maquinaria muy cara.

Un túnel de viento ofrecía muchos de los beneficios de investigación de los vuelos de pruebas, pero sin el peligro. El funcionamiento de aquel aparato se basaba en un principio muy simple, conocido hasta por Leonardo da Vinci: aplicar aire a cierta velocidad sobre un objeto fijo era como mover el objeto por el aire a la misma velocidad. Toscamente, un túnel de viento consistía en una caja grande con un enorme ventilador pegado. Los ingenieros proyectaban aire sobre los aviones, a veces vehículos a tamaño real o maquetas a escala, incluso alas o fuselajes sueltos, y observaban atentamente cómo fluía en torno al objeto para poder extrapolar cómo volaría ese objeto por el aire.

Casi todo el trabajo realizado en Langley era del tipo «aire comprimido», investigaciones que se llevaban a cabo en uno de los numerosos túneles de viento. Los nombres de los túneles en sí mismos —túnel de densidad variable, túnel de vuelo libre, túnel de columna de humo de medio metro, túnel de alta velocidad de treinta centímetros— desafiaban a los no iniciados a imaginar la combinación de presión, velocidad y dimensiones que tendrían lugar en su interior. La zona de pruebas de nueve por dieciocho metros del túnel a escala real podía tragarse un avión de tamaño real. Aunque el túnel de alta velocidad de cinco metros de la zona oeste tenía un exoesqueleto del tamaño de un acorazado, la zona de pruebas —la zona donde los ingenieros, sentados al panel de control, observaban el flujo del aire sobre el aparato— era solo del tamaño de un bote de remos. Pero, para acelerar el aire hasta la velocidad necesaria, las enormes turbinas de madera tenían que acelerar el torrente a lo largo de todo el circuito del túnel.

Por supuesto, aunque hacer circular el aire en torno a un objeto era similar a volar, no era idéntico. Así que uno de los primeros conceptos que Dorothy tuvo que dominar fue el número de Reynolds, un cálculo matemático que medía lo mucho que se acercaba el rendimiento de un túnel de viento al vuelo real. El dominio del número de Reynolds, y su utilización para construir túneles de viento capaces de simular las condiciones de vuelo reales, fue la clave del éxito del NACA. Operar en los túneles durante la guerra suponía otro desafío logístico, ya que la compañía eléctrica de la zona racionaba la electricidad. Los NACAítas ponían en funcionamiento sus turbinas gigantes en mitad de la noche si era necesario, los ingenieros buscaban en las máquinas respuestas a sus preguntas como si fueran búhos cazando ratones. Los residentes que vivían cerca de Langley se quejaban de las alteraciones del sueño provocadas por los túneles. Si hubieran sabido más sobre la naturaleza del trabajo que se escondía detrás de ese ruido, y sobre los éxitos que estaban cosechando esos bichos raros de al lado, los vecinos habrían querido visitar las instalaciones.

* * *

Ninguna organización rivalizaba con Langley en términos de calidad y variedad de análisis y datos de investigación obtenidos en túneles de viento. El laboratorio también poseía los mejores ingenieros de investigación de vuelo, que trabajaban mano a mano con los pilotos de pruebas, a veces como pasajeros en el propio avión, para anotar datos de los aviones en vuelo libre. Como aprendió Dorothy —las computistas de la zona oeste recibían muchos encargos de la división de investigación de vuelo del laboratorio—, no bastaba con decir que un avión volaba bien o mal; ahora los ingenieros cuantificaban el rendimiento de un avión contrastándolo con una lista de nueve páginas dividida en tres categorías principales: el control y la estabilidad longitudinales (movimiento arriba y abajo), el control y la estabilidad laterales (movimiento de un lado a otro) y pérdidas (pérdida súbita de elevación y pérdida de fuerza del vuelo). Los datos del trabajo de esos ingenieros «del aire libre» también acababan en la mesa de Dorothy.

Lo que la guerra y el milagro productivo estadounidense pusieron de manifiesto —y lo que pronto descubrió Dorothy— fue el hecho de que un avión no era una máquina para un solo propósito: un avión consistía en un complejo entramado de física que podía ser útil en diferentes situaciones. Al igual que los pinzones de Darwin, los pájaros mecánicos habían comenzado a diferenciarse entre ellos, dividiéndose en diferentes especies adaptadas para sobrevivir en entornos particulares. Su designación reflejaba su uso: los de combate —también llamados aviones de persecución— llevaban las letras F o P; por ejemplo, el Corsario Chance Vought F4U o el Mustang North American P-51. La letra C identificaba a los aviones de mercancías como el Skytrain Douglas C-47, construido para transportar equipamiento militar, tropas y, finalmente, pasajeros comerciales. La B era para los bombarderos, como el imponente Superfortress B-29. Y la X designaba a los aviones experimentales aún en fase de desarrollo, diseñados para la investigación y las pruebas. Los aviones perdían la X —el B-29 era descendiente directo del XB-29— cuando pasaban a la fase de producción.

Las mismas fuerzas evolutivas prevalecían a la hora de reproducir los rasgos positivos de un modelo en particular o reducir los excesos de inestabilidad o resistencia. El Mustang P-51A era un buen avión; el P-51B y el P-51C eran aviones magníficos. Tras varias fases de mejora en los túneles de viento de Langley, el Mustang alcanzó la apoteosis con el P-51D. Los descubrimientos, grandes y pequeños, contribuyeron a la velocidad, manejabilidad y seguridad de la máquina que fueron símbolos del poder y del potencial de un país que ascendía hacia un puesto de dominación global sin igual. A medida que la guerra se aproximaba a su punto más álgido, todos los aviones militares en fase de producción se basaban fundamentalmente —y en muchos casos en detalle— en los resultados de las investigaciones y en las recomendaciones del NACA.

Sin importar que los ingenieros llevaran a cabo las pruebas en túneles de viento o en vuelo libre, el resultado era el mismo: torrentes, montones, pilas, montañas, toneladas de números.

Números de los manómetros, que medían la presión distribuida por el ala. Números de los calibradores de fuerza, que medían la fuerza que actuaba sobre diversas partes de la estructura del avión. Si había que medir algo y no existía el instrumento, los ingenieros lo inventaban, realizaban la prueba y enviaban los números a las computistas, indicando qué ecuaciones utilizar para procesar los datos. Los únicos grupos que no manejaban números basados en pruebas trabajaban en la pequeña División de Investigación Física y Teórica y en la División de Investigación de Estabilidad: los ingenieros «sin aire». En vez de sacar conclusiones basadas en la observación directa del rendimiento de un avión, estos ingenieros utilizaban teoremas matemáticos para moldear lo que los ingenieros del aire comprimido observaban en los túneles de viento y lo que los ingenieros del aire libre sacaban al cielo a volar. Las chicas de la división «sin aire» llegaron a considerarse «por encima de aquellos que no hacían nada salvo manejar las máquinas».

Lo que Marge les pasaba a Dorothy y al resto de computistas del oeste solía ser una pequeña porción de una tarea mayor, el trabajo ya dividido en pequeñas piezas y distribuido para ser procesado con velocidad, eficiencia y precisión. Para cuando el trabajo llegaba a la mesa de una computista, podría ser solo una serie de ecuaciones y de números confusos sin ningún significado aparente. Tal vez ella no volviese a saber nada sobre ese encargo hasta que se publicase un artículo en *Air Scoop* o *Aviation* o *Air Trails*. O nunca. Para muchos hombres, una computista era una herramienta viviente, una máquina que se tragaba una serie de números y vomitaba otra distinta. Cuando una chica terminaba un trabajo en particular, los cálculos eran enviados al sombrío reino de los ingenieros. «Pobre de ti si te nombran computista» —bromeaba una columna en *Air Scoop*—. «Porque el ingeniero del proyecto se llevará todas las alabanzas y el mérito por cualquier cosa que hagas bien. Pero, si él se equivoca, si hace mal un cálculo o mete la pata, te responsabilizará a ti del error cuando tenga que rendir cuentas y dirá: "¿Qué puede esperarse de las chicas computistas"?».

Sin embargo, de vez en cuando, cuando un logro del NACA era tan importante que llegaba a la prensa popular, como fue el caso del Superfortress Boeing B-29, todos disfrutaban de un pedazo del pastel. Los periódicos escribían sobre el Superfortress y sus hazañas con el tipo de adoración reservada a estrellas de cine como Cary Grant. Fue uno de los aviones que pasó de ser el objeto de deseo de los aviadores a convertirse en símbolo de la valentía y el progreso tecnológico de Estados Unidos. El modelo XB-29 había acumulado más de cien horas en el túnel de alta velocidad de dos metros y medio del laboratorio.

«Nadie en el laboratorio debe pensar que no ha formado parte del bombardeo de Japón», les dijo Henry Reid a los empleados del laboratorio. «Los ingenieros que han ayudado, los mecánicos que han hecho su parte, las computistas que han analizado los datos, las secretarias que han escrito una y otra vez los resultados, y los conserjes y mujeres de la limpieza que han mantenido limpio el túnel para trabajar han contribuido sin duda al bombardeo definitivo de Japón».

Durante siete meses, Dorothy Vaughan había sido una aprendiz en matemáticas, familiarizándose cada vez más con los conceptos, los números y la gente de Langley. Su trabajo estaba marcando la diferencia en el resultado de la guerra. Y ella también había formado parte de esa devastación de la que hablaba Henry Reid. Perfeccionados al máximo por los hombres y mujeres del laboratorio —para que volasen más lejos, más rápido y con bombas más pesadas que cualquier otro avión de la historia—, los B-29 dejaban caer bombas de precisión sobre Japón desde el aire. Llevaban la destrucción a cualquier lugar con bombas incendiarias y aniquilaban a su paso, despertando un

miedo nuevo y moderno con las bombas atómicas que lanza-
ban. Guerra, tecnología y progreso social; parecía que las dos
últimas siempre iban de la mano de la primera. El trabajo del
NACA —más intenso e interesante de lo que ella habría podido imaginar jamás— seguiría siendo su trabajo mientras durase la guerra. Y, hasta que terminara, fuera cuando fuera,
Dorothy seguiría siendo una de las chifladas del NACA.

CAPÍTULO 7

Mientras dure

La primera vez que Dorothy Vaughan recorrió el camino entre Farmville y Newport News estaba lejos de ser la última, aunque el ritmo imparable de la investigación en Langley hacía que resultase casi imposible realizar algo que no fuera una brevísima visita a su casa. Con el túnel a escala real funcionando sin cesar y el resto de los grupos de ingenieros presionando al límite sus capacidades, Dorothy se convirtió en una experta en jornadas laborales de dieciocho horas y, cuando encontraba tiempo, tomaba el primer autobús disponible a Farmville. Se quedaba con sus hijos todo el tiempo que podía antes de regresar a última hora de la noche a su rincón en la maquinaria de guerra, donde los números de su hoja de cálculos bailaban ante sus ojos cansados al día siguiente. Resultaba difícil incluso encontrar tiempo libre durante las vacaciones, que eran más flexibles, pero seguían considerándose días de trabajo, sobre todo porque aún estaba considerada como una empleada temporal.

El tiempo diría si el departamento le ofrecería un puesto permanente. Pero, durante las vacaciones del Cuatro de Julio de 1944, Dorothy Vaughan decidió convertir su estatus de residente temporal de Newport News en algo mucho más duradero. Firmó el alquiler de un apartamento nuevo de dos dormitorios en Newsome Park, una vivienda blanca con persianas negras, idéntica a las otras 1199 que habían sido construidas allí. Los suelos estaban cubiertos por un papel protector —inexplicablemente rosa—, y mucho tiempo después de que los apartamentos dejaran de existir, sus primeros ocupantes recordarían aquel primer vistazo a los suelos cubiertos de papel rosa. Como si estuviera desenvolviendo un enorme regalo, Dorothy Vaughan levantó el papel e hizo suyo el apartamento.

O, mejor dicho, lo hizo de ellos. Al igual que ella había vuelto a visitar Farmville, en una o dos ocasiones desde que llegara a Newport News también había llevado a Farmville a visitarla a ella, organizando visitas de sus hijos durante las vacaciones escolares. Tampoco era que hubiese organizado previamente un plan, más bien el plan había ido desarrollándose solo, como un lento amanecer, a medida que identificaba los factores que decantarían la balanza de su vida entre Farmville y Newport News hacia una vida reposada en la nueva ciudad.

No fue fácil encontrar un lugar apropiado en el que vivir. Simplemente no había suficiente oferta para toda la demanda de la población negra, que consideraba que una vivienda segura y acogedora estaba la primera en la lista de las Cuatro Libertades citadas por Roosevelt durante la guerra. A Aberdeen Gardens, una subdivisión de la época de la Depresión construida «por negros para negros» en un terreno de 180 hectáreas que incluía tierras de cultivo compradas al Instituto Hampton, se había unido recientemente Mimosa Crescent, «una elegante comunidad suburbana para familias negras» y otros barrios negros más pequeños como Lassiter Courts, Orcutt Homes y Harbor Homes.

Tras revisar su presupuesto, sus necesidades y las exigencias permanentes de su trabajo, Dorothy decidió que la mejor opción sería Newsome Park, más o menos el mismo vecindario que había llegado a conocer en los últimos nueve meses. Aunque originalmente estaba destinado a trabajadores del astillero y empleados de defensa como Dorothy, el vecindario comenzaba a atraer a negros de todas las clases sociales. Trabajadoras domésticas, obreros, dueños de pequeños negocios y muchos miembros de la clase médico-abogado-predicador-profesor se mudaron junto con los taladradores, estibadores y funcionarios. Su demolición había sido planificada desde su concepción: tanto Newsome Park como Copeland Park, para blancos, durarían lo que durase la guerra. Pero los migrantes se instalaron allí como si sus hogares temporales fueran definitivos.

Newsome Park era una réplica gigante de prácticamente todas las comunidades negras del sur, donde la segregación racial potenciaba la integración económica. El gobierno equipó la urbanización con todas las ventajas que consideraba esenciales para mantener alta la moral. El centro comunitario de Newsome Park tenía una cocina y un salón para banquetes, salas para realizar cursos de manualidades y reuniones del club, canchas de tenis y de baloncesto, un campo de béisbol para el equipo semiprofesional de los Newsome Park Dodgers. El director del centro, Eric Epps, un antiguo profesor de uno de los institutos negros cuyo activismo en favor de la igualdad del salario de los maestros había llevado a su despido, animaba a los residentes a acudir al centro a realizarse radiografías del pecho y pruebas de diabetes, y solicitó fondos a las organizaciones civiles y fraternales para apoyar programas extraescolares.

El centro comercial de Newsome Park, pintado de verde, incluía un supermercado, una droguería, una barbería, un salón de belleza, un bar, una lavandería y una tienda de reparación de televisiones. Y lo que no se vendía en las tiendas llamaba a la puerta de casa: el hombre del carbón, el lechero, el del hielo, el pescadero, el verdulero y otros tantos ofrecían sus mercancías a los vecinos. Había un jardín de infancia para los más pequeños, un desahogo para las madres que trabajaban seis días a la semana durante la guerra. Pero lo más importante para Dorothy era que se podía ir andando hasta la escuela de primaria de Newsome Park desde el nuevo apartamento. Era su apartamento, su nombre aparecía en el contrato por primera vez desde que era una joven maestra.

La suegra de Dorothy intentó plantarse frente al creciente distanciamiento de su hijo y su nuera, que durante algún tiempo debió de considerar inevitable. «No te llevarás a mis niños», le dijo a Dorothy, luchando contra los cambios que se habían iniciado con la carta de Langley, pero que tenían unas raíces mucho más profundas. Un año después de que Dorothy abandonara Farmville, lo hicieron también sus cuatro hijos, que empezaron el año escolar de 1944 en la escuela de primaria de Newsome Park. La niñera, que se había ido con ellos para facilitarles la transición, se instaló también en el apartamento. Howard seguía con su trabajo itinerante por los hoteles. Dorothy se había marcado un camino distinto para sus hijos y para ella misma, mientras que el ciclo de la vida de Howard, pese a los muchos viajes a localidades exóticas, aún empezaba y terminaba en Farmville. Él viajaba a Newport News cuando podía: había demasiada gente, demasiado ruido, y estaba demasiado lejos de su anciana madre como para convencerle para que se quedara mucho. Dorothy enviaba a los niños a casa durante las vacaciones de verano, y ella misma regresaba cuando podía, incapaz de romper del todo los lazos con la gente a la que quería profundamente y a la que siempre consideraría su familia. Su matrimonio con Howard se instaló en una especie de limbo, nunca juntos, pero tampoco separados del todo. Era una inestabilidad estable que duraría el resto de la vida de Howard, que estaba destinada a durar varias décadas menos que la de Dorothy.

* * *

Llegado el año 1945, cinco de cada diez personas del sureste de Virginia trabajaban para el Tío Sam, directa o indirectamente. Los campos, los bosques y las costas habían sido segados, pavimentados y convertidos en carreteras, puentes, hospitales, astilleros, cárceles y bases militares, ciudades en sí mismas. Las urbanizaciones se extendían durante kilómetros, un nuevo rasgo del paisaje, ni urbano ni rural, sino algo intermedio; los nombres de esos nuevos lugares asfaltados reflejaban los espacios verdes que sustituían: Ferguson Park, Stuart Gardens, Copeland Park, Newsome Park, Aberdeen Gardens. En la península estaba la autopista militar, una moderna carretera cuyos anchos carriles conectaban todos los puntos a lo largo de la lengua de tierra desde Old Point Comfort en el Fuerte Monroe hasta el astillero de Newport News, con paradas en Langley Field y Langley. Todo aquello era producto de la urgencia de la guerra. Pero ¿qué era una ciudad de la guerra sin la guerra?

El Día V-J se produjo el 15 de agosto de 1945, a las 7:03 p.m. Hora de la Costa Este. La espera y la ansiedad fueron arrastradas por una «marea de felicidad». Las emociones contenidas de una nación cansada de cuatro años de guerra explotaron en un paroxismo, sobre todo en las comunidades de la guerra que habían capitaneado el esfuerzo nacional. Desde el campamento Patrick Henry y la estación naval de Norfolk, Langley Field y el Fuerte Monroe, soldados y civiles tomaron las calles. Los bares y los clubes de la USO se llenaron de júbilo. Los dueños de las tiendas cerraron sus negocios para unirse a los miles de ciudadanos en una celebración que duró toda la noche. Washington Avenue en Newport News se llenó de desfiles espontáneos. En Norfolk, los oficiales de la Marina se dieron la mano y formaron una cadena humana, bailando alrededor de los autos como niños, rodeando el tráfico detenido. Los gritos de alegría y unas «herramientas indescriptibles que hacían ruido» inundaron la noche. El confeti improvisado caía desde las ventanas sobre los que festejaban en las calles.

Algunos ciudadanos eufóricos apilaron el papel y le prendieron fuego, y las hogueras reforzaron más aún la alegría de la nación. Los fieles llenaron las iglesias para dar gracias y pedir a su Creador que aquella fuese la guerra que pusiese fin a todas las demás guerras.

Después de la algarabía se instaló la incertidumbre. Tres semanas después del Día V-J, el *Norfolk Journal and Guide* anunció el despido de 1500 trabajadores del astillero de Newport News y «una disminución del número de mujeres trabajadoras, tanto blancas como de color. Parece imposible ignorar la conclusión de que el empleo en los astilleros y en los organismos gubernamentales de la zona de Hampton Roads se verá drásticamente reducido», comentaba el *Washington Post.* Los soldados que regresaban del frente serían los primeros en reclamar los trabajos que quedaran disponibles en la economía de paz. Igual que «victoria» había sido la palabra clave durante los últimos cuatro años, ahora «reconversión» ocupó su lugar, mientras Estados Unidos intentaba ajustar su mentalidad y su economía al tiempo de paz. La guerra había sido un tren sin frenos que viajaba a toda velocidad. ¿Qué pasaría ahora con los pasajeros que iban a bordo, y que aún se movían con una tremenda inercia? La palabra «reconversión» en sí misma implicaba la posibilidad de regresar a un tiempo pasado, tal vez incluso de una inversión en los cambios, grandes y pequeños, que habían transformado la vida estadounidense.

A medida que la urgencia de la guerra iba quedando atrás, y sin la presión de producción previa, no habría una necesidad de contratar mujeres a toda costa. Dos millones de mujeres estadounidenses de todos los colores fueron despedidas incluso antes de que cayera el telón en agosto. Muchas anticipaban un alegre regreso a la vida doméstica. Otras, satisfechas con su trabajo, se resistían a volver a la cocina y a los niños. Con el trabajo había llegado la seguridad económica y un mayor poder de decisión en los asuntos domésticos, lo que enfrentó a muchas mujeres con sus maridos. *Muchos maridos regresarán a casa y descubrirán que las esposas indefensas que habían dejado atrás se han convertido en mujeres maduras e independientes*, escribía la columnista Evelyn Mansfield Swann en el *Norfolk Journal and Guide.*

Asegurada la victoria sobre los enemigos de fuera, los negros evaluaron su propio campo de batalla. Casi inmediatamente después del Día V-J, algunas empresas volvieron a sus políticas de contratación de blancos y gentiles. El FEPC [Comité de Prácticas de Empleo Justo], por muy débil que hubiera sido en la práctica durante la guerra, se había convertido sin embargo en un poderoso símbolo del avance en el empleo de los negros y demás minorías étnicas. Con la relajación del mercado laboral, el sueño que tuvieron muchos líderes negros de establecer un FEPC permanente se desvaneció junto con la urgencia de la guerra, pese al apoyo del presidente Truman.

Nadie se oponía más al FEPC que el senador demócrata de Virginia Harry Byrd, que lo llamó «la idea más peligrosa que jamás se haya tenido en cuenta» y lo equiparó a «seguir a los comunistas», un epíteto explosivo cuando Estados Unidos comenzaba a ver a su aliado de la guerra, Rusia, como posible amenaza. Byrd, antiguo gobernador, descendía de una de las «primeras familias de Virginia», una de las élites de múltiples generaciones que gobernaba en el estado. Heredero de un periódico y de una creciente fortuna, Byrd trataba la segregación como una religión y manejaba una poderosa maquinaria política que mantenía a los pobres de todas las razas divididos entre ellos y en lo más bajo de la pirámide económica. «La maquinaria Byrd es la dictadura más urbana y gentil de Estados Unidos», escribía el periodista John Gunther en 1947 en su libro éxito de ventas *Inside USA*. El padre de Byrd, que también había sido un poderoso político estatal, había ayudado a su paisano Woodrow Wilson a llegar a la Casa Blanca en 1912. Parecía demasiado temprano para decir si el activismo y las ganancias económicas acumuladas durante los años de la guerra seguirían hacia delante o perderían fuerza frente a la subversión de políticos como Byrd, como sucediera tras la Primera Guerra Mundial. Sin embargo, los generales de la guerra de los negros —líderes como Randolph, Houston y Mary McLeod Bethune, que fue consejera del presidente Roosevelt— no bajaron la guardia ni un minuto, preparándose para llamar a las tropas para la próxima ofensiva. Pero Dorothy y las demás mujeres que habían iniciado una nueva vida durante la guerra no iban a esperar a que los líderes o los políticos tomaran la iniciativa. Ellas votaron con los pies y apostaron su nueva vida a que los cambios sociales y económicos logrados con el conflicto a lo largo de cuatro años perdurarían.

No era una apuesta exenta de riesgos. Dorothy se comprometió con el alquiler del apartamento de Newsome Park aun cuando Langley no había convertido en permanente su estatus de empleada temporal. El futuro del propio vecindario también era incierto. Los residentes de la cercana Hilton Village, una urbanización de la Primera Guerra Mundial para gerentes blancos de los astilleros, intentaba desmantelar Newsome Park y Copeland Park apoyándose en las leyes de demolición de barrios pobres. Las autoridades federales planeaban levantar las casas de sus cimientos y enviarlas a «las poblaciones europeas devastadas por la guerra». Mientras el gobierno y los vecinos andaban a vueltas con el futuro de Newsome Park —fue declarado «de carácter no temporal», pero «no permanente en su ubicación actual»—, los residentes rebosaban de idealismo de posguerra, se animaban los unos a los otros para crear una «comunidad modelo, no solo en Newport News, sino en todo el país». ¿Y por qué iba a desaparecer Newsome Park? La gran maquinaria de defensa y las comunidades construidas por esta a lo largo de cuatro años no iban a desaparecer. Lejos quedaban los ritmos de los pueblos pequeños, que habían sido reemplazados por el contacto con el mundo exterior y la vitalidad de los sueños de la clase media; los trabajos, las viviendas, las relaciones, las rutinas y otros tantos aspectos de la vida que habían surgido de la urgencia de la guerra y que ahora eran tan intrínsecos que resultaba fácil creer que las cosas siempre habían sido así. Pese a las buenas intenciones de regresar a su antigua vida, los forasteros se retrasaban, dándose cuenta poco a poco a lo largo de los años de la guerra —o dándose cuenta de golpe con el súbito final de esta— de que no podían, o no querían, regresar a casa.

Los hijos de Dorothy habían lamentado la pérdida de la libertad de la que disfrutaban en su pequeño pueblo, además del espacio para jugar que tenían en la enorme casa de Farmville. Por mucho talento que Dorothy tuviera como matemática, habría podido hacer carrera en el ejército: llevaba la casa de Newport News con la autoridad de un general y la economía de un intendente, finalmente envió a la niñera de vuelta a Farmville y ofreció techo y comida a un militar que había vuelto del frente y a su esposa a cambio de que cuidaran a los niños durante el día.

Mientras sus hijos iban a la escuela, asimilando la transición de ser caras muy conocidas en un pueblo pequeño a caras comunes en una gran multitud, Dorothy comenzó a unir las piezas de la vida en la que había estado trabajando desde su llegada, y celebró una fiesta para casi veinte personas en la pequeña vivienda de la calle 48. A algunas personas las había conocido en el trabajo; otras venían del vecindario o de la Iglesia Metodista Episcopal Africana de St. Paul. Estrechó lazos con Miriam Mann y su familia; ambas mujeres y sus hijos se convirtieron en una especie de gran familia, aprovechándose con frecuencia de las diversas actividades disponibles en el campus del Instituto Hampton. Desde que la aclamada contralto Marian Anderson anunciara una actuación en el auditorio Ogden Hall del instituto, ambas mujeres supieron que irían juntas. Anderson había actuado allí varias veces desde sus primeras interpretaciones siendo una adolescente. Había cantado en cuatro continentes, pero tal vez no habría un lugar en el que se sintiera tan a gusto y tan bien recibida como en el teatro del Instituto Hampton; muchos mecenas de la localidad asistían a todos los recitales. Dorothy y Miriam Mann compraron entradas con antelación para asegurar sus asientos. La noche del concierto, los Vaughan y los Mann se encontraron en el teatro, llegaron temprano para poder sentarse todos juntos.

Fue una representación excepcional. Dorothy miraba a sus hijos, todavía muy jóvenes, pero embelesados por la voz de la contralto, que parecía cantar exclusivamente para cada miembro del público. Supo entonces que aquel era un momento que jamás olvidaría.

CAPÍTULO 8

Las que siguen hacia delante

Katherine Goble habría acabado volviendo al aula en algún momento, pero unas fiebres aceleraron el proceso: en 1944, su marido, Jimmy, el profesor de química de Marion, el instituto negro de Virginia, había caído enfermo de brucelosis. La enfermedad, producida por beber leche sin pasteurizar, había afectado al menos a ocho personas en el condado de Smyth aquel verano. Semanas, a veces meses, de sudores, fatiga, poco apetito y dolor era lo que esperaba a las desafortunadas víctimas. Jimmy no podría iniciar el curso escolar ese otoño, de modo que en su lugar el director le ofreció el contrato anual de Jimmy a Katherine. Pese a haber sido esposa y madre durante los cuatro últimos años, Katherine había mantenido actualizado su certificado de enseñanza.

Sería su segunda vez como profesora en la escuela. En 1937, recién graduada en el Instituto Estatal de Virginia Occidental, con solo dieciocho años, Katherine solicitó un puesto en la Escuela Marion, que caía del lado de Virginia. «Si sabe tocar el piano, el trabajo es suyo», decía el telegrama. Se despidió de su estado natal y se subió a un autobús en Charleston, la capital del estado, para realizar el viaje de tres horas hasta Marion. Al entrar en Virginia, ella y el resto de pasajeros negros, que habían ido mezclados con los blancos en el autobús, tuvieron que trasladarse a la parte trasera del vehículo. Poco después, el conductor echó a los pasajeros negros tras anunciar que el servicio no continuaría hasta la parte negra del pueblo. Katherine pagó un taxi para llegar hasta la casa del director de Marion, donde había acordado alquilar una habitación.

Durante los dos años que dio clases en Marion, Katherine ganaba cincuenta dólares al mes, lejos de los sesenta y cinco dólares mensuales que el estado pagaba a los profesores blancos del país con una formación similar. En 1939, el departamento legal de la NAACP presentó una demanda contra el estado de Virginia en nombre de una profesora negra del Instituto Booker T. Washington de Norfolk. La profesora negra y sus compañeros, incluido el director, ganaban menos dinero que el conserje blanco de la escuela. Los abogados de la NAACP, guiados por el abogado principal, Charles Hamilton Houston, y el ayudante de este, un licenciado de la Escuela de Derecho de la Universidad Howard llamado Thurgood Marshall, llevaron el caso *Alston contra Norfolk* hasta el Tribunal Supremo de Estados Unidos, que ordenó a Virginia igualar el salario de los profesores negros al de los blancos. Fue una victoria, pero para Katherine llegó un año tarde: cuando le ofrecieron un trabajo por 110 dólares al mes en un instituto de Morgantown, Virginia Occidental, para el curso académico de 1939, Katherine se mostró encantada. Tal vez la equiparación de los salarios hubiera sido una batalla en Virginia, pero Virginia Occidental se había subido a bordo sin luchar.

Katherine siempre se aseguró de que la gente supiera que ella era de Virginia Occidental, no de Virginia. El terreno montañoso de Virginia Occidental ofrecía una brisa fresca por las noches, mientras que Virginia era un estado sofocante y malárico. El sistema de plantaciones anterior a la guerra nunca había cuajado en Virginia Occidental como lo hiciera en el este y en el sur. Durante la Guerra Civil, el estado montañoso se separó de Virginia para pasar a formar parte de la Unión. Eso no significaba que Virginia Occidental fuese un oasis progresista con respecto a la raza —la segregación mantenía a los negros y a los blancos separados en cuestiones de alojamiento, educación, salones públicos y restaurantes—, pero el estado sí que ofrecía a su población negra un poco más de libertad. Comparado con Virginia Occidental, para los habitantes negros del estado, Virginia pertenecía al Sur.

Nacida y criada en White Sulphur Springs, Katherine era la pequeña de los cuatro hijos de Joshua y Joylette Coleman. «Ustedes no son mejores que nadie y nadie es mejor que ustedes», les decía Joshua a sus hijos, una filosofía que él personificaba al máximo. Vestido elegantemente con chaqueta y corbata siempre que hacía negocios en el pueblo, Joshua despertaba la admiración tanto de negros como de blancos en la pequeña comunidad de White Sulphur Springs; no era necesario decirle a la gente que respetara a Josh Coleman.

Aunque solo estudió hasta sexto curso, el padre de Katherine era un genio de las matemáticas capaz de decir cuántos leños saldrían de un árbol solo con mirarlo. En cuanto su hija pequeña aprendió a hablar, Joshua y Joylette se dieron cuenta de que había heredado el encanto y el talento matemático de su padre. Katherine contaba todo lo que se le ponía por delante: platos, escalones o estrellas. Con una curiosidad insaciable por el mundo, la niña acribillaba a sus profesores a preguntas y pasó de segundo a quinto. Cuando los profesores se volvían desde la pizarra y veían que el pupitre de Katherine estaba vacío, ya sabían que encontrarían a su alumna en la clase de al lado, ayudando a su hermano mayor con la lección. La escuela infantil, única de la zona para negros, terminaba en sexto. Cuando Margaret, la hermana mayor de Katherine, terminó el colegio en White Sulphur Springs, Joshua alquiló una casa a 200 kilómetros para que sus cuatro hijos, supervisados por su madre, pudieran seguir sus estudios en la escuela laboratorio perteneciente al Instituto Estatal de Virginia Occidental.

Los ingresos de la granja de los Coleman se vieron reducidos severamente durante los años de la Depresión. Ansioso por encontrar la manera de mantener la casa y cubrir el coste de la educación de sus hijos, Joshua trasladó a la familia al pueblo y aceptó un trabajo como botones en el Greenbrier, el complejo turístico más exclusivo del país. (Sería allí donde, años más tarde, conocería a Howard, el marido de Dorothy Vaughan). El enorme hotel de columnas blancas, construido con un estilo clásico, se alzaba en una cuidada finca en medio de White Sulphur. En 1914, Joseph y Rose Kennedy pasaron su luna de miel en la habitación 145 del hotel. Bing Crosby, el duque de Windsor, Lou Gehrig, el editor de la revista *Life* Henry Luce, la actriz Mary Pickford, un joven Malcolm Forbes, el emperador de Japón y diversos ganadores de los premios Vanderbilt, Du Pont y Pulitzer coincidieron en White Sulphur Springs durante los años veinte, treinta y cuarenta, donde pasaban las noches bailando charlestón, chachachá y rumba. A pesar de que las colas para recibir ayuda social se extendían por las principales calles de Estados Unidos y la sequía azotaba a miles de familias de agricultores, el «viejo White» seguía siendo un imán para huéspedes internacionales glamurosos que jugaban al golf, se bañaban en los famosos manantiales del complejo y disfrutaban de un lujo desenfrenado.

El Greenbrier segmentaba a sus empleados cuidadosamente. Los negros trabajaban como botones, doncellas y ayudantes de cocina, mientras que los inmigrantes italianos y de Europa del este se encargaban del comedor. Durante los veranos que pasaban en casa, los chicos de los Coleman trabajaban como botones, y Katherine y su hermana, como doncellas personales de huéspedes concretos. Encargarse de las necesidades de la burguesía —limpiarles la habitación, lavar, planchar, preparar la ropa, anticiparse a todos sus deseos siendo invisible— era un trabajo arduo que Katherine desempeñaba a la perfección. Una exigente condesa francesa, a la que le gustaba pasarse horas al teléfono con sus amigas de París, comenzó a sospechar que las paredes la escuchaban. «Tu m'entends tout, n'est-ce pas?», le preguntó la condesa al ver que la reservada doncella negra prestaba atención a todas sus palabras. Katherine asintió avergonzada. La condesa la llevó a la cocina del complejo y, durante el resto del verano, la estudiante pasó la hora de la comida conversando con el chef parisino del Greenbrier. Katherine pasó de ser una buena estudiante de francés de instituto a hablar fluidamente con un acento parisino que sorprendió a su profesor de idiomas aquel otoño. Al verano siguiente, el hotel puso a Katherine a trabajar como dependienta en la tienda de antigüedades del vestíbulo, donde podría hacer mejor uso de su carisma. Henry Waters Taft, un conocido abogado antimonopolio y hermano del presidente William Howard Taft, frecuentaba el Greenbrier, y un día en la tienda Katherine le enseñó los números romanos.

En 1933, Katherine entró en la Facultad Estatal de Virginia Occidental con solo quince años, y su alto rendimiento académico en el instituto se vio recompensado con una beca completa. El rector de la facultad, el doctor John W. Davis, era como W. E. B. Du Bois y Booker T. Washington, parte de la exclusiva fraternidad de «hombres de raza», educadores negros e intelectuales públicos que abrieron el debate sobre cuál sería la mejor manera de progresar para la América negra. Aunque no era tan grande ni tan influyente como escuelas como Hampton, Howard o Fisk, la facultad tenía una reputación académica sólida. Davis se esforzaba por reclutar a las mentes más brillantes del mundo académico negro. A principios de los años veinte, Carter G. Woodson, un historiador y educador que había logrado un doctorado en Historia por la Universidad de Harvard diecisiete años después que Du Bois, trabajó como decano de la facultad. James C. Evans, un licenciado en ingeniería del MIT, se encargaba del programa de oficios y mecánica antes de aceptar un puesto como ayudante civil en el Departamento de Guerra en 1942.

En la plantilla del Departamento de Matemáticas estaba William Waldron Schieffelin Claytor, un joven guapo de piel oscura y mirada intensa enmarcada por unas pestañas largas. Con solo veintisiete años, Claytor tocaba Rachmaninoff con delicadeza y jugaba al tenis con poca destreza. Conducía un deportivo y pilotaba su propio avión, que en una ocasión voló tan bajo sobre la casa del presidente de la escuela que las ruedas del aparato dejaron un surco en el tejado. Los estudiantes de matemáticas escuchaban maravillados al doctor Claytor, originario de Norfolk, hablar de sofisticadas pruebas matemáticas con su acento «de campo».

Los modales bruscos de Claytor intimidaban a casi todos sus estudiantes, que no podían seguir el ritmo mientras el profesor escribía fórmulas matemáticas en la pizarra con una mano y casi inmediatamente las borraba con la otra. Pasaba de un tema a otro y no hacía concesiones a sus expresiones de asombro. Pero Katherine, seria, con sus gafas y su pelo rizado, aprobó rápidamente todas las asignaturas del programa, de modo que Claytor tuvo que crear clases avanzadas solo para ella.

«Serías una buena matemática de investigación», le dijo el doctor Claytor a su alumna estrella, de diecisiete años, después de su segundo año. «Y —continuó—, yo voy a prepararte para este trabajo».

Claytor se había licenciado con honores en la Universidad Howard en 1929 y, como Dorothy Vaughan, había recibido la oferta de participar en la clase inaugural del programa de doctorado en Matemáticas de la escuela. El decano Dudley Weldon Woodard supervisó la tesis de Claytor y le recomendó que siguiera sus pasos hasta el programa de doctorado de la

Universidad de Pensilvania. La tesis de Claytor sobre topología deslumbró al claustro de Pensilvania y fue aclamada por la comunidad matemática mundial como un avance significativo en la materia.

Brillante y ambicioso, Claytor esperó en vano ser reclutado para unirse a los departamentos de matemáticas más importantes del país, pero su única oferta fue la de la Facultad Estatal de Virginia Occidental. «Si los jóvenes de color reciben formación científica, su única salida está en la universidad negra del sur —comentaba W. E. B. Du Bois en 1939—. Las bibliotecas, los museos, los laboratorios y las colecciones científicas [blancas] del sur están cerradas por completo a los investigadores negros, o parcialmente abiertas, pero con condiciones humillantes». Pero, como desafortunadamente sucedía con muchas facultades negras, el puesto en la facultad iba acompañado de una «gran carga lectiva, aislamiento científico sin biblioteca científica ni oportunidad de asistir a las reuniones científicas».

Como si intentara redimir su propia decepción profesional mediante los logros de uno de los pocos estudiantes cuya capacidad estaba a la altura de sus altísimos estándares, Claytor creía firmemente que Katherine podría tener un futuro brillante en la investigación matemática, contra todo pronóstico. Las probabilidades de triunfar de una mujer en el campo de las matemáticas eran deprimentes. Si Dorothy Vaughan hubiera podido aceptar la oferta de la Universidad Howard para realizar estudios de postgrado, probablemente habría sido la única alumna de la clase de Claytor, y prácticamente sin ninguna opción de trabajar fuera de la enseñanza, ni siquiera con un máster. En los años treinta, poco más de cien mujeres en todo Estados Unidos trabajaban como matemáticas profesionales.

Los patronos discriminaban abiertamente a las mujeres irlandesas y judías con títulos en matemáticas; las probabilidades de que una mujer negra encontrara trabajo en esa disciplina eran casi nulas.

—Pero ¿dónde encontraré trabajo? —preguntaba Katherine.

—Eso es asunto tuyo —respondía su mentor.

Katherine y Jimmy Goble se conocieron cuando ella daba clases en Marion. Jimmy había nacido allí y había vuelto a casa durante las vacaciones de la universidad. Se enamoraron y, antes de que él volviera a Virginia Occidental, se casaron sin decírselo a nadie. Tal vez Virginia Occidental hubiese igualado los salarios, pero todavía prohibía dar clases a las mujeres casadas.

En la primavera de 1940, al final de un ajetreado día en la escuela, a Katherine le sorprendió encontrar al doctor Davis, presidente de su *alma mater*, esperando frente a su clase. Tras saludar a su antigua alumna, Davis reveló el motivo de su visita. Como miembro de la junta del departamento legal de la NAACP, Davis trabajaba codo con codo con Charles Houston y Thurgood Marshall en el proceso lento, desmoralizante y a veces peligroso de llevar ante la justicia casos legales en nombre de los demandantes negros del sur. El caso de los profesores de Norfolk era solo uno de tantos en su plan maestro para desmantelar el sistema de segregación racial que existía en los colegios y espacios de trabajo de Estados Unidos.

Anticipando el día que ahora había llegado, Davis, trabajador político y educador astuto a partes iguales, había rechazado una oferta de cuatro millones de dólares de Virginia Occidental para financiar un programa de estudios de postgrado en la Facultad Estatal de Virginia Occidental. Su apuesta era que, si no había programa de postgrado en la facultad negra, la Universidad de Virginia Occidental, únicamente blanca, se vería obligada a admitir a negros en sus programas, cumpliendo la sentencia del Tribunal Supremo sobre el caso *Misuri ex rel Gaines contra Canadá* de 1938. Homer Holt, gobernador de Virginia Occidental, vio la advertencia: la opción era integrar o, igual que su vecino del este, plantarse e impugnar el fallo. En vez de luchar, Holt se dispuso a integrar las escuelas públicas de postgrado del estado, y le pidió a su amigo Davis en una reunión clandestina que eligiera a tres estudiantes de la Facultad Estatal de Virginia Occidental para desegregar la universidad estatal, empezando en el verano de 1940.

«Así que te he elegido a ti», le dijo Davis a Katherine aquel día frente a su clase; la acompañarían otros dos hombres, que trabajaban como directores en otras partes de Virginia Occidental. Lista, carismática, trabajadora y serena, Katherine era la opción perfecta. Cuando salió por la puerta en su último día en el instituto de Morgantown, su director, que también era profesor adjunto en el Departamento de Matemáticas de la Facultad Estatal de Virginia Occidental, le ofreció una serie de libros de matemáticas de consulta para que los utilizara en la universidad, una herramienta frente a cualquier «molestia» que pudiera surgirle ante la necesidad de utilizar la biblioteca blanca de la universidad.

Empezó las clases en la Universidad de Virginia Occidental en el verano de 1940. Su madre se mudó a Morgantown para vivir con ella y darle fuerza y seguridad durante los primeros días en la escuela blanca. Katherine y los otros dos estudiantes negros, que entraron en la Facultad de Derecho, charlaron durante la matrícula el primer día. No volvió a verlos por el campus y se fue sola al Departamento de Matemáticas. Casi todos los estudiantes blancos le dieron a Katherine una bienvenida cordial; algunos se desvivían por ser simpáticos. El único compañero que protestó ante su presencia utilizó como arma el silencio en vez del epíteto. Lo más importante era que los profesores la trataban con ecuanimidad, y estuvo muy por encima de los estándares académicos. El mayor desafío al que se enfrentó fue encontrar asignaturas que no duplicaran el meticuloso tutelaje del doctor Claytor.

Sin embargo, al terminar los cursos de verano, Katherine y Jimmy descubrieron que estaban esperando su primer hijo. Una cosa era estar casada discretamente, otra muy distinta estar casada y ser madre. La pareja supo que tenía que decirles a Joshua y a Joylette que estaban casados e iban a ser padres. Joshua siempre había esperado que Katherine obtuviese un título de postgrado, pero las circunstancias hicieron que terminar el programa fuese imposible. El amor que Katherine sentía por Jimmy y su firme creencia en el nuevo rumbo que había tomado su vida calmaron la insistencia de su padre sobre los estudios de postgrado, y este desde luego no pudo resistirse a la emoción que traía consigo el primer nieto de la familia. Aunque decepcionados, ni él ni los demás hombres influyentes de su vida —el doctor Claytor y el doctor Davis— le habrían pedido jamás que renunciase al amor o sacrificase una familia por la promesa de una carrera.

En los cuatro años transcurridos desde que abandonara los estudios de postgrado, Katherine no se había arrepentido ni una vez de su decisión de cambiar las oportunidades académicas por la vida doméstica. Generalmente se consideraba la persona más afortunada del mundo, enamorada de su marido y bendecida con tres hijas a las que adoraba. En algunos momentos pensaba en el doctor Claytor y en la carrera fantasma que él había planificado con tesón para ella. En realidad, la idea de convertirse en matemática de investigación siempre había sido una abstracción y, con el paso del tiempo, le resultó fácil creer que el trabajo era algo que solo existía en la mente de su excéntrico profesor. Pero en Hampton, Virginia, Dorothy Vaughan y muchas otras antiguas maestras de escuela estaban demostrando que las mujeres matemáticas de investigación no eran solo una medida de la época de la guerra, sino una fuerza poderosa que estaba a punto de ayudar a impulsar la aeronáutica estadounidense más allá de sus límites anteriores.

CAPÍTULO 9

Rompiendo barreras

Después de que terminara la guerra, los prisioneros de guerra japoneses e italianos internos en el Greenbrier regresaron a casa, pero Howard Vaughan se quedó y continuó con su trabajo de verano en el gran hotel junto a Joshua Coleman. Las vidas paralelas que llevaban últimamente Dorothy Vaughan y él se cruzaron lo suficiente en Farmville y Newport News como para que la pareja añadiera dos hijos más a la familia, Michael en 1946 y Donald en 1947. Los más jóvenes de los Vaughan eran nativos de Newport News, y Newsome Park era el único pueblo que habían conocido. Para ellos, la amplia casa familiar de Farmville era el lugar al que iban de vacaciones en verano, no un hogar que hubiesen dejado atrás.

Nunca cupo duda de que Dorothy regresaría al trabajo en cuanto le fuera posible tras el nacimiento de sus últimos dos hijos, en cuanto que estos tuvieron edad suficiente para crecer en el entorno de hermanos, niñeras y huéspedes que daban a sus vidas cariño y estabilidad emocional. Una estancia prolongada en casa para cuidar de ellos no era una opción. La familia siempre había contado con sus ingresos y, ahora más que nunca, era su trabajo en Langley el que les proporcionaba a todos estabilidad económica.

Los hijos mayores de Dorothy iban ajustándose a los cambios que habían expandido sus vidas en un sentido y las habían contraído en otro. Newsome Park tenía sus propios amigos y límites, uno de los cuales era el estanque que su vecindario compartía con Copeland Park. Leonard Vaughan y sus amigos lo tenían claro: si ellos llegaban al estanque primero, era suyo durante ese día. Si los niños blancos aparecían primero, se lo quedaban ellos. Si ambos grupos aparecían al mismo tiempo, compartían el estanque, mirándose con curiosidad los unos a los otros y charlando ocasionalmente mientras nadaban y jugaban.

La familia adoptiva de la oficina de Computación del oeste ocupó el vacío que dejaron tíos, tías y primos de Farmville. Dorothy Vaughan, Miriam Mann y las Peddrew —Kathryn (conocida como «Rolliza» debido a su voluptuosa figura) y su cuñada Marjorie, que entró a la oficina a finales de los cuarenta— se hicieron amigas entre las curvas de distribución de presión dentro de la oficina y las vidas de sus hijos y de la comunidad fuera de ella. Dorothy incluso tenía un familiar en el grupo: Matilda West, emparentada con la cuñada de Howard Vaughan, había seguido a Dorothy desde Farmville hasta Hampton con su marido y sus dos hijos pequeños durante la guerra. En verano, las familias comenzaron con la tradición de organizar un picnic en Log Cabin Beach, un complejo de madera que daba al James River, construido expresamente «para miembros de la raza». Las mujeres pasaban semanas organizando el menú, hablando por teléfono entre ellas antes del gran día mientras preparaban las delicias culinarias para la excursión. Los siete Vaughan, los cinco Mann y las dos familias de cuatro Peddrew cada una, incluido el perro de Kathryn «Rolliza» Peddrew, recorrían la Ruta 60 hacia la ribera del río para disfrutar de un día de diversión que culminaban tostando malvaviscos al fuego.

Resultaba novedoso y desenfadado, la clase de entretenimiento liberador alejado de la socialización tradicional y estructurada que tenía lugar para la mayoría de los negros en casa o en la iglesia, o en el seno de las organizaciones sociales y civiles que absorbían el preciado y valioso tiempo libre de la incipiente clase media negra. Los turistas negros habían disfrutado del sol y de la diversión en Bay Shore Beach de Hampton desde que un grupo de comerciantes negros, incluidos el contable del Instituto Hampton y el empresario negro del marisco John Mallory Phillips, fundaran el complejo en 1898. Pero Bay Shore, separada por una cuerda de Buckroe Beach, una playa más grande solo para blancos, seguía recordando a los clientes que había arena negra y arena blanca. En Log Cabin, sin embargo, los negros que podían permitírselo dejaban atrás por completo los carteles «de color». Podían ocupar todo el espacio, libres de señales que restringieran sus movimientos físicos y la doble conciencia que ahogaba sus almas.

A Dorothy le encantaba permitirles a sus hijos explorar el mundo sin miedo; tener acceso a una amplia gama de experiencias era una de las principales razones que habían motivado su traslado a Hampton Roads. Incluso con su salario de 2000 dólares al año —la media mensual para las mujeres negras en los años cuarenta era solo de noventa y seis dólares—, cubrir las necesidades de seis hijos implicaba que las excursiones como aquella a Log Cabin Beach no se producían muy a menudo. Con la sombra de la Depresión siempre en mente, Dorothy Vaughan cosía la ropa para sus hijos y para ella, recortaba cupones y usaba los zapatos hasta que los pies empezaban a asomar por las suelas gastadas. Si podía darles más a sus hijos sacrificando sus propias comodidades, lo hacía. Muchas noches llegaba a casa del trabajo para preparar la cena y, tras poner la comida sobre la mesa, se iba a dar un paseo alrededor de la manzana hasta que los niños hubieran terminado de comer. Solo entonces se servía las sobras que habían dejado. No quería enfrentarse a la tentación de comer siquiera un pedazo que pudiera alimentar a los pequeños en desarrollo.

La predicción de que el final de la guerra traería consigo una recesión económica para Hampton Roads resultó ser incorrecta. El lugar que Dorothy Vaughan ahora llamaba hogar estaba en la cúspide del auge de la industria de defensa, que no se mediría en años, sino en décadas. Después de la guerra, la Base Naval de Norfolk confirmó el dominio de la Flota Atlántica y fue declarada cuartel general del Mando Aéreo de la Marina. A las instalaciones militares de la zona se sumaron la Escuela de Transporte del Ejército, ubicada en el Fuerte Eustis de Newport News, y la Base de la Guardia Costera de Estados Unidos en Portsmouth, mientras que los astilleros de Newport News y de Portsmouth seguían creciendo. En 1946, el ejército decidió convertir Langley Field en cuartel general de su Mando Aéreo Táctico, uno de los mayores mandos de las Fuerzas Aéreas del Ejército de Estados Unidos. Un año más tarde, la importancia del avión para la industria de defensa estadounidense quedó de manifiesto cuando el Cuerpo aéreo del ejército adquirió el estatus de rama independiente de las fuerzas armadas: las Fuerzas Aéreas de Estados Unidos.

Durante la guerra, el negocio de la industria de defensa había tenido tanto impacto en la economía del sureste de Virginia, con una influencia tan decisiva para el bienestar material de los residentes de la localidad, que, así como Hampton Roads fue una vez el modelo de ciudad que prospera por la guerra, así también Virginia se convirtió en un estado para la guerra, dependiente de los dólares de la industria de defensa que salpicaban la región como las olas en las orillas de sus playas. Hampton Roads se había convertido en la representación de lo que, una década más tarde, el presidente durante la Guerra Fría Dwight D. Eisenhower denominaría el «complejo de la industria militar».

* * *

La inevitable reducción de mano de obra experimentada en Langley —el personal superaba los tres mil empleados justo antes del Día V-J— duró poco y fue superficial, principalmente gracias al abandono natural de aquellos que decidieron que era hora de dejar atrás su vida en Langley. Muchas computistas y demás empleadas del laboratorio cambiaron la rutina diaria de la oficina por un puesto a jornada completa en el hogar. No pocas se casaron con hombres con los que trabajaban; el éxito del laboratorio como herramienta de emparejamiento rivalizaba con su destreza en el ámbito de la investigación. El boletín de los empleados *Air Scoop* estaba repleto de historias sobre el anillo de diamantes que habían visto que llevaba la soltera del departamento de personal, o el final feliz de una pareja que había encontrado el verdadero amor mientras hacía pruebas con modelos en el túnel de vuelo libre.

Después se produjo la natural sucesión de embarazos. Había bajas por incapacidad o enfermedad disponibles para las madres que quisieran volver al trabajo cuando sus hijos fueran lo suficientemente mayores para quedarse al cuidado de otra persona durante el día, aunque la facilidad con la que se conseguía eso dependía de la disposición de sus jefes. Muchas mujeres presentaban su dimisión durante el embarazo y volvían a solicitar trabajo al laboratorio cuando estaban listas para volver, con la esperanza de recuperar sus antiguos puestos.

Pero las computistas con talento, especialmente las que tenían años de experiencia, eran recursos muy valiosos. Poco después de que el boletín *Air Scoop* anunciara la reducción de personal, Melvin Butler hizo público su plan de ofrecer puestos permanentes a los empleados en activo durante la guerra. Algunos directivos superiores hicieron un gran esfuerzo por mantener a las mujeres más productivas en sus puestos ofreciéndoles la flexibilidad que necesitaban para cuidar de sus familias.

A lo largo de tres años en Langley, Dorothy Vaughan había demostrado estar de sobra capacitada para el trabajo, y entregaba resultados sin errores a Marge Hannah y a Blanche Sponsler, además de cumplir con los plazos sin ninguna dificultad y cosechar «excelentes» críticas por parte de sus jefes. Durante la guerra, Dorothy y otras dos compañeras, Ida Bassette, nativa de Hampton (prima de Pearl Bassette, de Computación del oeste), y Dorothy Hoover, nacida en Little Rock, Arkansas, habían sido nombradas supervisoras de turno, y cada una dirigía un tercio del grupo, que había ascendido hasta veinticinco mujeres. En el auge de la guerra, cuando el laboratorio operaba las veinticuatro horas del día, Dorothy trabajaba con frecuencia el turno desde las 15 h hasta las 23 h, y era responsable del trabajo de ocho computistas que calculaban hojas de datos y procesaban números. Quizá no fuese una sorpresa la valía de Dorothy, pero debió de ser un gran alivio que, en 1946, el gobierno la nombrara funcionaria permanente.

Casi por unanimidad, las computistas del oeste habían decidido que se aferrarían a sus puestos, costase lo que costase. La sala original del Edificio de Almacén se había quedado pequeña y, en 1945, el grupo se trasladó a «dos espaciosas oficinas» de la primera planta del edificio recién construido de la División de Cargas Aéreas de la zona oeste.

Blancas o negras, del este o del oeste, solteras o casadas, con o sin hijos, las mujeres eran ahora una parte fundamental del proceso de investigación aeronáutica. Menos de un año después de que terminara la guerra, el anunció de plazas vacantes en el laboratorio, incluidos puestos de computista, comenzó a aparecer de nuevo en el boletín. A medida que Estados Unidos aminoraba la velocidad del esprint que había realizado hacia la victoria y adquiría un ritmo más pausado de actividad económica, y a medida que el laboratorio comenzaba a olvidar que alguna vez había operado sin computistas mujeres, Dorothy tuvo tiempo de detenerse y pensar en lo que sería una carrera como matemática a largo plazo. ¿Cómo iba a regresar a Farmville y a renunciar a un trabajo que se le daba bien, que le gustaba, en el que ganaba dos o tres veces más que dando clases? Trabajar como matemática de investigación en Langley era un trabajo de negros muy muy muy bueno; y un trabajo de mujer muy muy muy bueno. El estado de la industria aeronáutica era fuerte, y los ingenieros estaban tan interesados en mantener los servicios de las mujeres que hacían los cálculos como lo habían estado los fabricantes de aviones en mantener a las lavanderas que atendían a los trabajadores de su fábrica.

Miles de mujeres de todo el país habían desempeñado trabajos de computación durante la guerra: en Langley; en los otros laboratorios del NACA (el Laboratorio de Investigación de Ames en Moffett Field, California, que la agencia había fundado en 1939, y las instalaciones de Investigación en Propulsión de Vuelo de Cleveland, inauguradas en 1941); en el Laboratorio de Propulsión a Reacción del Ejército, dirigido por el Instituto Tecnológico de California; en la Oficina de Estándares de Washington, D.C.; en el laboratorio secreto de Investigación Balística de la Universidad de Pensilvania; y en compañías aeronáuticas como Curtiss Wright, que llamaba a las mujeres «cadetes». Un nuevo futuro se abría ante ellas, pero Dorothy Vaughan y las demás estaban al comienzo de su carrera, con muy pocos modelos a seguir. Igual que habían aprendido la técnica de la investigación aeronáutica durante el trabajo, las más ambiciosas tendrían que descubrir por ellas mismas qué hacía falta para ascender como mujer en una profesión construida por hombres.

Los conocidos aerodinamistas Eastman Jacobs, John Stack y John Becker habían llegado al laboratorio como jóvenes ingenieros en prácticas, y pronto se les permitió diseñar y realizar sus propios experimentos. R. T. Jones, el ingeniero que interviniera en nombre del hombre negro con la policía de Hampton, había engatusado de inmediato a los responsables de Langley con su visión sencilla. Jones nunca terminó la facultad, de modo que, cuando lo contrataron en 1934, fue como ayudante científico no profesional, la categoría en la que entraban casi todas las mujeres. Pese a las buenas críticas sobre su rendimiento, una clasificación P-1 estaba fuera de su alcance, ya que ese nivel requería una titulación universitaria. De manera que sus superiores conspiraron para subirlo a un P-2, que, por misterios de las rocambolescas leyes de la burocracia, no tenía los mismos requisitos.

Los investigadores experimentados tomaban a los aprendices varones bajo su tutela y los iniciaban en la tarea durante conversaciones en la comida o en las salas de fumadores para hombres después del trabajo. A los acólitos más prometedores les permitían ayudar a sus jefes en las operaciones de los túneles del laboratorio o en las instalaciones de investigación, prácticas que podían abrirles la puerta a trabajos de investigación superiores y a un posible ascenso a director de sección, rama o división. A finales de los años treinta, R. T. Jones había sido ascendido a director de la Sección de Análisis de Estabilidad, un influyente reducto de los ingenieros «sin aire», que usaban matemáticas teóricas en vez de experimentos en túneles de viento o pruebas de vuelo para saber cómo mejorar el rendimiento de los aviones.

Las mujeres, por otra parte, tenían que empuñar su intelecto como una guadaña, podando la testaruda maleza de las bajas expectativas. Una mujer que trabajaba en las salas de computación estaba un paso por detrás de la investigación, y los encargos de los ingenieros a veces carecían de contexto suficiente para darle a la computista una idea sobre el futuro de los números que enturbiaban sus días. Ella podría pasar semanas calculando una distribución de presión sin saber qué clase de avión estaban probando o si el análisis que dependía de sus cálculos había arrojado conclusiones significativas. El trabajo de casi todas las mujeres, como el de las máquinas de cálculo Friden, Marchant y Monroe que utilizaban, era anónimo. Ni siquiera una mujer que hubiera trabajado codo con codo con un ingeniero en el contenido de un informe de investigación solía recibir la recompensa de ver su nombre junto al de él en la publicación final. ¿Por qué iban las computistas a tener el mismo deseo de reconocimiento que ellos?, se preguntaban muchos ingenieros. Al fin y al cabo, eran mujeres.

Sin embargo, a medida que el trabajo de las computistas crecía en alcance e importancia, una chica que impresionara a los ingenieros con sus capacidades matemáticas podría acabar uniéndose a ellos para trabajar a jornada completa en su túnel o grupo. Más grupos significaban más oportunidades para las mujeres de acercarse más a la investigación y demostrar su valía. Las salas de computación ligadas a túneles concretos o ramas específicas eran cada vez mayores, engendraban a sus propias supervisoras y daban a las profesionales la oportunidad de especializarse en un campo específico dentro de la aeronáutica. Una computista capaz de procesar datos de inmediato y saber cómo interpretarlos era mucho más valiosa para el equipo que una computista con un conocimiento más general. Ese tipo de especialización sería la clave para gestionar la cada vez más compleja naturaleza de la investigación aeronáutica de la posguerra. Libres del imperativo de guerra de realizar limpiezas de mejora —el proceso de refinamiento de los aviones existentes para establecer pequeñas mejoras en su rendimiento—, los aerodinamistas centraron su atención en un enemigo mucho más difícil de vencer que las fuerzas del Eje: la velocidad del sonido.

El desarrollo del motor turborreactor a principios de los años cuarenta logró que los ingenieros de Langley tuvieran al fin un sistema de propulsión suficientemente poderoso para realizar modelos de alas de alta velocidad, como las alas delta en flecha, que estaban inclinadas hacia atrás, al modo de las alas de un vencejo, un pájaro que planea a gran altura. Langley añadió instalaciones modernas en la zona oeste, como un túnel de alta velocidad de dos por tres metros y el túnel de presión supersónica de uno veinte por uno veinte, máquinas que podían proyectar sobre los modelos fuertes corrientes de aire que se aproximaban o superaban la misteriosa velocidad del sonido. El imperio del NACA también siguió expandiéndose hacia el oeste, aumentó el personal y agrandó las instalaciones de los laboratorios de Cleveland y de Ames.

En 1947, un grupo de trece empleados de Langley, incluidas dos antiguas computistas del este, fue enviado al desierto de Mojave para fundar el Centro de Investigación de Vuelo a Alta Velocidad de Dryden: una manera directa de abordar los problemas del vuelo más rápido que el sonido. La velocidad del sonido —unos 1220 kilómetros por hora al nivel del mar con aire seco a 15 grados Celsius— variaba en función de la temperatura, la altitud y la humedad. Durante mucho tiempo se creyó que era el límite físico de velocidad máxima de un objeto moviéndose por el aire. A medida que un avión que volaba al nivel del mar se aproximaba al Mach 1, o el cien por cien de la velocidad local del sonido, las moléculas situadas frente al avión se acumulaban, se comprimían y formaban una onda expansiva, el mismo fenómeno que causaba el sonido asociado al chasquido de un látigo o al disparo de una bala.

Algunos científicos especularon que, si un piloto lograba atravesar la barrera del sonido con su avión, o el avión o el piloto o ambos se desintegrarían por la fuerza de las ondas expansivas. Pero el 14 de octubre de 1947, el piloto Chuck Yeager, sobrevolando el desierto de Mojave en un avión experimental de investigación desarrollado por el NACA y llamado Bell X-1, atravesó la barrera del sonido por primera vez en la historia, hecho que fue corroborado por las computistas que analizaban en tierra los datos procedentes de los instrumentos del avión de Yeager.

Había muy pocas mujeres en Muroc para justificar enviarlas a una sección separada. En el aislamiento del desierto, trabajando apiñadas en unas instalaciones rudimentarias con una residencia destartalada, las computistas de Muroc se metieron con facilidad en el papel de ingenieras en prácticas. El ascenso social era más difícil de lograr en las instalaciones de Langley, más grandes, con más burocracia y una mayor estructura de gestión. Sin embargo, incluso allí, algunas pioneras iban allanando el camino para otras mujeres. La matemática Doris Cohen, nacida en Nueva York, había empezado a trabajar en el laboratorio a finales de los años treinta y durante varios años fue la única autora del NACA. Ni siquiera Pearl Young, la primera ingeniera del NACA y fundadora del riguroso proceso de revisión editorial de la agencia, dejó a sus espaldas investigaciones con su nombre.

Desde 1941 hasta 1945, Doris Cohen publicó nueve informes que documentaban experimentos realizados sobre investigación aeronáutica, cinco de ellos como única autora, y cuatro coescritos con R. T. Jones (con quien acabaría casándose). Era el tipo de resultado prodigioso que incluso a los ingenieros varones les costaba alcanzar. Que un informe de investigación llevara su nombre era un primer paso necesario para la carrera de cualquier ingeniero. Para una mujer, era un logro significativo y poco corriente. Declaraba públicamente que había contribuido a la investigación y colaborado en unos hallazgos que circularían ampliamente entre la comunidad aeronáutica. Los autores de informes publicados eran considerados miembros importantes de un equipo; la proximidad al trabajo lo era todo. Cada vez más mujeres de las salas de computación eran transferidas a grupos de ingeniería —y contrataban a nuevas computistas para secciones concretas desde su primer día de trabajo, sin pasar por las salas generales—, y eso daba a las mujeres la oportunidad de dejar atrás el «trabajo con las máquinas» y el procesamiento repetitivo de datos para acercarse al informe de investigación, que era el producto más importante del laboratorio.

La prueba más evidente del progreso que realizaron las mujeres de Langley durante los primeros años de posguerra se produjo cuando una de sus profesionales más visibles llegó al final del camino. A lo largo de doce años, Virginia Tucker, la computista jefe del laboratorio, había pasado de ser una empleada no profesional a convertirse en la mujer más poderosa del laboratorio. Había hecho mucho por lograr que el puesto de computista dejara de ser un simple trabajo de oficina y pasara a ser uno de los activos más valiosos del laboratorio. Sus incansables esfuerzos de contratación en la Facultad de mujeres de la Universidad de Carolina del Norte —en 1949, la facultad para mujeres más grande de Estados Unidos— y en otras escuelas de mujeres les habían dado a cientos de mujeres con formación la posibilidad de tener una carrera como matemáticas. Todas las plantillas de computistas de la agencia, en Langley, Cleveland, Ames y Muroc, descendían de la primera sala de computación, y del trabajo de Tucker como primera supervisora de computistas. Entre 1942 y 1946, cuatrocientas computistas de Langley recibieron formación bajo la supervisión de Tucker.

La Sección de Computación del este de los años de la guerra, una sección con tantas empleadas que las mujeres se habían visto obligadas a trabajar en pasillos y armarios o cualquier lugar donde hubiese espacio, ahora era víctima de su propio éxito. Las computistas del este más veteranas aceptaban trabajos permanentes en los túneles y en su lugar no contrataban a chicas nuevas para ocupar su puesto en las salas de computación.

El grupo principal, que se encontraba en una oficina en el túnel de presión de cinco metros y medio de la zona este, empezó a reducirse. Las chicas trabajaban directamente para sus ingenieros o para las supervisoras del grupo. Virginia Tucker era una directora respetada, pero, al contrario que Doris Cohen, no había seguido el camino de la investigación y no era autora de investigaciones. Tenía un puesto superior para una mujer, pero para ella no había un siguiente paso evidente en Langley. En 1947, el laboratorio disolvió la Sección de Computación del este y desvió todos los encargos abiertos a Computación del oeste. Virginia Tucker también decidió irse al oeste. Aceptó un trabajo en Northrop Corporation, una de las muchas compañías de aviación ubicadas a las afueras de Los Ángeles. La empresa la contrató como ingeniera.

Mientras que las computistas del este habían ido abandonando la oficina para formar parte de las operaciones más grandes del laboratorio, la segregación hacía que la migración en la Sección de Computación del oeste fuera mínima. Cuando tres computistas del oeste dieron el salto a finales de los años cuarenta para irse a Cascade Aerodynamics, un grupo que estudiaba la aerodinámica en propulsores, turbinas y otros cuerpos giratorios, aquello provocó un gran revuelo. Muchos empleados blancos del laboratorio, particularmente de la zona este, ni siquiera sabían que existiera un grupo de computación compuesto solo por mujeres negras. Una minoría conservadora consideraba que la mezcla de las razas en el mundo de las matemáticas suponía el ocaso de su civilización. Pero la competencia de las computistas del oeste silenció a los más escépticos; era difícil poner pegas a la formación y a la buena educación de la clase media, aunque viniesen envueltas en piel marrón.

Era inevitable que una de las mujeres negras consiguiera la oportunidad de realizar un trabajo de investigación. Dorothy

Hoover —la otra Dorothy de Computación del oeste, una de las tres supervisoras de turnos— había obtenido un título universitario en matemáticas en Arkansas AM&N, una facultad negra que había participado en los programas de formación de ingeniería, ciencia y matemáticas durante la Segunda Guerra Mundial. Hizo un máster en matemáticas en la Universidad de Atlanta y después impartió clases en Arkansas, Georgia y Tennessee antes de llegar a Langley en 1943, donde fue contratada como matemática de grado P-1. Al igual que Doris Cohen, a Dorothy Hoover se le daban bien los conceptos matemáticos abstractos y las ecuaciones complejas, y Marge Hannah le transfería a ella los rigurosos encargos matemáticos de la Sección de Análisis de Estabilidad de R. T. Jones. Los ingenieros le daban a Hoover largas ecuaciones que definían las relaciones entre la forma del ala y el rendimiento aerodinámico, y le pedían que las redujese con otras ecuaciones, fórmulas y variables. Cuando la serie de ecuaciones había quedado suficientemente reducida, Hoover comenzaba el proceso de introducir valores y obtener números utilizando las máquinas de cálculo.

Los compañeros de Análisis de Estabilidad eran bien conocidos tanto por sus tendencias políticas progresistas como por su mente despierta. Muchos de ellos eran judíos, del norte. Jones y su esposa, Doris Cohen, junto con Sam Katzoff y Eastman Jacobs, que eran dos de los analistas más respetados del laboratorio, y un profesor de economía blanco del Instituto Hampton llamado Sam Rosenberg solían reunirse en casa de Arthur Kantrowitz, investigador de Langley, donde pasaban las veladas escuchando música clásica y hablando de política. Iban a ver películas al cine del Instituto Langley y se mezclaban cómodamente con la gente negra de la escuela. Estaban más abiertos que la mayoría a romper la barrera del color integrando a una computista del oeste en su grupo. Dorothy Hoover, una matemática con talento y con un pensamiento independiente, resultaba perfecta para la sección, y, en 1946, R. T. Jones la invitó a trabajar directamente para él.

Con los cálculos de Computación del este sumados a la carga de trabajo ya existente, Dorothy Vaughan y las computistas del oeste seguían trabajando sin parar. El laboratorio continuaba contratando mujeres negras para las salas de computación con más rapidez de la que las enviaban luego a otros puestos. Las mujeres que conseguían trabajos en otra sección solían desarrollar su cargo de forma temporal y acababan regresando, de manera que ambas oficinas estaban llenas, al menos por el momento.

Después de la guerra, la directora de Computación del oeste, Margery Hannah, decidió aceptar una oferta de la División de Investigación a Escala Real, un encargo excelente trabajando para Sam Katzoff. A los tres años, pasaría a formar parte de las autoras y publicaría un estudio con Katzoff para intentar medir el grado en el que las ondas que rebotaban en las paredes de un túnel de viento interferían en el flujo de aire sobre un prototipo. Como las ondas sonoras en un auditorio o el agua que golpea los laterales de una piscina, las ráfagas de un túnel de viento rebotan en las paredes, y los resultados de las pruebas debían medir las discrepancias causadas por esa interferencia.

El ascenso de Marge supuso una oportunidad para las demás: Blanche Sponsler pasó a ocupar el puesto de Marge como directora del grupo. Blanche tenía treinta y cinco años, dos menos que Dorothy, y se había casado en 1947. Nacida en Pensilvania, jugaba a los bolos en la Liga Duckpin de Langley y era miembro del club de *bridge*. Ella y su hermana, la esposa de un soldado destinado en el Fuerte Monroe, participaron en el torneo de *bridge* del laboratorio en 1947 y quedaron en segundo lugar. Blanche también estaba interesada en trasladarse al oeste y solicitó el traslado al laboratorio de Ames. Sus supervisores de Langley le escribieron cartas de recomendación —desde que llegara al laboratorio en 1940, había recibido buenas críticas y había ascendido de manera regular—, pero en ese momento no había puestos disponibles, de modo que siguió como directora del grupo de Computación del oeste.

Dorothy había trabajado con Blanche desde 1943. Mantenían una buena relación profesional y Blanche evaluaba positivamente a Dorothy en su trabajo. El papel de Dorothy como supervisora de turno elevó su perfil entre los ingenieros. Las supervisoras de computación, en parte asesoras y en parte profesoras, debían ser también computistas de primera, capaces de hacerse cargo de las necesidades de un ingeniero y explicárselas con claridad a sus subordinadas. Ella respondía a las preguntas de las computistas y necesitaba dominar las matemáticas para guiar a las demás mujeres ante cualquier problema. Elegir a la chica idónea para un trabajo en concreto era una parte importante de la responsabilidad de una directora. Todas las mujeres tenían un conocimiento amplio de la computación básica, pero saber quién era una perfeccionista con las máquinas de cálculo y quién podía elaborar gráficos perfectos en poco tiempo resultaba fundamental para procesar los datos de manera más eficaz. Una pequeña élite, como Dorothy Hoover, poseía unas aptitudes tan desarrolladas para las matemáticas complejas que sobrepasaban las capacidades de muchos de los ingenieros del laboratorio.

Tal vez Dorothy Vaughan hubiera presionado también con el tiempo para seguir los pasos de Margery Hannah y a Dorothy Hoover y poder trabajar directamente para una sección de ingeniería. Como supervisora tenía contacto con ingenieros de muchos grupos diferentes, algunos de los cuales iban a la oficina e insistían en que se encargara ella personalmente de sus trabajos. Sin embargo, en 1949, un giro de acontecimientos imprevisible y trágico ataría a Dorothy a la Sección de Computación del oeste durante la década siguiente.

A finales de 1947, Blanche había dejado el grupo a las órdenes de Dorothy durante un mes por enfermedad. Regresó al trabajo, aparentemente en plena forma, pero volvió a pedir la baja durante julio y agosto de 1948. En esa ocasión también regresó a la oficina, volvió a recuperar la rutina y continuó sin incidentes durante varios meses. Pero en la mañana del 26 de enero de 1949, una computista del oeste hizo una llamada de emergencia a Eldridge Derring, uno de los administradores del laboratorio. Durante los últimos días, según le dijo a Derring, Blanche había estado actuando de manera extraña. Ahora, Blanche estaba en la oficina «comportándose de forma irracional», y la computista le imploró que fuese al Edificio de Cargas Aéreas para ayudar a las mujeres a controlar la situación. Derring acudió corriendo al edificio junto con James Tingle, encargado de salud del laboratorio, y Rufus House, ayudante del director de Langley Henry Reid. Al llegar, vieron que varias computistas del oeste estaban esperando nerviosas en el vestíbulo.

Juntos entraron en las oficinas de Computación del oeste, donde Blanche se encontraba de pie en mitad de la sala, preparándose para una reunión a las diez de la mañana. Había cubierto la pizarra de la oficina de «palabras y símbolos sin sentido» y comenzó a dirigir la reunión de una manera que a ella debía de parecerle normal. Sin embargo, resultaba ininteligible para la gente que tenía delante. House se acercó a Blanche para preguntarle por aquel galimatías que cubría la pizarra.

«Intento explicar cómo ir de SP-1 a P-20», le dijo, y añadió que el número de empleadas SP-1 de su grupo era «0 ±1 hasta tres cifras significativas», y que había «un P-75 000» en su sección. Después dijo que estaba intentando explicar la diferencia entre cero e infinito. («Bastante racional —comentó House después en un informe en el que relataba la mañana—, dado que algunos estudiantes universitarios han tenido problemas para entender esa diferencia»). El resto de la diatriba de Blanche fue en picado desde entonces. House le pidió que le acompañara a la zona este con la esperanza de poder llevarla al psiquiatra del hospital de la base de las fuerzas aéreas. Ella se negó a marcharse, pero los hombres no la presionaron, temiendo que, si la provocaban y se ponía violenta, harían falta «al menos cuatro hombres fuertes» para reducirla. Finalmente Blanche le dio la espalda al grupo. Comenzó a llorar y a secarse los ojos con un pañuelo. Los administradores dieron por terminada la reunión, las otras mujeres ocuparon la otra oficina y dejaron a Blanche sola con los hombres.

En los años cuarenta, una demostración pública de enfermedad mental habría supuesto el final de la carrera de Blanche en Langley, incluso aunque hubiera podido recuperarse del episodio. Aquella tarde, Blanche Sponsler fue trasladada al Sanatorio Tucker, ubicado en Richmond, la capital del estado. Durante su baja de 1948 había estado ingresada en ese mismo hospital, y presumiblemente aquel problema también había sido el motivo de su ausencia en 1947. Languideció en el Sanatorio Tucker durante tres meses antes de ser trasladada al Hospital Estatal del Este en Williamsburg. En esa ocasión fue incapaz de volver a su antigua vida.

«Parece que seguirá enferma indefinidamente», le dijo Eldridge Derring al jefe de personal de Langley, Melvin Butler, dos semanas más tarde.

Las mujeres de Computación del oeste no volvieron a ver a Blanche Sponsler. Una nota de *Air Scoop* el 3 de junio de 1949 fue la única mención al trabajo de su antigua supervisora en el laboratorio: «Blanche Sponsler Fitchett, directora de la Sección de Computación del oeste, murió el pasado domingo tras seis meses de enfermedad». La causa de la muerte, que no se reveló en la nota ni en su necrológica en el *Daily Press*, aparecía en su certificado de defunción como «demencia precoz». Solo sus médicos y familiares sabrían si la muerte de Blanche se debió al tratamiento destinado a curar una enfermedad que después se conocería como esquizofrenia o al suicidio u otra causa completamente diferente.

La ausencia de Blanche dejó la Sección de Computación del oeste con una mesa vacía, pero no con un vacío. No era la manera en la que Dorothy habría querido dar el siguiente paso en su carrera, pero la tragedia de Blanche le hizo subir un escalón de todos modos. En abril de 1949, seis semanas después de que Blanche abandonara la oficina por última vez, el laboratorio nombró a Dorothy Vaughan directora en funciones de Computación del oeste.

Era muy difícil que una computista blanca llegase a ser directora en Langley. Encontrar la manera de pasar de ser una de las chicas a ser una de las directoras requería tiempo y perseverancia, agallas y suerte, y no había muchas plazas disponibles: aunque los directores varones con menor nivel podían supervisar el trabajo de las computistas, era impensable que un hombre rindiera cuentas a una mujer. Las mujeres interesadas en un puesto directivo se veían limitadas a dirigir una sección en una de las salas de computación ahora descentralizadas o en otra división con muchas empleadas, como la Sección de Personal.

Para una mujer negra existía solo un camino: comenzaba en la parte trasera de la oficina de Computación de la zona oeste y terminaba en la parte delantera, donde ahora se sentaba Dorothy Vaughan. La vista desde su mesa de supervisora, con las filas de caras marrones mirando a su nueva jefa, no distaba tanto de su posición en la parte delantera de la clase en Moton: las leyes de segregación del estado se aplicaban tan vigorosamente en una estancia llena de licenciadas universitarias como en una clase llena de estudiantes negros del condado de Prince

Edward. Aun así, con sus luces brillantes, sus escritorios propiedad del gobierno, sus máquinas de cálculo último modelo y la cercanía de herramientas de investigación aeronáutica por valor de millones de dólares, la Sección de Computación del oeste quedaba muy lejos del ruinoso edificio del Instituto Moton, con sus sillas desencoladas, sus libros de texto gastados y aquella sensación generalizada de impotencia.

Dorothy Vaughan tardaría dos años en ganarse el título completo de directora de sección. Los hombres para los que trabajaba ahora —Rufus House era su nuevo supervisor— la tenían en el limbo, esperando a que se presentara otra candidata más aceptable o a estar seguros de que ella estaba capacitada para desempeñar el trabajo de manera permanente. O quizá la idea de designar a la primera directora negra de todo el imperio nacional del NACA les hacía vacilar, por miedo a avivar la ansiedad racial entre los miembros del laboratorio y en el pueblo.

Por mucho escepticismo que hubiera entre las altas esferas sobre la cualificación de Dorothy, por mucha presión que tuviera que ejercer ella, el asunto se resolvió mediante una circular en enero de 1951. «A partir de hoy, Dorothy J. Vaughan, que hasta ahora era directora en funciones de la unidad de Computación de la zona oeste, queda nombrada como directora de esa unidad». Dorothy debía de saberlo. Sus chicas y sus compañeros lo sabían. Muchos de los ingenieros lo sabían, y finalmente sus jefes llegaron a la misma conclusión. La historia demostraría que llevaban razón: no había nadie mejor cualificada para el trabajo que Dorothy Vaughan.

CAPÍTULO 10

La vida junto al mar

En abril de 1951, mientras el autobús del laboratorio transportaba a Mary Winston Jackson, de veintiséis años, desde su puesto en el departamento de personal tramitando la entrada de nuevos empleados hasta la Sección de Computación del oeste, no quedaba prácticamente ninguna prueba de las raíces agrícolas del terreno donde había surgido Langley. Los forasteros como Dorothy Vaughan y su grupo de hermanas, igual que los montones de norteños, de nativos de Virginia Occidental y de Carolina del Norte que habían invadido el laboratorio durante la guerra, podrían contar un sinfín de historias sobre los cambios que habían presenciado a medida que Hampton Roads dejaba atrás el aislamiento agrario para convertirse en una vibrante colección de ciudades y suburbios de la industria de defensa. Pero Mary Jackson recordaba la aldea de antes de la guerra donde los turistas negros seguían yendo en tranvía para disfrutar de Bay Shore Beach. Ella creció escuchando cantar a las mujeres negras que desbullaban ostras en la fábrica de J. S. Darling, cuyo olor llegaba hasta los viandantes que paseaban por el puente de Queen Street. Durante la infancia de

Mary, los mayores en las iglesias negras del centro de Hampton aún contaban historias de cuando se sentaban bajo un inmenso roble al otro lado del río, en los terrenos que después serían el Instituto Hampton, y escuchaban a los soldados de la Unión leer la Proclamación de Emancipación. Aquellos antepasados llegaron a la reunión siendo propiedad legal y salieron siendo ciudadanos libres de los Estados Unidos de América. Nadie era más autóctona allí que Mary Jackson.

El barrio de la ciudad vieja de Hampton donde creció Mary, situado en el mismo centro, se alzaba literalmente sobre los cimientos del Grand Contraband Camp, fundado por esclavos que durante la Guerra Civil decidieron liberarse de las familias que les habían robado el trabajo y sus vidas. Los refugiados buscaron cobijo como «contrabando de guerra» en el Fuerte Monroe, situado en Old Point Comfort, en la punta de la península de Virginia. Los negros libres levantaron Hampton de las cenizas del «incendio provocado por los confederados» que consumió la ciudad en 1862. Los nombres de las calles de la ciudad vieja de Hampton —Lincoln, Grant, Union, Liberty— conmemoraban las esperanzas de un pueblo que luchaba por unir su historia con la epopeya estadounidense. En los años optimistas que siguieron a la Guerra Civil, antes de que el telón de acero de la segregación de Jim Crow cayera sobre el sur de Estados Unidos, la población negra de Hampton tenía fama de contar con «unos jóvenes educados, unos adultos ambiciosos y trabajadores, unos empresarios de éxito y unos políticos muy capaces».

Resultaba irónico que Woodrow Wilson, el presidente que autorizara la creación del NACA y que recibiera un premio Nobel de la Paz por promover el humanitarismo mediante la Liga de las Naciones, fuera el mismo empeñado en hacer de la segregación racial en la Administración Pública parte de su legado. Ahora, la presencia de Mary en el laboratorio construido sobre una antigua plantación provocaba la intolerancia de su paisano virginiano. La familia de Mary, los Winston, tenían las mismas raíces profundas en Hampton que Pearl e Ida Bassette. Emily Winston, la hermana de Mary, había trabajado con Ophelia Taylor en la misma escuela de enfermería durante la guerra, antes de que Taylor se fuera al programa de formación de Instituto Hampton. Muchas de las computistas del oeste, incluida Dorothy Vaughan, eran miembros de Alfa Kappa Alfa, la hermandad a la que Mary había pertenecido cuando estudiaba en el Instituto Hampton. Mary se graduó en 1938 con honores en el Instituto Phenix. Phenix, ubicado en el campus del Instituto Hampton, era como la escuela superior a la que asistió Katherine Goble en el campus de la Universidad Estatal de Virginia Occidental. Servía como escuela de secundaria pública para los estudiantes negros de la ciudad, ya que la localidad solo cubría su escolaridad durante los años de educación primaria. Mary siguió la tradición familiar de entrar en el Instituto Hampton, donde se habían graduado su padre, Frank Winston, su madre, Ella Scott Winston, y varios de sus diez hermanos mayores. La filosofía de la escuela de lograr el progreso de los negros mediante la auto superación y la formación práctica e industrial —la «idea de Hampton», asociada a Booker T. Washington, el licenciado más famoso de la escuela— era un reflejo de las aspiraciones y de la filosofía de la comunidad negra de los alrededores.

Casi todas las estudiantes del Instituto Hampton sacaban títulos de economía doméstica o enfermería, pero Mary Jackson tenía una faceta analítica y se obligó a terminar no una, sino dos especialidades, en matemáticas y ciencias físicas. Pensaba emplear su titulación para ser profesora, por supuesto; prácticamente había tantos profesores en su familia como licenciados por el Instituto Hampton. Cumplió sus créditos de docencia en el Instituto Phenix y, tras graduarse en 1942, aceptó un trabajo enseñando matemáticas en un instituto negro de Maryland. Sin embargo, al finalizar el año escolar, regresó a Hampton para ayudar a cuidar a su padre enfermo. Las normas de nepotismo le prohibían dar clase en una de las escuelas públicas negras de primaria de Hampton, ya que el sistema educativo ya había contratado a dos de sus hermanas. Pero sus excelentes capacidades organizativas, su fluidez con los números y los buenos resultados de un curso de mecanografía que realizó en la universidad la convirtieron en candidata perfecta para la USO de King Street, que en 1943 buscaba una secretaria y contable.

Mientras las mujeres de los cursos de Ingeniería para mujeres del Instituto Hampton se preparaban para sus carreras como computistas, Mary Jackson se encargaba de las modestas cuentas de la USO y recibía a los invitados en la entrada del club. Sin embargo, sus actividades diarias solían ir más allá de las limitadas tareas del trabajo, ya que el club pronto se convirtió en un centro para la comunidad negra de la localidad. Ayudaba a familias de militares y a trabajadores de la industria de defensa a encontrar lugares apropiados para vivir, tocaba el piano en el coro y coordinaba las reuniones de las Girl Scouts y los mítines militares. Organizaba bailes en el club y se aseguraba de que las debutantes de la zona estuvieran disponibles para entretener a los soldados que estuvieran de visita. Las personas que acudían al club para ver una película por la noche o jugar al bingo mientras fumaban, o en busca de consejos sobre dónde rezar o cortarse el pelo, o simplemente a tomar una taza de café, apreciaban la energía, el cariño y la capacidad de la joven del mostrador de recepción. Si Mary Jackson no sabía cómo hacer algo, con total seguridad encontraba a alguien que supiera hacerlo.

El lema de su familia era «compartir y cuidar», e incluso en una comunidad de ciudadanos activos, los Winston se distinguían por su servicio incansable, su devoción religiosa y su humanitarismo. Frank Winston, el padre de Mary, era «un pilar» de la iglesia metodista episcopal africana de la ciudad vieja de Hampton. Emily Winston, su hermana, recibió una notificación del presidente Roosevelt dándole las gracias por sus más de mil horas de servicio como ayudante de enfermería durante la guerra. Los Winston eran la personificación de la doble V, y Mary se tomaba sus labores de secretaria tan en serio como si fuera la directora del club.

Como era de esperar, la USO fue escenario de muchos romances durante la guerra. Los soldados negros del Fuerte Monroe, de Langley Field y de la escuela de entrenamiento naval del campus del Instituto Hampton se relajaban en compañía de algunas de las solteras más apreciadas de la comunidad. La pista de baile de la USO siempre estaba llena de hermosas jóvenes, pero un recluta de la escuela naval solo tenía ojos para la secretaria del club. El intelecto de Mary, su naturaleza discreta, aunque exigente, y su espíritu humanitario habrían alarmado a cualquier hombre menos seguro de sí mismo, pero precisamente era aquella fortaleza de carácter la que hacía que Levi Jackson, nacido en Alabama, se sintiera atraído por ella. Su romance floreció durante el apogeo de la guerra y se casaron en 1944 en la casa familiar de los Winston en Lincoln Street. Mary, siempre con un espíritu independiente, cambió el tradicional vestido blanco largo por otro más corto, también blanco, pero con lentejuelas negras, guantes y zapatos negros y un ramillete de rosas rojas.

El fin de la guerra supuso el cierre de la USO de King Street y el fin del trabajo de Mary allí. Trabajó durante un breve periodo de tiempo como contable en el Servicio de Salud del Instituto Hampton, pero se marchó tras el nacimiento de su retoño, Levi, en 1946. Cuando Levi padre ponía rumbo a su trabajo como pintor en Langley Field, Mary se quedaba en casa cuidando de su hijo. Con la agenda llena con los cuidados del niño, los compromisos familiares y sus actividades como voluntaria, Mary estaba tan ocupada siendo ama de casa y madre como cuando trabajaba fuera.

Su tiempo libre lo dedicaba a su puesto como líder del grupo de Girl Scouts número 11 de la iglesia. Aquel fue uno de los grandes amores de Mary a lo largo de su vida. El compromiso de la organización para preparar a las jóvenes para ocupar su lugar en el mundo, su misión de promulgar respeto hacia Dios y hacia el país, la honestidad y la lealtad, era como todo aquello que Frank y Ella Winston habían enseñado a sus hijos. Muchas de las chicas del grupo 11 eran de familias de clase obrera, incluso pobres —hijas de empleadas domésticas, cangrejeros, obreros—, cuyos padres pasaban el día intentando ganar lo suficiente para sacar a la familia adelante. La puerta del hogar de los Jackson en Lincoln Street siempre estaba abierta para ellas. Mary se convirtió en una especie de profesora, hermana mayor y madrina, y ayudaba a las chicas con los deberes de álgebra, cosiendo los vestidos para sus bailes de graduación y orientándolas hacia la universidad.

Sobre todo se desvivió por ofrecerles el tipo de experiencias que les harían entender cuáles eran las posibilidades en sus vidas. Con una líder tan creativa como la señora Jackson, el grupo 11 nunca se vio cohibido por sus escasos recursos. En vez de sentarse con el manual de las Girl Scouts y repasar los requisitos para obtener las insignias como si fuera una versión de fin de semana de la clase de estudios sociales, Mary convirtió el trabajo orientado a conseguir esas preciosas insignias bordadas en una aventura, las llevaba de excursión «al campo» y paseaban durante cinco kilómetros por los parques locales, también realizaban viajes a la fábrica de cangrejos para aprender más sobre el trabajo de sus padres. Para la insignia de la hospitalidad, Mary organizó una visita para tomar el té una tarde en Mansion House, en el Instituto Hampton, una impresionante residencia habitada ahora por primera vez por un director negro, Alonzo G. Moron. La señora Moron recibió a las chicas con distinción, atendida por un personal compuesto por estudiantes del Departamento de Economía Doméstica de la escuela. Fue algo que las chicas nunca olvidaron: un personal negro impecable en una casa fabulosa, sirviendo a una familia negra adinerada. Ni siquiera las películas podían compararse con el glamur de aquella tarde.

En una ocasión, durante una reunión del grupo en la iglesia, Mary acompañaba a sus chicas en una versión de la canción popular *Pick a Bale of Cotton,* incluso con una dramatización en la que un esclavo trabajaba en los campos de algodón. Era una melodía muy utilizada que Mary había cantado antes sin pensarlo mucho. Sin embargo, aquel día la letra («¡Saltaremos, nos daremos la vuelta y agarraremos un fardo de algodón!») y la dramatización explícita que la acompañaba hicieron que se diera cuenta de algo.

«¡Esperad un momento!», dijo de pronto, interrumpiendo la representación. Las chicas miraron a la señora Jackson, sobresaltadas. Mary se quedó callada durante largo rato, como si estuviera oyendo la canción por primera vez. «No volveremos a cantar esto», les dijo, e intentó explicar su razonamiento a las sorprendidas jóvenes. La canción reforzaba todos los estereotipos de lo que un negro podía ser o hacer. Ella sabía que a veces las más importantes batallas por la dignidad, el orgullo y el progreso se libraban con la más simple de las acciones.

Fue un momento importante para las chicas del grupo 11. Mary no tenía el poder de acabar con las restricciones que la sociedad imponía a sus chicas, pero sentía que era su deber intentar eliminar las limitaciones que ellas podrían imponerse a sí mismas. Su piel oscura, su género, su nivel económico —ninguna de esas era una excusa aceptable para no dar rienda suelta a su imaginación y ambición. Ustedes pueden aspirar a algo mejor— todas podemos, les decía con palabras y con hechos. Para Mary Jackson, la vida era un largo proceso para elevar las expectativas de una misma.

* * *

Cuando Levi hijo cumplió cuatro años, Mary Jackson rellenó un impreso de la Administración Pública, solicitando tanto un puesto de oficinista en el ejército como de computista en Langley. En enero de 1951 recibió una llamada para trabajar en el Fuerte Monroe como mecanógrafa. El trabajo implicaba escribir a máquina, archivar, distribuir el correo, hacer copias; nada más exótico que su trabajo anterior, pero, dada la naturaleza sensible de los documentos que pasaban por la oficina, le pidieron una autorización de seguridad secreta. El miedo de Estados Unidos ante la amenaza que representaba la Unión Soviética había aumentado de manera regular desde que finalizara la Segunda Guerra Mundial, pero se disparó en 1949 cuando la URSS detonó su primera bomba atómica. Uno de los documentos que circulaba por el Fuerte Monroe era un plan del ejército que se ejecutaría en caso de ataque atómico.

La rivalidad entre los antiguos aliados explotó en una guerra indirecta en la frontera de Corea del Norte y del Sur en 1950, haciendo que los riesgos del nuevo conflicto fueran evidentes para casi todos los estadounidenses, y para el NACA. Sobre el cielo de Corea, aviones de combate rusos «demasiado rápidos para ser identificados» —el casi supersónico MIG-15— atacaban a los Superfortress B-29 estadounidenses. «Se rumorea que Rusia tiene aviones de combate más rápidos», decía el titular de un artículo de 1950 en el *Norfolk Journal and Guide*. Los estadounidenses habían atravesado la barrera del sonido con Chuck Yeager al mando del X-1, pero, en 1950, el NACA calculó que «los rusos empleaban al menos tres veces más mano de obra en sus instalaciones de investigación» de la que los Estados Unidos tenían presupuestada. De nuevo, el NACA pretendía beneficiarse de la tensión internacional creciente, y entregó al Congreso una propuesta para duplicar su nivel de contratación y pasar de siete mil en 1951 a catorce mil en 1953.

La larga lista de puestos vacantes publicada en *Air Scoop* recordaba a los tiempos de la guerra anterior y reforzaba la promesa de Estados Unidos de que no se achantaría ante ningún rival en el cielo. Con sus nuevas y variadas instalaciones en funcionamiento, el laboratorio volvió a echar sus redes para cazar a mujeres alquimistas que convirtieran en oro aeronáutico los números de las pruebas. Con las capacidades de Mary, no fue de extrañar que el Tío Sam decidiera que sería más útil como computista del NACA que como secretaria del ejército. Después de tres meses en el Fuerte Monroe, aceptó una oferta para trabajar a las órdenes de Dorothy Vaughan.

En los ocho años transcurridos desde que Dorothy Vaughan realizara el mismo viaje en su primer día de trabajo, los campos y lo que quedaba de bosque en la zona oeste de Langley se habían llenado de carreteras, aceras y los característicos edificios bajos de ladrillo rojo del laboratorio, un pueblo aeronáutico plagado de habitantes. Un enorme hangar de 88 metros por 90, también conocido como Edificio 1244, el más grande de su clase en todo el mundo, albergaba la flota de aviones de prueba del laboratorio, incluida la serie de aviones X, retoño del X-1 con el que Chuck Yeager rompió la barrera del sonido. La hazaña de romper la barrera del sonido les valió un trofeo Collier, el premio más prestigioso de la industria aeronáutica, a Yeager, a Lawrence Bell —cuya empresa, Bell Aircraft, produjo el X-1— y a John Stack, el director adjunto de Langley, que había defendido el desarrollo del avión como herramienta de investigación. Pero, sobre todo, la ruptura de aquella barrera física abrió la mente de los investigadores a las posibilidades del vuelo con motor y sus desafíos. Cuando un avión aceleraba desde la velocidad subsónica alta hasta la velocidad supersónica baja, pasando por la inestable región «transónica» entre el Mach 0,8 y el Mach 1,2, la presencia simultánea de flujo subsónico y supersónico provocaba golpes e inestabilidad. Los aerodinamistas afilaron sus lápices para entender los súbitos cambios en la elevación y la resistencia de un avión que volaba a velocidad transónica, porque la zona transónica servía como sala de espera a cualquier vehículo que quisiera superar la velocidad del sonido. El estallido sónico característico indicaba que el avión había pasado la volátil región transónica para entrar en un flujo supersónico mucho más suave.

Alcanzado el Mach 1, la imaginación de los ingenieros se disparó, libre de cualquier limitación de velocidad anterior. Sin dejar a un lado los esfuerzos por mejorar el vuelo supersónico y abordar las complejidades del vuelo transónico, el NACA coordinó esfuerzos para aplicar lo que habían descubierto de los aviones experimentales al diseño de aviones militares capaces de realizar vuelos supersónicos. «Para que Estados Unidos mantenga su supremacía en el aire, tendrá que desarrollar aviones militares tácticos que vuelen más rápido que el sonido antes de que lo haga cualquier otra nación», anunció John Victory, el secretario ejecutivo del NACA, en un artículo del *Journal and Guide*. Los cerebritos más visionarios fantaseaban con el día en que un piloto pudiera utilizar una de sus creaciones para volar a velocidad hipersónica: Mach 5 o más. Algo conocido misteriosamente como Proyecto 506 en 1950 resultó ser un túnel de viento hipersónico, con una sección de pruebas de solo veintiocho centímetros, pero capaz de someter a las maquetas a velocidades de viento cercanas al Mach 7. Esas instalaciones de pruebas, sumadas a un enorme complejo en construcción llamado Laboratorio de Dinámicas de Gas, que podría realizar pruebas en túneles de viento llegando a la velocidad Mach 18, orientaron el interés de la agencia hacia unos vuelos tan rápidos que solo podrían tener lugar en los límites de la atmósfera terrestre. Las esferas de vacío que estaban construyéndose para impulsar las pruebas del Laboratorio de Dinámicas de Gas —tres globos metálicos de dieciocho metros de diámetro y una esfera corrugada de treinta metros que se alzaba sobre sus hermanas— se convertirían en uno de los puntos más emblemáticos de la península de Virginia.

El mismo día que Mary Jackson comenzó su trabajo en Langley —el 5 de abril de 1951— un tribunal federal de Nueva York condenaba a muerte a Ethel y Julius Rosenberg, una pareja de Nueva York acusada de espiar para los rusos. La Guerra Fría no solo se desarrollaba en el cielo sobre Corea o en una Europa dividida entre un este aliado de los rusos y un oeste cercano a Estados Unidos. El juicio de los Rosenberg disparó el miedo en Estados Unidos a que en el país hubiera simpatizantes comunistas que planearan derrocar al gobierno. Películas propagandísticas oficiales como *He May Be a Communist* advertían a los estadounidenses de que sus vecinos podrían haberse aliado con los rojos. Incluso familiares y amigos podían ser comunistas en secreto, alertaba la película, «de los que no enseñan su verdadera naturaleza». El juicio de los Rosenberg fue la prueba que muchos ciudadanos necesitaron para concluir que en su país se habían infiltrado agentes radicalizados de la Unión Soviética.

En Langley, el juicio de los Rosenberg y sus repercusiones fueron un tema sensible. Un ingeniero llamado William Perl, que había trabajado en Langley hasta su traslado al laboratorio del NACA en Cleveland en 1943, fue acusado de robar documentos clasificados del NACA y hacérselos llegar a la Unión Soviética a través de los Rosenberg. Entre los secretos que supuestamente había filtrado Perl se encontraban los planos para un avión de reacción nuclear y los detalles de un alerón de alta velocidad del NACA. Algunos incluso llegaron a creer que las colas en forma de T de los aviones MIG que derribaban a los pilotos estadounidenses en Corea se basaban en diseños del NACA. Finalmente, Perl fue juzgado y absuelto de los cargos de espionaje, aunque fue condenado por perjurio por mentir sobre su asociación con los Rosenberg.

El FBI había comenzado a estudiar el caso a finales de los años cuarenta, interrogando a empleados de Langley sobre su relación con Perl y con sus posibles conspiradores. Los agentes federales aterrorizaban a los empleados presentándose sin avisar en sus casas de Hampton y Newport News, llamando al timbre por las noches para hacer preguntas. El FBI localizó al antiguo ingeniero de Langley Eastman Jacobs, conocido por sus inclinaciones izquierdistas, y lo interrogó en su nueva casa de California. Pasaron horas interrogando a Pearl Young, que había abandonado la agencia a finales de los cuarenta por un trabajo de profesor de Física en la Universidad Estatal de Pensilvania. La División de Investigación de Estabilidad, donde trabajaba Dorothy Hoover, fue un objetivo concreto, ya que Perl había sido miembro del grupo antes de marcharse a Cleveland.

La investigación avivó el antisemitismo que circulaba bajo los prejuicios raciales en el laboratorio y en la comunidad. Algunos empleados del laboratorio se quejaban discretamente de los «comunistas de Nueva York» y de los «judíos neoyorquinos casi insoportables» contratados para trabajar en Langley. Una computista judía que había invitado a su amiga negra de la universidad a Virginia a pasar el fin de semana provocó un escándalo. Los progresistas del grupo de investigación de estabilidad, sin importar cuáles fueran sus prácticas políticas reales, estaban abiertos a acusaciones de subversión por aceptar ideas «peligrosas» como la integración racial, los derechos civiles y la igualdad para las mujeres.

Los investigadores se centraron en el rumor de que los ingenieros del grupo de investigación de estabilidad y una «computista negra» de la que eran amigos habían sido pillados quemando los formularios de lealtad que el presidente Truman había obligado a firmar a todos los funcionarios después de 1947. En 1951, *Air Scoop* publicó una larga lista de organizaciones que el gobierno había calificado de totalitarias, comunistas o subversivas, lanzando el mensaje claro de que la afiliación con cualquiera de ellas podría poner en peligro el puesto de trabajo. Más o menos en la misma época, la pariente de Dorothy Vaughan, Matilda West, posiblemente la computista negra a la que se acusaba de deslealtad, fue despedida de su trabajo en el laboratorio. West era una franca defensora del fortalecimiento de la raza negra y una de las líderes de la NAACP de la localidad. La NAACP no estaba incluida en la lista del gobierno, pero había sido desde hacía tiempo objetivo del senador de Wisconsin Joseph McCarthy. Con la sombra del juicio de los Rosenberg sobre el NACA y sus prácticas de seguridad, y con las peticiones de ampliación de presupuesto de la agencia analizadas minuciosamente por el Congreso, los administradores del laboratorio tal vez decidieron que tener a una computista negra «radical» en su plantilla era un quebradero de cabeza que no necesitaban.

Fue un despido que sacudió con fuerza a la Sección de Computación del oeste, y que posiblemente tuvo también consecuencias dañinas para la carrera de Dorothy Vaughan. El miedo a los rojos y la histeria por los comunistas a finales de los cuarenta y principios de los cincuenta destruyeron reputaciones, vidas y carreras, como demostró el caso de Matilda West. El miedo al comunismo supuso una ventaja para segregacionistas como el senador de Virginia Harry Byrd. Byrd tachaba de «comunista» a cualquiera que amenazara con modificar lo que él consideraba como costumbres y valores «tradicionales» estadounidenses, que incluían la supremacía blanca. (Una secuencia de la película *He May Be a Communist* mostraba de forma poco sutil una protesta dramatizada en la que los participantes levantaban carteles en los que se leía ACABEMOS CON EL TERROR DEL KKK y FUERA LAS BASES MILITARES EN ÁFRICA).

Tener el valor de criticar al gobierno entrañaba serios riesgos y, una vez más, los defensores del movimiento negro tuvieron que realizar la maniobra de denunciar a los enemigos extranjeros de Estados Unidos y al mismo tiempo luchar contra sus adversarios en casa. Incluso A. Philip Randolph, reconocido socialista que predicara a favor del empleo justo y de los derechos civiles frente a un auditorio abarrotado de Norfolk en 1950, se cuidaba en sus discursos de no olvidarse de denunciar el comunismo como algo contrario a los intereses de la comunidad negra.

Paul Robeson, Josephine Baker y W. E. B. Du Bois fueron algunos de los líderes negros que relacionaron la manera en que Estados Unidos trataba a los ciudadanos negros con el colonialismo europeo. Viajaban al extranjero y en sus discursos declaraban su solidaridad con los pueblos de India, Ghana y otros países que iniciaban su andadura como naciones independientes o luchaban con todas sus fuerzas contra los colonialistas para llegar a serlo. El gobierno de Estados Unidos llegó incluso a restringir o anular los pasaportes de aquellos agitadores, con la esperanza de amortiguar el impacto de sus críticas a la política interior estadounidense en unos países que estrenaban su independencia y que Estados Unidos deseaba tener como aliados en la Guerra Fría.

Los extranjeros que viajaban a Estados Unidos experimentaban en primera persona el sistema de castas. En 1947, un hotel de Misisipi negó el servicio al secretario haitiano de agricultura, que había acudido al estado para asistir a una conferencia internacional. Ese mismo año, un restaurante del sur expulsó del establecimiento al médico personal del líder independentista indio Mahatma Gandhi por el color de su piel. Los diplomáticos que viajaban desde Nueva York a Washington por la Ruta 40 solían verse rechazados si paraban a comer en restaurantes de Maryland. Las humillaciones, tan frecuentes en Estados Unidos que apenas resultaban sorprendentes, y mucho menos de interés para la prensa, eran la comidilla en los países de origen de los enviados. Titulares como *Intocabilidad desterrada en India y adorada en Estados Unidos* avergonzaban a los cuerpos diplomáticos estadounidenses. Al no ser capaces de resolver sus problemas raciales, los Estados Unidos le dieron a la Unión Soviética una de las armas de propaganda más efectivas de su arsenal.

Los países independizados recientemente por todo el mundo, ansiosos por establecer alianzas que ayudaran a mantener sus identidades emergentes y garantizar su prosperidad a largo plazo, se enfrentaban a una versión de la misma pregunta que los estadounidenses negros habían hecho durante la Segunda Guerra Mundial. ¿Por qué una nación negra iba a hipotecar su futuro al modelo de democracia estadounidense cuando, dentro de sus propias fronteras, Estados Unidos discriminaba a personas que eran como ellos?

La comunidad internacional y su opinión de los problemas raciales de Estados Unidos comenzaban a preocupar —y mucho— a los líderes estadounidenses, y esa preocupación influyó en la decisión de Truman de desegregar el ejército en 1947 mediante la Orden Ejecutiva 9981. Al comienzo de la guerra de Corea, los Tan Yanks que seguían en activo en las Fuerzas Aéreas estadounidenses fueron reclutados para formar parte de un escuadrón.

Al mismo tiempo, Truman emitió la Orden Ejecutiva 9980, que pulía la orden de la época de la guerra que ayudó a crear la Sección de Computación de la zona oeste. La nueva ley llegaba más lejos que la medida ideada por A. Philip Randolph y el presidente Roosevelt, al considerar a cada director de un departamento federal «personalmente responsable» de mantener un entorno de trabajo libre de discriminación a raíz de la raza, el color, la religión o el origen. El NACA nombró a un responsable de empleo para hacer cumplir la medida y adquirió la costumbre de responder a un cuestionario trimestral sobre su actividad con respecto al creciente número de empleados profesionales negros.

«El laboratorio tiene una unidad de trabajo compuesta enteramente por mujeres negras, las computistas de la zona oeste, que podría considerarse como una unidad de trabajo segregada», escribió el jefe administrativo de Langley, Kemble Johnson, en una circular en 1951. «Sin embargo, hay un amplio porcentaje de empleados que trabaja habitualmente en unidades no segregadas durante periodos de una semana a tres meses. Los miembros de esta unidad son transferidos con frecuencia a otras áreas de investigación en Langley, donde son integrados en unidades no segregadas. Las mismas actividades promocionales están disponibles para las computistas de la zona oeste, al igual que para otras computistas de Langley».

Los aviones y misiles supersónicos estaban marcando el curso de la Guerra Fría, pero también lo harían «los libros de texto de ciencias y la armonía racial». Las computistas del oeste servían de munición para ambos frentes del conflicto, y sin embargo eran uno de los secretos mejor guardados del gobierno federal. Sin embargo, entre la clase media y la comunidad de profesionales negros del sureste de Virginia, la voz corrió como la pólvora: en la oficina de la señora Vaughan estaban contratando a gente. Christine Richie oyó hablar de las Computistas del oeste en la sala de profesores del Instituto Huntington. Aurelia Boaz, graduada en 1949 por el Instituto Hampton, se enteró por el boca a boca de la universidad. Parecía que todas las iglesias negras de la península tenían al menos a un miembro de su congregación trabajando en Langley. Se pasaban las solicitudes durante las fiestas al aire libre o en el ensayo del coro, en las reuniones de las hermandades Delta Sigma Zeta y Alfa Kappa Alfa y en la Asociación de padres de Newsome Park. Mary Jackson estaba conectada con tantas computistas y de tantas maneras diferentes que lo único sorprendente de su llegada a Langley fue que hubiera tardado tanto en producirse.

CAPÍTULO 11

La regla del área

Aprincipios de los años cincuenta, Dorothy Vaughan apenas tenía un día de trabajo que fuera tranquilo. La actividad de investigación se concentraba en la zona oeste de las instalaciones de Langley y Dorothy gestionaba un flujo constante de trabajos de computación, repartía los encargos entre las mujeres de su oficina y enviaba a sus computistas a diversos grupos de ingeniería situados en las inmediaciones con mucha frecuencia. Casi todo el trabajo que llegaba a la oficina de Computación del oeste procedía de uno de los túneles de esa misma zona o de la División de Investigación de Vuelo, ubicada en el Edificio 1244, el nuevo hangar de la zona oeste. Aunque la zona este era ahora más pequeña que la próspera zona oeste en tamaño y actividad, instalaciones como el túnel de giros (un edificio en forma de chimenea donde los ingenieros analizaban los prototipos sometidos a giros peligrosos) y los Tanques 1 y 2 (canales de 915 metros de largo para probar hidroaviones) seguían muy activos. El túnel a escala real, epicentro del trabajo de mejoras del laboratorio durante la Segunda Guerra Mundial, seguía probando de todo, desde aviones de baja velocidad diseñados con alas delta hasta helicópteros. Durante periodos intensos, si el trabajo superaba la mano de obra disponible, los supervisores de computación que trabajaban en la zona este llamaban por teléfono a Dot Vaughan para pedir refuerzos.

En una de esas ocasiones, dos años después de que Mary comenzara a trabajar en la Sección de Computación del oeste, Dorothy Vaughan la envió a la zona este, donde participaría en un proyecto junto a varias computistas blancas. Mary se había familiarizado ya con las rutinas del trabajo de computación, pero no con la geografía de la zona este. Su mañana en la zona este transcurrió sin incidentes hasta que recibió la llamada de la naturaleza.

«¿Podrían indicarme dónde está el baño?», les preguntó Mary a las mujeres blancas.

Ellas respondieron entre risas. ¿Cómo iban a saber ellas dónde encontrar su baño? El baño más cercano estaba sin marcar, lo que significaba que estaba disponible para cualquiera de las mujeres blancas y prohibido para las mujeres negras. Había baños de color en la zona este, sin duda, pero, dado que casi todos los profesionales negros se concentraban en la zona oeste, y muy pocos edificios nuevos en la zona este, Mary necesitaría un mapa para encontrarlos. Furiosa y humillada, se fue sola a buscar su cuarto de baño.

Sortear las barreras raciales era un hecho diario en la vida de los negros. Mary no pecaba de ingenua con respecto a la segregación en Langley: era igual que en la ciudad. Sin embargo no podía olvidarse de aquel incidente en particular. Lo que hacía que la afrenta le escociera más era su proximidad a la igualdad profesional. Al contrario que en las escuelas públicas, donde un presupuesto minúsculo y unas instalaciones ruinosas dejaban al descubierto la hipocresía de «separados, pero iguales», la placa de empleada de Langley debería haberle dado a Mary acceso al mismo lugar de trabajo que sus homólogas blancas. Comparada con las chicas blancas, ella había llegado al laboratorio con la misma formación, si no más. Se vestía cada día como si fuera a una reunión con el presidente. Formaba a las chicas de su grupo de Girl Scouts para que creyeran que podían ser cualquier cosa, y se esforzaba por impedir que los estereotipos negativos de su raza influyeran en la visión que tenían de sí mismas y de otros negros. Ya era suficientemente difícil alzarse frente a los recordatorios silenciosos de los carteles para gente de color en las puertas de los baños y en las mesas de la cafetería. Pero tener que enfrentarse a los prejuicios de manera tan descarada, allí, en aquel templo a la excelencia intelectual y al pensamiento racional, y por algo tan mundano, tan ridículo y universal como tener que ir al cuarto de baño... Cuando las mujeres blancas se habían reído de ella, Mary había pasado de ser una matemática profesional a un ser humano de segunda categoría, le habían recordado que era una chica negra cuya orina no era suficientemente buena para el retrete de las blancas.

Furiosa aún mientras regresaba a la Sección de Computación oeste aquel mismo día, Mary Jackson se encontró con Kazimierz Czarnecki, un director de sección adjunto del túnel de presión supersónica de un metro por un metro. Era un hombre robusto de cara larga que jugaba como primera base en la liga de *softball* de Langley. Kazimierz Czarnecki —sus amigos le llamaban «Kaz»— era un natural de New Bedford, Massachusetts, que había llegado al laboratorio en 1939 tras graduarse en la Universidad de Alabama con un título de ingeniería aeronáutica. Su buen carácter y sus prodigiosos resultados de investigación hacían que fuera un miembro muy respetado y admirado entre el personal del laboratorio. Antes de llegar al túnel de presión supersónica, Kaz había trabajado como miembro del personal de investigación del túnel supersónico de veintidós centímetros, que mantenía una oficina en el Edificio de Cargas Aéreas, donde se encontraba la Sección de Computación de la zona oeste.

Casi todos los negros se ponían automáticamente una máscara cuando estaban con blancos, un velo que ocultaba el *peso muerto de la degradación social* que W. E. B. Du Bois describiera tan elocuentemente en *The Souls of Black Folk*. La máscara ofrecía protección frente al recordatorio constante de ser estadounidenses y del dilema norteamericano. Disimulaba la ira que los negros sabían que podía tener consecuencias que cambiarían sus vidas, o incluso les pondrían fin, si la mostraban abiertamente. Sin embargo, aquel día, cuando Mary Jackson se topó con Kazimierz Czarnecki en la zona oeste del Laboratorio aeronáutico de Langley, no se contuvo, no se achantó y no disimuló. Mary Jackson dejó caer la máscara al suelo y respondió al saludo de Czarnecki con un torrente de potencia Mach 2 cargado de frustración y resentimiento mientras le contaba el insulto que había experimentado en la zona este.

Mary Jackson era una persona de voz suave, pero también era franca y directa. Hablaba con todo el mundo con el mismo tono serio y directo, ya fueran adolescentes de su grupo de Girl Scouts o ingenieros de la oficina. Mary también juzgaba las personalidades de manera inteligente e intuitiva, era una mujer con inteligencia emocional que prestaba mucha atención a su entorno y a la gente que le rodeaba. Tal vez su estallido delante de Czarnecki fuese el resultado espontáneo de haber alcanzado un punto de no retorno, o quizá fuese algo más astuto, pero en cualquier caso escogió a la persona correcta con la que desahogarse. Lo que comenzó siendo uno de los peores días de trabajo de Mary Jackson acabaría siendo el punto de inflexión en su carrera.

«¿Por qué no vienes a trabajar para mí?», le sugirió Czarnecki a Mary. Ella no dudó en aceptar la oferta.

* * *

Mientras la prensa nacional aireaba historias sobre la relación de Langley con el escándalos Rosenberg, publicaciones de la industria como *Aviation Week* elogiaban al laboratorio por dos avances relacionados que revolucionarían la producción de aviones de alta velocidad: las paredes con ranuras en los túneles de viento y una innovación conocida como la regla de la zona.

El objetivo de un túnel de viento, lógicamente, era simular lo más realísticamente posible las condiciones de un vuelo al aire libre. Las interferencias provocadas por el flujo de aire al rebotar contra las paredes sólidas de los túneles —uno de los fenómenos examinados por Margery Hannah y Sam Katzoff en su informe de 1948— eran una de las limitaciones de las pruebas realizadas en tierra. El problema se notaba aún más en la velocidad transónica, cuando los remolinos de aire que rodeaban a un objeto se aproximaban a la velocidad del sonido. Un investigador de Langley llamado Ray Wright tuvo la idea de hacer agujeros o ranuras en las paredes de los túneles de viento para aliviar los efectos de las interferencias, concepto que quedó demostrado cuando Langley construyó un pequeño túnel de pruebas con paredes perforadas. En 1950, modernizaron el túnel de alta velocidad de cinco metros (rebautizado como túnel de dinámica transónica de cinco metros) con ranuras en las paredes e hicieron lo mismo con el túnel de alta velocidad de dos metros y medio. Dominar las interferencias en el túnel fue un «logro técnico perseguido durante mucho tiempo» por los investigadores, y en 1951 les valió a John Stack y a sus compañeros otro codiciado trofeo Collier.

El nuevo diseño del túnel preparó el terreno para el segundo avance significativo de la década. Un ingeniero llamado Richard Whitcomb se dio cuenta de que, en la velocidad transónica, la mayor turbulencia tenía lugar en el punto en que las alas del avión se conectaban al fuselaje. Orientar el cuerpo del avión hacia dentro a lo largo de ese punto redujo la resistencia considerablemente y tuvo como resultado un incremento de hasta un veinticinco por ciento en la velocidad del avión con el mismo nivel de energía. La regla del área (llamada así porque la fórmula predecía la proporción correcta entre el área del corte transversal del ala de un avión y el área del corte transversal del cuerpo del avión) podría tener más impacto en la aviación cotidiana que en los aviones supersónicos, debido a los miles de aviones cuya velocidad operativa alcanzaba su límite en la zona transónica. La prensa se divirtió de lo lindo con aquel concepto de ingeniería tan esotérico, decía que los nuevos aviones tenían «cintura de avispa» y «forma de botella de Coca Cola», y hablaba del «efecto Marilyn Monroe». Whitcomb fue entrevistado por el presentador de la CBS Walter Cronkite y adquirió bastante popularidad local («Ingeniero de Hampton asediado por el público», decía un titular bastante hiperbólico del *Daily Press*). En 1954, Whitcomb conseguiría el tercer trofeo Collier para Langley en menos de una década.

Pese a todos los avances logrados en el laboratorio desde 1917 —motores carenados, alerones laminados, aviones supersónicos, un túnel de frío que permitía mejoras en la seguridad en vuelo con temperaturas bajo cero—, los conocimientos aeronáuticos existentes aún escondían rincones sin explorar. Las inversiones en instalaciones nuevas o actualizadas en la zona oeste de Langley realizadas a finales de los cuarenta y principios de los cincuenta estaban suponiendo descubrimientos importantes y repercutían en la naturaleza de los encargos que Dorothy entregaba a sus empleadas.

Al contrario que las organizaciones de investigación orientadas hacia el mundo académico, los laboratorios del NACA siempre buscaban las «soluciones prácticas» que los caracterizaran desde su fundación. La naturaleza aplicada del trabajo realizado en Langley se advertía en los aviones aparcados en el hangar, en los talleres donde los artesanos construían maquetas siguiendo las especificaciones de los ingenieros, en el trabajo de los mecánicos que fijaban las maquetas en la posición correcta en las secciones de pruebas y en las ráfagas de viento de los nuevos y poderosos túneles como el túnel del plan unitario, que parecía una «refinería petrolera bajo techo». Daba igual lo abstracto que fuera el trabajo o lo conceptual del problema a resolver, porque nadie en Langley olvidaba jamás que, detrás de los números, había un objetivo real: aviones más rápidos, más eficientes, más seguros.

* * *

El NACA tampoco era un mal lugar para los ingenieros teóricos, por supuesto. Dorothy Hoover prosperó en la División de Análisis de Estabilidad. Llegado 1951, se había ganado el título de científica en investigación aeronáutica, con un grado GS-9 en el renovado sistema de clasificación del gobierno. Cuando R. T. Jones, el jefe de Hoover, cambió Langley por el laboratorio del NACA en Ames en 1946, Dorothy continuó su trabajo con los demás investigadores notables del grupo. Su carrera en Langley llegó a la cima en 1951 con la publicación de dos informes: uno con Frank Malvestuto; el otro con Herbert Ribner. Ambos eran análisis detallados de las alas inclinadas hacia atrás, que ya eran un rasgo común en toda la producción aeronáutica. Lo que los ingenieros del aire comprimido y los ingenieros al aire libre examinaban mediante la observación directa, los teóricos lo explicaban mediante tratados de cincuenta páginas en los que una sola ecuación podía ocupar casi toda una página. Si la producción de investigación medía la viabilidad de una carrera profesional —y así era—, la aerodinámica teórica sería tal vez el mejor lugar del mundo para una mujer investigadora. Dorothy Hoover, Doris Cohen y al menos otras tres mujeres publicaron uno o más informes con el grupo entre 1947 y 1951. Era evidente que los líderes del grupo valoraban y cultivaban el talento de sus miembros femeninos.

Tal vez estar alejado de los aspectos más ásperos de la ingeniería era lo que hacía del grupo teórico un entorno tan productivo para las mujeres.

En 1952, Dorothy Hoover decidió abandonar el mundo de la ingeniería y entregarse a otras investigaciones teóricas por las que sentía más pasión. Dimitió en Langley y regresó a su *alma mater*, Arkansas AM&N, para realizar un máster en matemáticas. Su tesis, «Estimaciones de error en la integración numérica», fue incluida en el registro de la Academia de la Ciencia de Arkansas en 1954. Ese mismo año se matriculó en la Universidad de Michigan con una beca de investigación John Hay Whitney, un programa diseñado para equiparar a los investigadores negros más talentosos con los graduados más competitivos del país.

Mary Jackson, por otra parte, se dejó envolver por el paraíso de ingeniería que era el NACA. Con una formación en matemáticas y física, aportó al trabajo la comprensión de los fenómenos físicos que se escondían tras los cálculos que realizaba. Y las personas de Langley eran individuos ocupados como ella, que salían corriendo después del trabajo para jugar en uno de los equipos de deportes del laboratorio y asistir a la reunión de un club o a una conferencia. Muchos de ellos daban clases de matemáticas y ciencias a niños, algo que Mary había hecho desde que se graduara en la facultad. Lo hubiera planeado o no, Mary Jackson acabaría pasando toda su vida laboral en Langley.

Durante el ingreso de nuevos empleados en su primer día de trabajo, Mary Jackson había conocido a James Williams, un graduado en ingeniería por la Universidad de Michigan de veintisiete años y antiguo aviador Tuskegee que se había enamorado de los aviones cuando era adolescente. Williams solicitó empleos de ingeniería a través de la Administración Pública, pero se había mostrado receloso de mudarse a un estado situado al sur de la línea Mason-Dixon. El jefe de personal de Langley, Melvin Butler, llamó por teléfono a Williams e intentó convencerle para que aceptara la oferta del laboratorio. Incluso le buscó un lugar a Williams para vivir en Hampton. Otro aliciente se lo proporcionó una hermosa graduada en psicología llamada Julia Mae Green, quien después de graduarse regresaría a su Virginia natal. Butler, tal vez para intentar eludir las quejas que pudieran cortocircuitar su oferta, no desveló antes de tiempo al personal de ingeniería de Langley que el nuevo empleado era negro. Williams no era el primer ingeniero negro contratado por Langley, pero la pareja de hombres negros que le habían precedido habían durado tan poco que sus nombres ni siquiera permanecían en el registro institucional.

En su primer día, Williams había tenido que convencer a los guardias de seguridad de Langley de que no era un encargado ni un empleado de la cafetería para poder registrarse como ingeniero. Varios supervisores blancos le negaron un puesto en sus grupos, pero un jefe de sección influyente de la División de Investigación de Estabilidad llamado John D. Bird —«Jaybird» [arrendajo]— levantó la mano de inmediato para ofrecerle un puesto al joven. «Jaybird era el más justo que había», recordaba Julia, la esposa de Williams, años más tarde.

No todos los miembros del grupo se mostraban tan entusiastas como Bird. «¿Cuánto tiempo crees que serás capaz de aguantar?», le preguntó en broma un nuevo compañero de la oficina, en referencia a los ingenieros negros que habían fracasado. «¡Más que tú!», respondió Williams. Mientras que las mujeres negras disfrutaban del apoyo que suponía formar parte de un grupo, empezar en una sala de computación no era una opción para un ingeniero. William y los demás hombres negros que pronto seguirían sus pasos tenían una vida laboral más solitaria y se enfrentaban a agresiones que las mujeres no conocían. Pero, incluso aunque fueran las mujeres negras las que rompieran la barrera de color en Langley, facilitando el camino a los hombres negros que estaban contratando ahora, las mujeres aún tenían que luchar por algo que los hombres negros daban por hecho: el título de ingeniera.

Poco después de trasladarse al túnel de presión supersónica de un metro por un metro, Mary Jackson recibió un encargo de parte de John Becker, el jefe de la División de Compresibilidad (la compresión de las moléculas de aire características del vuelo más rápido que el sonido), el jefe del jefe del jefe de Kazimierz Czarnecki. A Langley le gustaba considerarse como un lugar que evitaba la burocracia, donde la idea de un empleado de la cafetería pudiera ser oída si era lo suficientemente interesante. Sin embargo, los jefes de división, tan solo dos peldaños por debajo del puesto más alto del laboratorio, eran VIPS. John Becker, heredero de John Stack, de Eastman Jacobs y de otras leyendas del NACA, gobernaba un imperio compuesto por el túnel de presión supersónica y todos los demás túneles dedicados a la investigación supersónica e hipersónica. Becker era el tipo de hombre al que los listillos de los programas de ingeniería más destacados deseaban impresionar a toda costa.

John Becker le dio a Mary Jackson las instrucciones necesarias para elaborar los cálculos. Ella le entregó el trabajo terminado mientras completaba su trabajo para Dorothy Vaughan, revisando dos veces todos los números para asegurarse de que fueran correctos. Becker examinó el resultado, pero le pareció que había algo que no estaba bien. De modo que desafió los cálculos de Mary, insistiendo en que estaban mal. Mary Jackson defendió su trabajo. Su jefe de división y ella revisaron los datos una y otra vez, intentando identificar el error. Finalmente quedó claro: el problema no estaba en los resultados de Mary, sino en los datos de él. Sus cálculos eran correctos, basados en los números erróneos que le había entregado Becker.

John Becker se disculpó con Mary Jackson. El episodio le valió a Mary una reputación de matemática inteligente capaz de aportar algo más que simples cálculos a su nuevo grupo. Su altercado con John Becker fue el tipo de maniobra que el laboratorio esperaba, alentaba y valoraba en sus ingenieros más prometedores. Mary Jackson —¡una antigua computista del oeste!— se había enfrentado al brillante John Becker y había ganado. Fue motivo de celebración discreta y todas las computistas le dieron la enhorabuena en privado.

Casi todos los ingenieros eran además buenos matemáticos. Pero eran las mujeres las que manejaban los números, las que vivían con ellos, las que los escrutaban hasta que les dolían los ojos, desde que dejaban su bolso sobre la mesa por la mañana hasta el momento en que se ponían el abrigo para marcharse a casa. Revisaban las unas el trabajo de las otras y ponían puntos rojos en las hojas de datos cuando encontraban errores, y había poquísimos puntos rojos. Algunas de las mujeres eran capaces de realizar operaciones matemáticas con la rapidez de un rayo, compitiendo con sus máquinas de cálculo en velocidad y precisión. Otras, como Dorothy Hoover y Doris Cohen, comprendían a la perfección la teoría matemática y eran capaces de resolver complejas ecuaciones de diez páginas sin ningún error a la vista. Las mejores se hicieron un nombre por su precisión, su velocidad y su perspicacia. Pero lo que más destacaba eran el pensamiento independiente y la fuerte personalidad necesarios para defender tu trabajo frente a las mentes más incisivas del mundo de la aeronáutica. Estar dispuesta a soportar la presión de un ingeniero impaciente y sabihondo que ponía los pies encima de la mesa y esperaba a que tú hicieras todo el trabajo, un ingeniero que quería los cálculos terminados para ayer, ser capaz de encontrar el fallo en su planteamiento y decirle con claridad que era él quien estaba equivocado. Esa cualidad era más difícil de encontrar en alguien. Y esa cualidad era la que te convertía en una mujer que debía seguir avanzando.

CAPÍTULO 12

Casualidad

El mayor talento de Katherine Goble siempre había sido estar en el lugar oportuno en el momento justo. En agosto de 1952, doce años después de abandonar la escuela de postgrado, el lugar oportuno fue de vuelta en Marion, donde diera clase por primera vez, en la boda de Patricia, la hermana pequeña de Jimmy Goble, su marido. Pat, una alegre reina de belleza universitaria que se había graduado hacía dos meses por la Facultad Estatal de Virginia, se casaba con su amor de la facultad, un joven cabo del ejército llamado Walter Kane.

Katherine y Jimmy metieron a las niñas en el auto y recorrieron los noventa y cinco kilómetros desde Bluefield hasta la casa de los padres de Jimmy, donde se palpaba la emoción por el gran día de Pat. Los hoteles del sur negaban servicio a clientes negros; los negros de todos los estratos sociales sabían que debían alojarse con amigos y familiares, o incluso con desconocidos que alquilaban habitaciones en sus casas, en vez de arriesgarse al bochorno o al peligro mientras viajaban. Cinco de los once hermanos de Jimmy aún vivían en Marion, y sus casas estaban llenas por tener que alojar a los que llegaban de fuera, incluida la familia del novio, que venía desde Big Stone Gap, Virginia, y amigos y familia política de toda Virginia, Virginia Occidental y Carolina del Norte.

La boda, sencilla, pero elegante, tuvo lugar en casa de Helen, la hermana mayor de Jimmy. Pat, radiante con un vestido plisado hasta las rodillas, se situó ante el altar improvisado adornado con siemprevivas y gladiolos y le dijo «Sí, quiero» a Walter, deslumbrante con una chaqueta blanca. La multitud, exultante, brindó por el señor y la señora Kane. Katherine y Jimmy bailaron y comieron tarta. Sus tres hijas —Joylette, de once años; Connie, de diez; y Kathy, de nueve— chillaban encantadas mientras jugaban al escondite y a la rayuela y bailaban con sus primos. La celebración se prolongó hasta bien entrada la noche e incluso el amanecer del día siguiente, mientras los Goble y los Kane saboreaban sus últimos momentos juntos antes de volver a sus rutinas.

Margaret y Eric Epps, los cuñados de Jimmy, habían viajado desde Newport News, y los recién casados planeaban acompañarlos hasta la costa y desde allí irse a su luna de miel en el complejo segregado de Bay Shore Beach, en Hampton. «¿Por qué no vienen todos a casa con nosotros también?», le preguntó Eric a Katherine. «Puedo conseguirle un trabajo a Snook en el astillero», agregó utilizando el apodo familiar de Jimmy. «De hecho, puedo conseguireis trabajo a los dos. Hay unas instalaciones del gobierno en Hampton que están contratando a mujeres negras», le dijo Eric a Katherine, «Y buscan matemáticas. Es un trabajo civil, pero pegado a Langley Field, en Hampton».

El cuñado de Jimmy era el director del centro comunitario de Newsome Park. Desde 1943, Eric Epps había coordinado diversas actividades de la comunidad, como el equipo de béisbol semiprofesional de los Newsome Park Dodgers, y había defendido con firmeza a los residentes de su barrio frente al gobierno local, frenando siempre las campañas de demolición que nunca terminaban de desaparecer. Previamente había sido profesor en las escuelas públicas de Newport News, pero aceptó el trabajo en Newsome Park tras ser despedido por unirse a uno de los litigios más polémicos de Virginia a favor de la igualdad en el salario de los profesores. Gracias a su trabajo y a sus relaciones con los residentes de Newsome Park, era uno de los individuos con más contactos de la península de Virginia y conocía a muchas mujeres de la Sección de Computación del oeste, incluida Dorothy Vaughan, que vivía en el vecindario.

Katherine escuchaba atentamente mientras su cuñado describía el trabajo, con la barbilla apoyada en el dedo pulgar y el índice extendido sobre la mejilla, señal de que estaba escuchando con atención. Jimmy y ella se ganaban la vida como profesores en una escuela pública, pero sus nóminas eran modestas. Las necesidades de sus tres hijas eran cada día mayores, y Katherine estiraba al máximo su habilidad para las matemáticas solo para cubrir lo básico y destinar un poco más a clases de piano o las Girl Scouts. Manejaba con soltura la máquina de coser, de modo que compraba telas y se quedaba levantada hasta tarde cosiendo vestidos para las niñas y para ella. Durante las vacaciones de verano, los Goble trabajaban como ayuda doméstica interna para una familia neoyorquina que veraneaba en las montañas Blue Ridge de Virginia. El dinero extra les ayudaba a soportar los meses más duros del resto del año.

Katherine disfrutaba enseñando. Sentía que era su responsabilidad colaborar con el «progreso de la raza», e inculcaba en sus estudiantes no solo conocimientos teóricos, sino disciplina y respeto hacia sí mismos, ya que necesitarían ambas cualidades para salir adelante en una sociedad enfrentada a ellos en casi todos los aspectos. Jimmy y ella se ceñían a un camino tan marcado que los pies de los estudiantes universitarios negros como ellos estaban entrenados para recorrerlo casi de manera automática. Pero las palabras de Eric Epps al mencionar el trabajo de matemática en Hampton despertaron el recuerdo de una ambición dormida, una que a Katherine le sorprendió descubrir que seguía viva dentro de ella.

Era tarde aquella noche cuando Katherine y Jimmy metieron a las niñas en la cama y se tumbaron después ellos en la suya, pero se quedaron despiertos mucho más tiempo, riéndose y cotilleando, repasando la reunión familiar. Solo después de agotar todas las demás anécdotas sobre la boda sacaron el tema que les daba vueltas en la cabeza a ambos. Marcharse a Newport News supondría tomar una decisión deprisa. Se acercaba el inicio del curso escolar y el director de Bluefield necesitaría tiempo para encontrar sustitutos que se encargaran de sus clases. Ellos necesitarían un lugar donde vivir. Sacar a las niñas de su entorno sin apenas antelación y meterlas en un colegio nuevo sería duro para todos. Hampton Roads estaba lejos de los padres de Jimmy, y más lejos aún de los de Katherine, en White Sulphur Springs, que adoraban a sus nietas. En las montañas, incluso las noches de verano eran frescas. ¿Cómo aguantaría ella el calor de la costa? Habría sido fácil seguir con la vida estable que habían ido creando en un pequeño pueblo. Pero la posibilidad de aquel nuevo trabajo avivaba la curiosidad innata en Katherine Goble.

«Vamos a hacerlo», susurró.

A lo largo de un año muy ajetreado, Katherine Goble y su familia lograron adaptarse sin problemas a los ritmos de la península. Newsome Park se convirtió en un hogar para los cinco, con sus interminables manzanas, que eran como una ciudad dentro de otra, llenas de vecinos, organizaciones sociales y consejos para los recién llegados. Eric Epps había cumplido su promesa y le había encontrado trabajo a su cuñado, Jimmy Goble, que había cambiado su puesto de profesor por uno de pintor en el astillero de Newport News. Era el tipo de trabajo estable y bien pagado que ofrecía a los hombres negros —incluso aquellos con credenciales de oficinista— la oportunidad de introducir a sus familias en la clase media. A las chicas les encantaba su nuevo colegio y disfrutaban viviendo en una comunidad negra tan grande y dinámica.

El departamento de personal de Langley aprobó la solicitud enviada por Katherine en 1952, aunque la citó para junio de 1953. El año entre medias la ayudó a adaptarse a todo salvo al calor de Virginia; muchas veces añoraba las noches veraniegas frescas de White Sulphur Springs. Llenar los meses mientras tanto no supuso el más mínimo problema. Como profesora sustituta de matemáticas en el Instituto Huntington de Newport News, disfrutaba de una plataforma perfecta para conocer a familias de la zona, y el club de la USO de la calle 25, que continuó funcionando como centro comunitario de postguerra, contrató a su nueva vecina para ser directora adjunta. Gracias a su implicación en la sucursal local de su hermandad, Alfa Kappa Alfa, y a la iglesia que eligió, la presbiteriana de Carver, Katherine adquirió una fuerte red de contactos sociales y una nueva mejor amiga.

Eunice Smith vivía a tres manzanas, y Katherine estuvo encantada de saber que su vecina, compañera de hermandad y de iglesia, era además una veterana de la Sección de Computación del oeste desde hacía nueve años. A principios de junio de 1953, cuando Eunice Smith pasaba a recoger a Katherine para ir a trabajar, ambas mujeres establecieron una rutina que duraría las próximas tres décadas. Charlaban durante el camino mientras recorrían las llanuras de Hampton, y las gafas con montura de alambre de Katherine otorgaban a su rostro una seriedad que encajaba con su actitud.

El viaje terminaba en la oficina de la señora Vaughan en el Edificio de Cargas Aéreas. Fue una agradable sorpresa descubrir que la nueva jefa de Katherine no solo era una paisana de Virginia Occidental, sino la vecina que había pasado tanto tiempo con su familia en White Sulphur Springs. Katherine no tardó en apreciar los talentos de Dorothy como matemática y también como directora. Cuando necesitaban más poder de computación, los ingenieros confiaban en Dorothy para que asignara a la persona correcta para el trabajo, y con frecuencia albergaba la esperanza de que ella estuviese al principio de su lista.

Emparejar la habilidad con los encargos era solo parte del desafío. La capacidad más sutil del trabajo de dirección era emparejar los temperamentos con los grupos. Los ingenieros podían ser extravagantes, con frecuencia bruscos, temperamentales o autoritarios. El que era brusco con una chica era cruel con otra. Trabajar bien en equipo era clave para toda la operación, y Dorothy tenía tanto licencia como obligación de encargarse de que sus computistas tomaran el mejor camino posible para sus carreras.

Durante dos semanas, Katherine trabajó en la mesa, familiarizándose con el funcionamiento del trabajo. Su título en matemáticas, sus estudios en la escuela de postgrado y sus años como profesora de matemáticas eran una ventaja en aquel trabajo modesto clasificado como SP-3: no profesional de nivel 3, el nivel de entrada de casi todas las mujeres contratadas en Langley, fuera cual fuera su formación o su experiencia laboral. Casi veinte años después de que Virginia Tucker llegase a Langley, y pese al hecho de que cientos de mujeres hubiesen pasado por el puesto, todavía se daba por hecho que las mujeres debían aceptar el trabajo con gratitud, como si tuvieran que dar las gracias por estar allí. «No me vengas aquí en dos semanas pidiendo ser transferida» a un grupo de ingeniería, le dijo a Katherine Goble el director de recursos humanos en su primer día de trabajo, comentario que a ella no le hizo mucha gracias. Pero aun así se sentía «muy afortunada» de haber conseguido un trabajo en el que ganaba tres veces más que siendo profesora.

Durante los primeros días, Katherine adquirió la rutina de rellenar hojas de datos según las ecuaciones que le habían entregado Dorothy Vaughan o alguno de los ingenieros, que aparecían regularmente en la oficina a lo largo del día. Dos días después de su llegada, un hombre blanco en mangas de camisa entró en la oficina y se aproximó al puesto de Dorothy Vaughan, comenzaron una conversación, Vaughan asintió y escudriñó las filas de mesas y a sus ocupantes mientras escuchaba al hombre. Cuando él se marchó, Vaughan llamó a su mesa a Katherine Goble y a otra mujer, Erma Tynes. «La División de Investigación de Vuelo necesita dos computistas más» —dijo Vaughan—. «Las voy a enviar a ustedes. Se van al 1244».

Para Katherine, ser seleccionada para ir al Edificio 1244, el reino de los ingenieros al aire libre, fue un inesperado golpe de suerte, por muy temporal que fuese el encargo. Ya estaba encantada por poder trabajar en la sala de computación y calcular las hojas de datos asignadas por la señora Vaughan. Pero poder compartir sala con los expertos de la segunda planta del edificio significaba ver de cerca uno de los grupos más importantes y poderosos del laboratorio. Justo antes de la llegada de Katherine, los hombres que serían sus nuevos compañeros, John Mayer, Carl Huss y Harold Hamer, habían presentado su investigación sobre el control de los aviones de combate frente a una audiencia de importantes investigadores, reunidos en Langley para una conferencia de dos días sobre la especialidad de las cargas aéreas.

Con solo su fiambrera y su cuaderno de notas, Katherine «recogió y se fue directa» al enorme hangar, situado a poca distancia de la oficina de Computación del oeste. Entró por la puerta lateral, subió las escaleras y recorrió un pasillo sombrío de bloques de cemento hasta llegar a una puerta marcada como Laboratorio de Investigación de Vuelo. Dentro, el aire apestaba a café y cigarrillos. Igual que en Computación, la oficina estaba distribuida como si fuera una clase. Había mesas para veinte. Casi todas las personas de la estancia eran hombres, pero entremezcladas con ellos había algunas mujeres que consultaban sus máquinas de cálculo o estudiaban con atención las diapositivas. En una pared estaba el despacho del jefe de la división, Henry Pearson, con una mesa para su secretaria justo delante. La sala bullía con la actividad previa a la comida mientras Katherine buscaba un lugar en el que esperar a sus nuevos jefes. Fue directa hacia un cubículo vacío, se sentó junto a un ingeniero, dejó sus pertenencias sobre la mesa y le dedicó al hombre una sonrisa encantadora. Antes de que pudiera saludarle con su cadencia sureña, el hombre la miró de reojo sin decir nada, se levantó y se marchó.

Katherine vio desaparecer al ingeniero. ¿Habría roto alguna regla no escrita? ¿Acaso su mera presencia le había hecho alejarse? Fue un momento privado y discreto que no alteró el ritmo de la oficina. Pero la interpretación que Katherine hizo de aquel momento dependería de los acontecimientos de su pasado y determinaría su futuro.

Perpleja, Katherine se quedó pensando en la súbita salida del ingeniero. Lo sucedido podía deberse a que ella era negra y él, blanco. Pero, claro, también podría haber sido porque ella era mujer y él, hombre. O quizá hubiera sido la interacción entre un profesional y una no profesional, un ingeniero y una chica.

Fuera de allí, las reglas de casta estaban claras. Los negros y los blancos vivían por separado, comían por separado, estudiaban por separado, se relacionaban por separado, iban a la iglesia por separado y, en la mayoría de los casos, trabajaban por separado. En Langley, las barreras eran más difusas. Los negros debían utilizar cuartos de baño separados, pero también habían tenido un acceso sin precedentes al mundo profesional. Algunos de los compañeros de Goble eran del norte o extranjeros que no habían visto a una persona negra antes de llegar a Langley. Otros eran del sur profundo con actitudes firmes respecto a la mezcla de razas. Todo formaba parte del laboratorio de relaciones raciales que era Langley, y significaba que tanto negros como blancos se movían juntos por un terreno desconocido. Los demonios viciosos y fácilmente reconocibles que habían atormentado a los estadounidenses negros durante tres siglos iban cambiando de forma a medida que la segregación cedía bajo la presión de las fuerzas legales o sociales. A veces los demonios seguían presentándose en forma de racismo o de discriminación descarada. A veces adoptaban el aspecto más suave de la ignorancia o de los prejuicios desconsiderados. Pero últimamente había también un nuevo culpable: la inseguridad que sufrían los negros al intentar cambiar los códigos y entender el lenguaje y las costumbres de una vida integrada.

Katherine sabía que la actitud de los racistas más recalcitrantes escapaba a su control. Frente a la ignorancia, ella y otras como ella aplicaban una ofensiva encantadora día sí, día también: se vestían impecablemente, hablaban bien, se mostraban patrióticas y honestas, eran sinécdoques raciales, conscientes de que las interacciones que los individuos negros realizaran con los blancos podrían tener consecuencias para toda la comunidad negra. Pero las inseguridades, los demonios más insidiosos y testarudos de todos, eran solo suyas. Se movían en las sombras del miedo y de la desconfianza, y operaban según su voluntad. Esas inseguridades podían hacerle creer que un ingeniero era un machista arrogante y un racista si ella se lo permitía. Le hacían dudar de sí misma y dejar pasar la oportunidad que el doctor Claytor había preparado para ella.

Pero Katherine Goble había sido educada no solo para exigir un tratamiento justo para ella, sino para ofrecérselo también a los demás. Tenía elección: o decidía que era su presencia la que había provocado que el ingeniero se marchara, o decidía que el hombre simplemente había terminado su trabajo y se había ido. Al fin y al cabo, Katherine era hija de su padre. Encerró a los demonios en un lugar donde no pudieran hacerle daño, después abrió su bolsa marrón y disfrutó de la comida sentada a su nueva mesa, pensando en la buena suerte que había tenido.

A las dos semanas, el propósito inicial del ingeniero que se había alejado de ella, fuera cual fuera, era ya irrelevante. El hombre descubrió que su nueva compañera de trabajo procedía también de Virginia Occidental y ambos se hicieron amigos. Virginia Occidental siempre ocupó un lugar en el corazón de Katherine, pero su destino estaba en Virginia.

CAPÍTULO 13

Turbulencias

A los seis meses y subiendo, el encargo temporal de Katherine Goble en la División de Investigación de Vuelo empezaba a parecer terriblemente permanente. De modo que, a principios de 1954, Dorothy Vaughan se acercó al Edificio 1244 para hablar con Henry Pearson, el director de la sección que había «tomado prestada» a su computista y se había olvidado de devolverla.

La oferta de Katherine para empezar a trabajar en Langley en 1953 había ido unida a un periodo de prueba de seis meses. Si lo superaba con éxito, podría ser candidata a pasar del nivel SP-3 al SP-5, con el aumento de sueldo consiguiente. Aunque Katherine había pasado solo dos semanas en la oficina de Computación del oeste, seguía siendo responsabilidad de Dorothy. Katherine podía pasar a ser miembro permanente de Computación del oeste, como el resto de mujeres bajo la responsabilidad de Dorothy, disponible para rotar por otros grupos para encargos temporales. O Henry Pearson podía hacerle una oferta para unirse a su grupo de manera oficial, como hiciera Kazimierz Czarnecki con Mary Jackson. Pero, de un modo u otro, Dorothy

Vaughan y Henry Pearson tenían que resolver la situación de Katherine Goble.

«O le das un aumento o me la devuelves», le dijo Dorothy a Henry Pearson en su despacho del Edificio 1244. Pearson, ingeniero de Langley de la vieja escuela, se había graduado por la Politécnica Worcester de Massachusetts y había empezado a trabajar en el laboratorio en 1930. Jugaba bien al golf, llevaba gafas de carey, era el epítome del hombre blanco protestante de Nueva Inglaterra. A Pearson no le entusiasmaba tener mujeres en el lugar de trabajo. Su mujer no trabajaba; corría el rumor de que la señora de Henry Pearson tenía prohibido trabajar por orden de su marido.

Como jefe de sección ligado a la División de Investigación de Vuelo, Henry Pearson estaba un escalón por encima de Dorothy en la jerarquía directiva de Langley. Para cuando Dorothy llegó al laboratorio en 1943, Pearson ya había sido jefe adjunto de división durante muchos años. Intrépida como era, Dorothy se habría acercado a hablar con Henry Pearson incluso sin ser directora, pero el título oficial de directora de sección le daba autoridad adicional. La colocaba al mismo nivel que las demás mujeres supervisoras y, al menos en teoría, que los hombres del mismo rango, además de ofrecerle cierto grado de visibilidad. Cuando el fabricante de máquinas de cálculo Monroe le pidió ayuda a Langley para producir un manual sobre cómo calcular ecuaciones algebraicas con sus máquinas, Dorothy participó como consultora y trabajó en equipo junto a otras mujeres muy respetadas de Langley, incluidas Vera Huckel, de la sección de Vibración, y Helen Willey, del complejo de Dinámica de Gases.

La reunión entre Dorothy Vaughan y Henry Pearson terminó como ambos sabían que terminaría, con Pearson ofreciéndole a Katherine Goble un puesto permanente en su grupo, la Sección de Cargas de Maniobra, con una correspondiente subida de sueldo. La insistencia de Dorothy también tuvo un efecto colateral: una de las computistas blancas de la sección, que se encontraba en la misma posición incierta que Katherine, había acudido a Pearson para pedirle un aumento. Él había hecho oídos sordos a la petición de la mujer. Las reglas son las reglas, le recordó Dorothy a Henry Pearson. Y utilizó su influencia para conseguirles aumentos tanto a Katherine como a su compañera blanca.

El hecho fue que los ingenieros que trabajaban para Henry Pearson se dieron cuenta cuando Katherine Goble ocupó su puesto en el 1244 de que la nueva computista era una joya, y no tenían intención de dejarla marchar. La familiaridad de Katherine con las matemáticas avanzadas la convertía en una incorporación muy versátil dentro del grupo. Su biblioteca de libros de texto de postgrado ocupaba su escritorio junto a la máquina de calcular, por si acaso necesitaba buscar referencias.

La División de Investigación de Vuelo era la guarida de un grupo de ingenieros listos, agresivos, enérgicos e independientes. Junto a sus camaradas de la División de Investigación de Aeronaves no Pilotadas (PARD), grupo especializado en la aerodinámica de cohetes y misiles, pasaban el tiempo no en los confines de los túneles de viento, sino en compañía de proyectiles reales y temperamentales, que escupían fuego y destrozaban los oídos. El director de la División de Investigación de Vuelo, un «ciclón humano de pelo corto y negro y cara de cuero» llamado Melvin Gough, piloto de pruebas de Langley, había decidido al comienzo de su carrera tomar las riendas de su vida y formarse como piloto de pruebas para mejorar la calidad de sus informes de investigación. La testosterona se mezclaba en el hangar con los gases de los motores. No era el tipo de sitio que mostrara una paciencia especial con alguien, hombre o mujer, que tardara demasiado en aprender. Una chica tímida no llegaría muy lejos en la División de Investigación de Vuelo.

Por suerte, la confianza que tenía Katherine Goble en sus habilidades matemáticas, y su curiosidad innata, la impulsaron a acribillar a preguntas a los ingenieros, igual que hacía de niña con sus padres y sus profesores. Ellos resolvían sus dudas con gusto: se pasaban casi toda la vida hablando de volar y nunca se les agotaba la paciencia con ese tema.

La Sección de Cargas de Maniobra investigaba las fuerzas ejercidas sobre un avión cuando abandonaba el vuelo regular y estable o cuando intentaba regresar al vuelo regular y estable. Su sección hermana, Estabilidad y Control, desarrollaba los sistemas que permitirían al avión volar con suavidad en condiciones de aire irregulares. Los vehículos de la zona experimental más extrema del espectro aeronáutico eran los que aceleraban el corazón de cualquier ingeniero aeronáutico romántico —aviones supersónicos, aviones hipersónicos, aviones capaces de rozar los límites del espacio—, pero la revolución en el transporte promovida en gran parte por ingenieros de Langley como Henry Pearson había creado una demanda de investigación en vehículos diseñados para fines más cotidianos. Una de las tareas de la Sección de Cargas de Maniobra era examinar los problemas de seguridad provocados por un cielo cada vez más abarrotado.

Uno de los primeros encargos que aterrizaron sobre la mesa de Katherine tenía que ver con llegar al fondo de un accidente relacionado con un pequeño avión de hélices Piper. El avión, que por lo demás volaba de manera normal, cayó del cielo sin previo aviso y se estrelló contra el suelo. El NACA recibió la caja negra del avión y los ingenieros asignaron a Katherine para analizar el registro fotográfico de las señales vitales del avión, primer paso en la búsqueda de respuestas sobre lo que podía haberle sucedido al avión. Durante horas y horas, día tras día, se quedaba sentada en una habitación oscura mirando a través del lector de películas, anotando la velocidad del aire, la aceleración, la altitud y otros datos del vuelo que se medían en intervalos de tiempo regulares a lo largo del vuelo. Los ingenieros especificaron que se realizara cualquier conversión sobre los datos sin procesar —convirtiendo, por ejemplo, kilómetros por hora en metros por segundo— y le suministraron a Katherine ecuaciones que debía emplear para analizar los datos convertidos. Como último paso, Katherine realizó un gráfico con los datos para dar a los ingenieros una imagen visual del vuelo accidentado del avión.

Después, los ingenieros realizaron un experimento para recrear las circunstancias del accidente, haciendo volar un avión de pruebas detrás de un avión más grande. Los datos de ese experimento también acabaron en la mesa de Katherine Goble: horas, días, semanas y meses interminables haciendo lo mismo. Era el típico trabajo de computación monótono y agotador para los ojos, y a Katherine le encantó.

Cuando los ingenieros analizaron los datos reducidos de Katherine, quedaron fascinados al darse cuenta de que estaban descubriendo algo que hasta entonces no habían visto. Resultó que el avión Piper había atravesado perpendicularmente la trayectoria de un avión a reacción que acababa de pasar por la zona. La alteración provocada en el aire por el vuelo de un avión podía durar hasta media hora después del paso del aparato. El vórtice de estela del avión mayor había actuado como un obstáculo invisible: al cruzar la corriente de aire que había dejado atrás el avión a reacción, el pequeño avión de hélices caía en pleno vuelo y se precipitaba contra el suelo. Esa investigación, y otras parecidas, dieron lugar a cambios en la regulación del tráfico aéreo, que estipuló unas distancias mínimas entre las trayectorias de vuelo para prevenir ese tipo de accidentes producidos por las turbulencias de las estelas.

Cuando Katherine Goble leyó el informe, le resultó «una de las cosas más interesantes que había leído jamás», y sintió una gran satisfacción por haber participado en algo que tendría un resultado positivo en el mundo real. No podía contener su entusiasmo por el trabajo, incluso por las partes que otros consideraban soporíferas. No se creía su buena suerte, le pagaban por dedicarse a las matemáticas, algo que le salía de forma natural.

Además le caían muy bien sus nuevos compañeros. El ingeniero de Virginia Occidental que había conocido en su primer día de trabajo tocaba el oboe en una sinfonía de la localidad. Los miembros del club de los cerebritos se reunían después del trabajo y los fines de semana para construir elaboradas maquetas de aviones a mano. Muchos de los hombres y mujeres de Langley jugaban en equipos de *softball* y baloncesto y participaban en ligas amateurs de la zona. Las Skychicks [las chicas del aire] de Langley competían contra el equipo de la compañía eléctrica, las Kilowatt Cuties [monadas con kilovatios]; con el tiempo, los empleados negros también se unieron a los equipos. Y luego estaban las partidas de *bridge* durante la comida. El juego requería unas capacidades analíticas e intuitivas que lo convertían en el favorito entre los ingenieros, que pasaban muchas horas compitiendo. Eran un grupo enérgico y terco, pero, para Katherine, lo mejor de todo era que eran listos. No había nada que a Katherine Goble le gustara más que la inteligencia.

Desde el principio, Katherine se sintió muy a gusto en Langley. No había nada en la cultura del laboratorio o en su nueva oficina que le inquietara, ni siquiera la persistente segregación racial. De hecho, al principio ni siquiera se dio cuenta de que los baños estaban segregados. No todos los edificios tenían un baño de color, hecho que Mary Jackson había descubierto dolorosamente durante su colaboración en la zona este. Aunque los baños para empleados negros estaban claramente marcados, la mayoría de ellos —los destinados implícitamente para empleados blancos— no lo estaban. Que Katherine supiera, no había razón para no poder utilizarlos ella también. Tardaría aún dos años en enfrentarse al lío de los baños separados. Para entonces, simplemente se negó a cambiar de costumbres, se negó incluso a entrar en los baños de color. Y eso fue todo. Nadie volvió a decirle nada al respecto.

También tomó la decisión de llevarse la fiambrera y comer en su mesa, algo que hacían muchos de los empleados. ¿Por qué iba a invertir dinero extra en comer? Además era más conveniente; la cafetería estaba lo suficientemente lejos de su edificio como para tener que conducir, y ¿quién quería hacer eso? Y además era más saludable, teniendo en cuenta la tentación de los helados que vendían de postre en la cafetería. Por supuesto, para Katherine Goble, comer en su mesa también tenía el beneficio de expulsar de su rutina diaria la cafetería segregada, otro recordatorio del sistema de castas que habría restringido sus movimientos y sus pensamientos. Esas normas anacrónicas eran las moscas en la sopa de Langley. Así que simplemente decidió ignorarlas, dispuesta a crear un entorno laboral que se ajustara al sentido que tenía de sí misma y de su lugar en el mundo.

A medida que pasaban los meses, Katherine empezó a sentirse cada vez más cómoda en la oficina, como si siempre hubiera estado allí. Erma Tynes, la otra computista negra que había sido asignada junto a Katherine, seguía las normas «al dedillo»: llegaba a su mesa y se ponía a trabajar a las 7:59:59, y apenas despegaba los ojos de su tarea hasta que finalizaba la jornada a las 4:30. Katherine, por su parte, como los ingenieros a su alrededor, adquirió la costumbre de leer periódicos y revistas durante los primeros minutos del día. Ojeaba *Aviation Week*, intentando unir los puntos entre los últimos avances de la industria y el torrente de números que pasaban por su máquina de cálculo.

La seguridad que Katherine tenía en sí misma y la vivacidad de su intelecto eran irresistibles para los chicos de la División de Investigación de Vuelo. No había nada que les gustara más que la inteligencia, y se daban cuenta de que Katherine Goble tenía de eso en abundancia. Sobre todo compartían su euforia por el trabajo. A ellos les encantaba su trabajo y veían su propia absorción reflejada en las preguntas de Katherine y su interés, que iba más allá de procesar números.

Con su piel clara y su acento dulce de Virginia Occidental, Katherine podía haber ocupado un terreno racial intermedio, lo que facilitaba su aceptación. Ni siquiera algunos de los empleados negros podían asegurar si era negra cuando la conocían. En una ocasión, cuando su madre había ido a visitarla desde Virginia Occidental, había tenido que llevarla al hospital. Tras una espera inusualmente larga, un médico tuvo que intervenir para conseguirle a su madre una habitación: en la recepción iban despacio porque no sabían si debía tener una compañera de habitación negra o blanca. Una vez, al jefe de Katherine, Al Schy, le preguntaron si en su grupo había matemáticos negros. Incluso con Katherine sentada cerca, había tenido que pensar antes de responder con un sí. Para sus compañeros era simplemente «Katherine».

Por varias razones, concretas e indescriptibles, Katherine Goble tenía algo que le hacía sentir igual de cómoda en la oficina del 1244 que en el coro de la Iglesia Presbiteriana de Carver. No cerraba los ojos ante el racismo existente; sabía como cualquier otra persona negra las cargas que tenían que soportar por su color de piel, pero no lo sentía de la misma forma. Deseaba que desapareciera, quería que no existiera en su vida diaria. Había tardado mucho en llegar a la División de Investigación de Vuelo de Langley, pero sabía con una certeza cercana al cien por cien que había llegado al destino correcto.

«Quiero sacar de aquí a nuestras hijas», le dijo Jimmy Goble a Katherine después de dos años en Newport News.

Mudarse a Newport News había permitido que Katherine y su familia se adaptaran con rapidez a la vida en Hampton Roads. El vecindario, con sus vínculos con el astillero y con

Langley, con unos residentes que estaban conectados prácticamente con todos los aspectos de la comunidad negra de la región, les había proporcionado a su familia y a ella una comunidad ya organizada. Desafiando a los titulares de los periódicos, Newsome Park había conseguido perseverar frente al fantasma siempre presente de la demolición: con el recrudecimiento de las tensiones militares en Corea en 1950, la Agencia Federal de Vivienda había vuelto a decidir que Newsome Park y los demás proyectos urbanísticos similares eran necesarios para el esfuerzo defensivo del país. Los residentes del vecindario respiraron aliviados.

Más que los conflictos internacionales del paralelo 38, que separaba a Corea del Norte, aliada de los rusos, de Corea del Sur, cercana a Estados Unidos, lo que salvó de la quema a Newsome Park fue la ley de la oferta y la demanda local. Años después del final de la guerra, la escasez de viviendas adecuadas para los residentes negros de la zona seguía siendo una realidad. Si el gobierno decidía demoler Newsome Park, los residentes no tendrían ningún lugar al que ir.

Pero el número de casas en los barrios más pequeños había seguido creciendo, llamando la atención de familias que ascendían socialmente y que, igual que sus homólogos blancos, creían que el éxito de la postguerra incluía la posesión de una vivienda. Gayle Street, una calle sin salida cercana a la sección Buckroe del pueblo, era un nuevo y atractivo vecindario donde «Rolliza» Peddrew y su marido se compraron una casa. Aberdeen Gardens, la inmensa urbanización construida sobre los terrenos otrora propiedad del Instituto Hampton, era otro destino deseable; sus calles anchas con medianas de césped y el bosque circundante atraían a muchas familias de militares retirados o en activo.

Katherine y Jimmy decidieron comprarse una parcela en Mimosa Crescent, el vecindario de Hampton de la era de la Segunda Guerra Mundial construido para familias de clase media. Los constructores de la subdivisión habían sorteado todos los obstáculos que la Administración Federal de Vivienda les había puesto por el camino, garantizando la estabilidad de los dueños de las casas e incluso introduciendo cláusulas restrictivas para que a los compradores no les negaran los préstamos bancarios federales, como era el caso de casi todos los vecindarios negros del país. Thomas Villa, una urbanización de Hampton que no podía conseguir financiación de los bancos locales, enviaba a sus compradores a la mutua aseguradora de Carolina del Norte, en esa época el negocio negro más grande de Estados Unidos, para pedir préstamos para la vivienda.

En 1946, Mimosa Crescent había pasado de tener veintidós parcelas a tener cincuenta y una, y a lo largo de los diez años siguientes fue atrayendo a familias que llenaban los terrenos vacíos con casas de ladrillo de tres y cuatro dormitorios. ¡Qué emoción, no solo imaginar la casa soñada, sino poder decidir el color de los azulejos del baño, la madera de los armarios de la cocina, el tamaño de la tarima del salón! Joylette, siendo la hija mayor, incluso podría tener su propia habitación, el tipo de lujo que la mayoría de las chicas —de cualquier color de piel— solo veían en las películas o en las páginas de alguna novela de misterio de Nancy Drew. Los orgullosos residentes de la urbanización sembraban sus jardines y plantaban árboles para tener sombra, celebraban fiestas y reuniones del club en sus fincas. La familia Goble pronto se uniría a ellos.

Era el plan perfecto… hasta que a lo largo de 1955 Jimmy comenzó a encontrarse mal, primero con dolores de cabeza que iban a peor, después debilidad. Pero, al contrario que las fiebres que le habían afectado hacía más de una década, no mejoraba. Los médicos tardaron meses en diagnosticar su enfermedad. Finalmente descubrieron un tumor situado en la base del cráneo y determinaron que era inoperable. Tuvo que guardar reposo y al final estaba tan débil que se vio obligado a darse de baja indefinidamente en su trabajo en el astillero. Su salud fue deteriorándose lenta pero inexorablemente durante más de un año, gran parte del cual lo pasó en el hospital. Katherine y sus hijas iban a visitarlo siempre que podían y rezaban por el hombre más importante de sus vidas.

James Francis Goble murió un jueves, solo cinco días antes de Navidad de 1956. Tres días después, la Iglesia Presbiteriana de Carver guardó luto, la comunidad ofreció sus condolencias y su apoyo a la joven viuda y a sus tres hijas adolescentes. Joylette, Kathy y Connie nunca volverían a experimentar la alegría de las fiestas sin revivir el dolor producido por la muerte de su padre. Los padres de Jimmy y los de Katherine se quedaron en el pueblo hasta después de fin de año. Los suegros de Katherine y sus familias, en particular los Epps y los Kane, que vivían en Newport News, compartieron el peso del dolor. Los hermanos de la fraternidad Alfa Pi Alfa de Jimmy y las hermanas de Alfa Kappa Alfa de Katherine cuidaban de ellas, les llevaban comida, les hacían recados y se encargaban de las necesidades del día a día, algo de lo que Katherine no podía hacerse cargo tras una pérdida tan profunda.

Las hijas de los Goble adoraban a su padre tanto como Katherine. La pérdida del cariño y la sonrisa de Jimmy, la inestabilidad producida por la abrupta y prematura separación de sus padres volvió su mundo del revés y las obligó a cambiar la comodidad de la infancia por la dura realidad de la vida adulta.

Pero Katherine no cedería ante la pérdida y el caos. Le había prometido solemnemente a su marido que haría todo lo que estuviese en su poder para mantener a sus preciosas hijas en el camino que habían marcado para ellas desde el comienzo de sus vidas. Katherine se concedió a sí misma y a sus hijas hasta final de año para entregarse a la desolación más absoluta. El primer día de colegio en enero de 1957, después de las vacaciones de Navidad, acompañó a las niñas a una reunión con el director. «Es muy importante que no les dé a las chicas ningún tratamiento especial ni sea flojo con ellas en ningún sentido», le dijo Katherine al director. «Van a ir a la universidad y han de estar preparadas». Con sus hijas estableció las nuevas normas de una casa dirigida por una madre soltera: «Tendrán mi ropa planchada y lista por la mañana, y la cena preparada cuando llegue a casa», les ordenó. Katherine era ahora el padre y la madre, el amor y la disciplina, la zanahoria y el palo, y la única que aportaba dinero a la familia.

Katherine y Jimmy tenían grandes proyectos para sus hijas. Las hermanas Goble destacaban en la escuela y se tomaban muy en serio sus clases de piano y violín. Eran bondadosas, extrovertidas y respetuosas, y siempre estaban a la altura de los estándares que sus padres habían marcado para ellas. En sus hijas, Katherine veía el legado de sus padres y de los padres de Jimmy, y de todas las generaciones pasadas, que transmitían su energía y sus recursos para elevar a su progenie hacia el sueño americano, hacia una vida que superase a la suya en riqueza material y emocional y les diese acceso a los beneficios de la democracia, tan largamente añorados. Todo dependía de la capacidad de Katherine para mantener unida a su familia; no podía derrumbarse. O quizá no quería. Katherine Goble siempre había poseído cierta solemnidad, una compostura insólita que le hacía enseñarle los números romanos al hermano del presidente o conversar en francés con las aristócratas que estaban de visita. Parecía asimilar las oscilaciones puntuales de la vida sin dejarse desplazar por ellas, como si fuera una mera espectadora que supiera que el esfuerzo y el júbilo eran tan solo parte de un plan mucho más largo.

Sin duda, gran parte del equilibrio de Katherine le venía de su padre, Joshua. La tradición familiar decía que él poseía habilidades y un sexto sentido inexplicable, que sus manos ágiles podían curar aflicciones tanto en humanos como en animales. Incluso después de irse a trabajar al Greenbrier, los vecinos, negros y blancos, iban a visitarlo para que examinara a sus caballos enfermos. Años más tarde, las nietas de Joshua Coleman recordarían a su abuelo decir que, desde su primer encuentro, había tenido la premonición de que Jimmy Goble no tendría una vida larga. Tal vez Katherine, poseedora de parte de la intuición y de la visión de su padre, sacara fuerzas sabiendo que la muerte prematura de su marido formaba parte de un plan superior, por doloroso que fuera.

O quizá fuese el dicho pragmático de su padre —«Ustedes no son mejores que nadie y nadie es mejor que ustedes»— el que le hacía ver las adversidades de la vida como un destino que todos compartían, y su buena suerte como una bendición que no se había ganado. Con las palabras de su padre como salvavidas, Katherine Goble observaba las manifestaciones de la segregación en Langley, condenaba la injusticia que representaban, pero no sentía su peso en sus propios hombros. Una vez que cruzó el umbral del Edificio 1244, entró en un mundo de iguales y se negó a comportarse de manera que pudiera contradecir esa creencia.

Era una parte de su naturaleza que a algunos de los otros empleados negros de Langley les parecía misteriosa, incluso molesta. ¿Cómo podía ignorar el racismo en el lugar de trabajo, por pasivo que fuera, cuando su entrada en el laboratorio se había producido en circunstancias segregadas? La comodidad de Katherine Goble con los hombres blancos con los que trabajaba le permitía ser ella misma, sin máscaras. Cuando el Tribunal Supremo anunció el veredicto del caso *Brown contra la Junta Educativa*, que ponía fin a la segregación legalizada en las escuelas en 1954, los ingenieros y ella tuvieron una larga conversación al respecto, hablando del asunto directamente en vez de evitarlo como un conductor cuando gira el volante para evitar chocar contra un árbol caído en mitad de la carretera. («Decidimos que todos lo apoyábamos», recordaba ella). Quizá lo que le facilitó el camino del éxito definitivo no fue solo su deseo de ser tratada igual que el resto de los ingenieros con los que trabajaba, sino también su voluntad de tratarlos a ellos como iguales, reconocer su intelecto y su curiosidad, admitir que aportaban a la relación profesional el mismo sentido de la justicia, el mismo respeto y la misma buena voluntad que ella.

La muerte de Jimmy Goble dividió la vida de Katherine en dos partes. Habían caminado de la mano durante los estudios y el matrimonio, durante el nacimiento de sus hijas y el traslado a Newport News. Ahora, a los treinta y ocho años, ella era viuda y madre, pero también una profesional que comenzaba a cumplir el sueño de su vida. Jimmy no estaría a su lado para ver cómo se hacía realidad, pero con amor, apoyo y fe en su talento, él la había acompañado hasta la puerta y ella llevaría consigo su espíritu y sus recuerdos. Y así, la muerte de Jimmy Goble a finales de 1956 no fue tanto un final como un entreacto. Todo lo que había sucedido antes conectaría con todo lo que quedaba por llegar. En enero de 1957, las hijas de Katherine volvieron al colegio y ella volvió a trabajar: el segundo acto de su vida estaba a punto de comenzar.

CAPÍTULO 14

Ángulo de ataque

En los años cincuenta, Dorothy Vaughan también esperaba un momento de cambio, imaginaba una época en la que ella y las demás computistas con falda se verían obligadas a ceder el terreno a las computadoras inanimadas que estaban redefiniendo la frontera tecnológica. Tanto como cualquier otra profesión, la ingeniería aeronáutica representaba el progreso incansable y tecnológico que caracterizaba al que ya había sido bautizado como Siglo Americano. Los motores a reacción estaban remplazando a las hélices. La culminación del Mach 1 alimentaba las ganas de alcanzar el Mach 2. Lo supersónico se convirtió en hipersónico. La curiosidad no quedaría saciada hasta que los pájaros mecánicos que tanto abundaban ya por el mundo hubieran evolucionado para volar hasta los límites de la atmósfera.

Con la complejidad que acompañaba al avance imparable de la investigación aeronáutica llegó también la necesidad de una nueva máquina. En 1947, el laboratorio compró una «calculadora electrónica» a Bell Telephone Laboratories, una inversión para la investigación en el vuelo transónico. El vuelo a velocidades transónicas suponía un problema particularmente complicado, debido a los vientos subsónicos y supersónicos que pasaban por el avión o por la maqueta simultáneamente. Las ecuaciones aerodinámicas que describían los flujos de aire transónicos podían contener hasta treinta y cinco variables. Como cada punto del flujo de aire dependía de los demás, un error cometido en una parte de la serie provocaría un error en todas las demás. Calcular la distribución de presión sobre un alerón en particular a velocidad transónica podía llevar fácilmente un mes incluso para el más experimentado de los matemáticos. La calculadora Bell lograba hacer eso mismo en unas pocas horas.

Nadie confundiría a las mujeres que utilizaban calculadoras mecánicas para procesar los datos de la investigación con los aparatos electrónicos del tamaño de una habitación que realizaban la misma función. Langley colocó a una antigua computista del este llamada Sara Bullock al mando de un grupo dedicado a utilizar el enorme bloque metálico de color gris para resolver las ecuaciones de los ingenieros. La máquina de Bell ya se consideraba superior a la pionera computadora ENIAC de la Universidad de Pensilvania, utilizaba cintas de papel perforadas como entrada y avanzaba a una velocidad de dos segundos por operación. El edificio entero vibraba cuando estaba en funcionamiento, pero generaba respuestas dieciséis veces más rápido que las computistas, con el beneficio añadido de que, cuando las mujeres se iban a su casa, la máquina Bell podía quedarse funcionando toda la noche.

A mediados de los años cincuenta, el centro compró sus primeras computadoras IBM: una IBM 604 y después una IBM 650. Destinadas originalmente al departamento de finanzas del laboratorio, los investigadores emprendedores pronto se apropiaron de las máquinas para sus propios fines. Uno de los usos era calcular la trayectoria —el camino de vuelo detallado— de un avión «cohete» llamado X-15, un vehículo experimental diseñado para volar lo suficientemente alto y deprisa como para abandonar la atmósfera terrestre y llegar al umbral de lo que se consideraba «espacio».

Las primeras máquinas de procesamiento de datos no eran ejemplos de fiabilidad. Cometían errores, y los ingenieros —o más bien las computistas que trabajaban para ellos— tenían que vigilar de cerca los resultados de las máquinas. «¡Eso no está bien!», «¡Vamos a hacerlo otra vez!», solían decir los operadores de las máquinas, igual que le había dicho John Becker a Mary Jackson. Pero, incluso con errores, las máquinas procesaban los flujos transónicos, supersónicos e hipersónicos y los análisis de trayectoria de una manera que superaba los límites de la capacidad humana. En los años cincuenta, casi todos los datos de las pruebas de Langley seguían procesándose a mano; las operaciones de investigación del NACA habían evolucionado con el trabajo de las mujeres como motor. Las computadoras electrónicas eran joyas escasas, su precio superaba el millón de dólares y solo podían permitírselas algunas grandes universidades de investigación e instituciones gubernamentales. Y, pese a toda su velocidad, las computadoras solo podían procesar una tarea a la vez. Los aparatos resoplaban sin descanso, pero la competencia por el uso del tiempo de las máquinas era feroz.

Sin embargo, los más cortos de miras fueron los únicos en no darse cuenta de que las computadoras electrónicas habían llegado para quedarse. Las máquinas electrónicas de procesamiento de datos aportaban al proceso de investigación un poder y una eficiencia de otro modo inalcanzables. No había razón para pensar que no continuarían apropiándose de otras tareas que por el momento se completaban a mano. La evolución tenía lugar en el progreso científico igual que en la naturaleza: se transmitía un rasgo positivo, después proliferaba; las características obsoletas iban desapareciendo y la tecnología y la organización evolucionaban hacia algo nuevo. La investigación sobre hélices, por ejemplo, había sido una de las líneas de investigación más importantes de Langley desde su comienzo antes de la guerra. Llegado 1951, el túnel de investigación de hélices se declaró obsoleto y fue demolido, y los ingenieros que trabajaban en él tuvieron que buscarse una nueva especialidad o retirarse.

La seguridad laboral de las mujeres matemáticas no se vio amenazada por las máquinas de inmediato, pero Dorothy Vaughan se dio cuenta de que dominar la máquina sería decisivo para mantener la estabilidad en el trabajo a largo plazo. Cuando Langley financió una serie de cursos de computación programados para después del trabajo y los fines de semana, Dorothy no tardó en apuntarse. Alentó a las mujeres de su grupo a hacer lo mismo.

«La integración llegará», les dijo a sus empleadas. Las barreras de color eran cada vez más difusas y gracias a eso podría aspirar a los puestos deseables que sin duda ofrecerían a personas expertas en el manejo de computadoras electrónicas. Para seguir avanzando, tenían que aprovecharse de la oportunidad para ser lo más valiosas posible dentro del laboratorio.

El progreso científico en el siglo XX había sido relativamente lineal; el progreso social, por su parte, no siempre evolucionaba en línea recta, como demostraba el paso desde los esperanzadores años posteriores a la Guerra Civil hacia las circunstancias desesperadas de las leyes de Jim Crow. Pero, desde la Segunda Guerra Mundial, habían ido retirando ladrillo a ladrillo de los muros de la segregación. Las victorias ante el Tribunal Supremo que ofrecían educación de postgrado a los estudiantes negros, las órdenes ejecutivas que integraban el gobierno federal y el ejército, la victoria, real y simbólica, cuando los Dodgers de Brooklyn ficharon al jugador negro Jackie

Robinson, todo aquello eran nuevos peldaños subidos, nuevas esperanzas que impulsaban a los negros a redoblar sus esfuerzos para cortar la cadena entre separados e iguales de una vez por todas y para siempre.

Farmville, el pueblo que Dorothy había dejado atrás en los años cuarenta, se había convertido en los cincuenta en un microcosmos de la lucha de América por la integración en sus escuelas públicas. En los trece años transcurridos desde que abandonara el Instituto Moton, el ruinoso edificio había pasado a estar abarrotado más allá de lo razonable. En 1947, el estado construyó unos cobertizos de tela asfáltica en el jardín de la escuela (los estudiantes los llamaban «gallineros») en un intento por meter a 450 estudiantes en una escuela construida para 180. En 1951, uno de los decrépitos autobuses del colegio tuvo un accidente y murieron cinco estudiantes. Una de las víctimas era la mejor amiga de Barbara Johns, sobrina de dieciséis años del activista por los derechos civiles y natural de Farmville Vernon Johns, que en el momento del accidente era predicador en una iglesia de Montgomery, Alabama.

La pena que invadió a Barbara Johns dio paso a la rabia y después se convirtió en una sed de justicia que no podía negarse. En abril de 1951, el mismo mes en que Langley ascendió a Dorothy Vaughan a jefa de la Sección de Computación del oeste, Barbara Johns organizó a sus compañeros para hacer una huelga, implorándoles que se rebelaran contra las deplorables condiciones de la escuela; se mantuvo firme, se enfrentó a la oposición y al miedo de muchos padres y profesores. Las sobrinas y los sobrinos de Dorothy estaban entre los huelguistas. En aquel momento, ninguno de ellos habría podido prever las consecuencias del dominó que los valientes adolescentes pusieron en marcha en 1951: la campaña de Barbara Johns para asistir a una escuela con los mismos estándares que el instituto blanco de Farmville llamó la atención de los abogados de Virginia Spottswood Robinson y Oliver Hill, que después se aliaron con Thurgood Marshall, el abogado principal de la NAACP. Marshall unió la demanda de los estudiantes de Moton a otras cuatro por todo el país y las llevó ante el Tribunal Supremo de Estados Unidos con el caso *Brown contra la Junta Educativa*, la emblemática decisión de 1954 que prohibió la segregación en todas las escuelas públicas de Estados Unidos. Los estadounidenses negros lanzaron un grito de júbilo y aquella resolución proporcionó impulso y esperanza a la resistencia civil local y a movimientos sociales por todo el país. «No están dispuestos a esperar: los líderes de la NAACP quieren la integración "¡Ya!"», declaraba un titular del *Norfolk Journal and Guide*.

Esperar era precisamente lo que tenían en mente los líderes políticos de Virginia, empezando por el senador Harry Byrd. «Si podemos organizar a los estados del sur para realizar resistencias masivas, creo que, con el tiempo, el resto del país se dará cuenta de que la integración racial no se aceptará en el sur», dijo Byrd tras la sentencia del Tribunal Supremo. La resistencia de Virginia a esa resolución sería con el tiempo más intransigente y duradera que en cualquier otro estado. Cuando Dorothy y las demás computistas del oeste se apuntaron a las clases de computación en los años cincuenta, lo hicieron para acudir al Instituto Hampton. Langley ofreció en sus instalaciones una serie de conferencias sobre aeronáutica abiertas a todos. Organizó un curso de ingeniería al que acudieron algunos de los empleados negros. Había designado una clase en la base de las fuerzas aéreas, una operación en colaboración con la Universidad George Washington, a la que presumiblemente podían apuntarse todos los empleados. La cercana Facultad de William y Mary amplió sus clases a los empleados de Langley. El Instituto de Newport News organizaba clases nocturnas. Langley organizó tantos cursos en tantos lugares diferentes que a veces parecía una universidad en sí misma.

La Escuela Superior de Hampton era la sede de la filial de la Universidad de Virginia, y el más significativo de los campus de Langley. Por las noches, el único instituto superior público de la ciudad enseñaba a los empleados del laboratorio cualquier cosa, desde costura hasta diseño de maquetas, pasando por contabilidad y teoría de la mecánica. Incluso organizó una clase de americanización para ayudar a los empleados extranjeros a prepararse para el examen de ciudadanía. Casi todas las clases incluían matemáticas, ciencias e ingeniería. El programa incluía cursos como Ecuaciones Diferenciales, una parte esencial del plan de estudios de ingeniería, y matemáticas avanzadas, como Teoría de las Ecuaciones.

Pero la escuela superior estaba fuera del alcance de los chicos negros de la ciudad, que seguían yéndose al Instituto Phenix, el *alma mater* de Mary Jackson. En 1953, un abogado negro llamado William Davis Butts se había presentado ante la junta Educativa de Hampton para denunciar «el gimnasio y la biblioteca inadecuados» de Phenix y para exigir que la ciudad «pusiera fin al "sistema dual antidemocrático y caro"». La junta, que discrepaba de la ley de segregación estatal, declaró su petición improcedente. Mientras las escuelas de Hampton seguían segregadas para sus alumnos, el programa ampliado de la Universidad de Virginia rechazaba a los empleados de Langley que fuesen negros. Más de una década después de que las primeras computistas del oeste fueran al Instituto Hampton para recibir clases de ingeniería, ciencia y matemáticas durante la guerra, los profesionales negros de Langley seguían confiando en el prestigioso centro para la formación y el progreso laboral.

A lo largo y ancho del país se debatía sobre la calidad de sus escuelas, preocupados por saber si los estudiantes estadounidenses estaban a la altura de los soviéticos en cuestiones de matemáticas y ciencias. La necesidad de elevar el nivel general de excelencia técnica había ido creciendo a medida que empeoraba la relación entre Estados Unidos y la Unión Soviética. Mientras que durante la Segunda Guerra Mundial la discusión se había centrado en el empleo de mujeres blancas en ingeniería y ciencia, en los años 50 el debate se había extendido a la participación de los negros en los campos técnicos también. Prácticamente todos los análisis de la situación hablaban de la cantidad de capacidad intelectual, tan necesaria, que estaba desaprovechándose debido al abandono intencionado de las escuelas negras del país.

Kaz Czarnecki no pensaba dejar pasar tanta capacidad intelectual. Solo se enteró de que Mary Jackson tenía una doble titulación en matemáticas y ciencias después de hacerle la oferta para que se uniera al grupo del túnel de presión supersónica. Aun así, sin haber repasado su currículum, algo de ella le hacía pensar que estaba cualificada y era apta para el trabajo. Él era blanco, varón, católico y del norte. Ella era una mujer negra del sur, miembro devoto de la Iglesia Metodista Episcopal Africana. Habría sido fácil que se ignorasen el uno al otro, verse desde fuera y dar por hecho que no podían tener nada en común. Pero lo que Kaz Czarnecki intuyó, y que se confirmaría con los años, fue esto: Mary Jackson tenía alma de ingeniera.

Desde el principio, Czarnecki había puesto a Mary en los controles del túnel de viento, enseñándole a encender los poderosos motores de sesenta mil caballos de potencia del túnel (el ruido de años de trabajo en el túnel acabó por dañar la audición de Mary). Le enseñó a trabajar con los mecánicos para colocar una maqueta correctamente en la zona de ensayos. Una de las pruebas requería que Mary se subiera a la pasarela del túnel de viento y midiera cómo los remaches alteraban el flujo de aire sobre una maqueta en particular. Otra prueba consistía en orientar los vientos Mach 2 del túnel hacia una serie de conos metálicos puntiagudos para descubrir el punto en el cual un flujo de aire suave sobre los conos se volvía turbulento. La investigación se aplicaría al diseño de misiles, de gran interés ya que Estados Unidos quería sacar toda la ventaja posible a la Unión Soviética en cuestiones tecnológicas y militares. El resultado del trabajo daría sus frutos en 1958, en el primer informe de Mary, coescrito con Czarnecki: «Efectos sobre el ángulo frontal y el número Mach en conos a velocidades supersónicas», publicado en septiembre de 1958.

El nuevo jefe de Mary no tardó en sugerirle que se apuntara al programa de formación de ingenieros del laboratorio; su capacidad y su pasión por el trabajo estaban más que claras. Pero, sobre todo, ahora tenía un mecenas, un mentor dispuesto a responsabilizarse de su carrera y de sus perspectivas de progreso. La mayoría de las profesionales de Langley habían pasado su tiempo en el laboratorio clasificadas como computistas. Algunas, como Dorothy Vaughan y Dorothy Hoover, llegaron como matemáticas desde el primer día; otras se ganaron esa clasificación con el tiempo. A mediados de los cincuenta, una mujer llamada Helen Willey organizó una protesta con mucho éxito para que las computistas con un título en matemáticas fueran ascendidas a matemáticas, un título que se asignaba automáticamente a los hombres con las mismas credenciales. Pese a aquel avance, casi todas las mujeres seguían trabajando a las órdenes de un ingeniero. Era el ingeniero el que determinaba qué problemas investigar, diseñaba los experimentos y definía los encargos para las matemáticas. Los ingenieros daban indicaciones a los artesanos que fabricaban las maquetas de los túneles de viento y a los técnicos y mecánicos que manipulaban las maquetas. Era el ingeniero el que se enfrentaba al pelotón de fusilamiento de la junta editorial para defender el esfuerzo colectivo que representaba un informe de investigación, y era el ingeniero el que se llevaba los elogios cuando el informe se publicaba.

La mayoría de las mejores escuelas de ingeniería del país no aceptaban a mujeres. Kitty O'Brien Joyner, la primera mujer ingeniera del laboratorio (Pearl Young, la primera profesional, era física, no ingeniera) desde que se marchara Pearl Young hasta mediados de los cincuenta, se había visto obligada a demandar a la Universidad de Virginia para entrar en la Escuela Superior de Ingeniería solo para hombres en 1939. En cuanto a las mujeres ingenieras negras, no había suficientes en todo el país como para equivocarse al contarlas. En 1952, la Universidad Howard había tenido solo dos mujeres estudiantes de ingeniería en toda su historia. Durante años, como descubriría Mary Jackson, ser ingeniera significaba ser la única persona negra, o la única mujer, o ambas cosas, en las conferencias de la industria. El respaldo de Kaz colocó a Mary en el camino de la ingeniería y básicamente le prometió un ascenso cuando hubiera realizado con éxito algunas asignaturas principales. Para Mary, las ecuaciones diferenciales fueron el primer paso. De hecho, no fue tan simple. El primer paso fue obtener permiso para entrar en la Escuela Superior de Hampton. Si Mary hubiera solicitado trabajo como conserje, se le habrían abierto todas las puertas. Como ingeniera en formación con idea de ocupar el edificio para el perverso propósito de avanzar en su educación, tenía que pedir a la ciudad de Hampton un «permiso especial» para asistir a las clases en la escuela solo para blancos.

Mary buscaba ser más útil para su país y aun así fue ella la que tuvo que acudir, sombrero en mano, a la junta de la escuela. Fue una humillación de las de apretar los dientes, cerrar los ojos y tomar aliento. Sin embargo, a Mary nunca le cupo duda de que tenía que hacerlo. No permitiría que nada, ni siquiera la política segregacionista del estado de Virginia, se pusiera en su camino hacia una carrera que se le había presentado de forma bastante inesperada. Había trabajado demasiado duro, sus padres habían trabajado demasiado duro; el amor por la educación y la creencia de que su país acabaría haciendo caso a la parte más bondadosa de su naturaleza fue uno de los grandes legados que les dejaron a sus once hijos.

La ciudad de Hampton concedió a Mary la exención. El permiso le daba acceso a las clases, aunque no hacía que estuviesen disponibles para otros. Por mucho dolor que le hubiera causado lograr el permiso, las victorias que le aguardaban hacían que mereciese la pena. Comenzó las clases en la Escuela Superior de Hampton en primavera de 1956.

Mary Jackson había pasado por el viejo edificio de la Escuela Superior de Hampton tantas veces que no llevaba la cuenta. Aquel punto de referencia local se encontraba en medio de la ciudad, no lejos de su casa. Sus compañeros de clase por la noche eran los mismos compañeros de trabajo por el día que conocía desde hacía cinco años, pero era normal que estuviese nerviosa por la idea de verlos al otro lado del umbral físico, emocional —y legal— que estaba a punto de cruzar. Sin embargo, nada podría haberla preparado para la sorpresa que le aguardaba cuando atravesó aquella puerta cerrada desde hacía tanto tiempo.

La Escuela Superior de Hampton era un edificio viejo, dilapidado y con olor a moho.

Perpleja, Mary Jackson se preguntó: ¿era aquello lo que durante todos esos años les habían negado a ella y al resto de jóvenes negros de la ciudad? Había dado por hecho que, si los blancos se habían empeñado tanto en negarle el acceso a la escuela, debía de ser una maravilla. Pero ¿aquello? ¿Por qué no combinar los recursos para construir una preciosa escuela para estudiantes negros y blancos? Por todo el sur del país, los distritos mantenían dos sistemas educativos paralelos e ineficientes, lo cual era perjudicial tanto para los blancos como para los negros más pobres. La crueldad de los prejuicios raciales iba con frecuencia acompañada de estupidez, una maraña de normas arbitrarias y distinciones que subvertían los intereses compartidos de la gente que había sido educada para verse a sí misma como irreconciliablemente diferente.

Era la clase de temas que Mary comentaba negando con la cabeza, riéndose por no llorar, con Thomas Byrdsong, un ingeniero negro que había llegado a Langley en 1952. Byrdsong había nacido en Newport News y había servido durante la Segunda

Guerra Mundial en los Marines de Montford Point, el primer grupo de hombres negros al que se le permitió unirse a aquella rama del ejército estadounidense, hasta entonces restringida. Thomas Byrdsong era otro licenciado por la Universidad de Michigan que había seguido el camino de Jim Williams hasta Langley, y cenaba frecuentemente con Mary y Levi Jackson, siempre encantado de saborear la deliciosa comida casera de Levi Jackson y disfrutar de una velada acogedora con aquella sencilla pareja. Allí hablaban del número de Reynolds, de mecánica aeronáutica y bajaban la guardia con respecto a los desafíos de sus trabajos. Estar a la cabeza de la integración no era una cosa apta para cardiacos.

Thomas Byrdsong, recién salido de la Universidad de Michigan, había pasado a trabajar a las órdenes de Gerald Rainey, un ingeniero experimentado del túnel de dinámica transónica de cinco metros llamado Gerald Rainey. Rainey explicó a Byrdsong el procedimiento para llevar a cabo su primera prueba en el túnel, y asignó a un mecánico con experiencia para que ayudara a su nuevo e inexperto ingeniero. El mecánico, un hombre blanco con muchos años al servicio del laboratorio, saboteó el experimento de Byrdsong al fijar de manera incorrecta la maqueta en la zona de pruebas del túnel. El problema, y la causa del mismo, resultó evidente para Rainey en cuanto se sentó con Byrdsong para revisar los datos de la prueba, que habían quedado contaminados por la broma de mal gusto del mecánico. Rainey reprendió al mecánico en presencia de Thomas Byrdsong. «No volverás a hacerle eso a este hombre ni a nadie, ¿entendido?», le gritó al mecánico.

Siendo hijo del sur, Thomas Byrdsong conocía demasiado bien las consecuencias que podría sufrir un hombre negro que expresaba abiertamente su rabia ante personas blancas. Se esforzaba por mantener una actitud tranquila en el trabajo, pero la rabia interiorizada tenía su precio, y comenzó a frecuentar el bar del Holiday Inn de la zona después del trabajo —uno de los pocos lugares públicos integrados de la ciudad— para darse un poco de moral en estado líquido antes de regresar a casa junto a su familia.

En general, los hombres negros de Langley —en 1955, Lawrence Brown se unió a Jim Williams y a Thomas Byrdsong— tenían más probabilidades que las mujeres de entrar en el campo minado de la raza. Sus modales impecables y su amabilidad no les garantizaban una protección total frente a las reacciones que tenían algunos de los empleados ante la presencia de hombres negros en puestos profesionales del laboratorio. Casi todos los ingenieros blancos se mostraban cordiales con los hombres negros, incluso se apresuraban a protegerlos frente a incidentes racistas, como había hecho Rainey con Byrdsong. Eran los mecánicos, los modelistas y los técnicos, muchos de ellos procedentes de pueblos racistas del sur como Poquoson, donde los negros no eran bien recibidos, los que solían hacérselo pasar mal.

Altos, de piel marrón e inconfundiblemente negros, Jim Williams y Thomas Byrdsong no podían pasar desapercibidos en los baños para blancos. Sin embargo, igual que hiciera Katherine Goble, encontraron la manera de dejar a un lado las instalaciones segregadas. Todos los días a la hora de comer se acercaban al restaurante regentado por un hombre negro que había a la entrada de la base de las fuerzas aéreas para relajarse y comer comida casera, evitando así tanto la cafetería como el baño para hombres de color de Langley.

Los acontecimientos de los años posteriores pondrían a prueba a Estados Unidos en muchos aspectos: en los campos de batalla secretos de países lejanos, en las aulas y en las cabinas de voto del sur, en los salones del Congreso y en las calles de Washington, D.C. La competencia entre Estados Unidos y la Unión Soviética por el control del cielo y de la tierra estaba a punto de intensificarse de manera que desafiaría hasta el límite el intelecto de todos y cada uno de los cerebritos en nómina del NACA. Cada altercado hacía que los estadounidenses de cualquier origen se preguntaran «¿Por qué luchamos?». Los estadounidenses negros lo sabían y respondían como habían hecho siempre que su país los llamaba: por la democracia dentro y fuera de casa. Así que volvieron a tomar las armas: en los campos de batalla, en las aulas y en las cabinas de voto, en la capital de la nación y en las oficinas del Laboratorio Aeronáutico de Langley.

CAPÍTULO 15

Joven, negra y con talento

El 5 de octubre de 1957 fue la clase de día que siempre entusiasmaba a Christine Mann, estudiante de último curso de la Escuela Allen para chicas de Asheville, Carolina del Norte. Mientras el resto de compañeras de su internado se aferraban a los preciados últimos minutos de sueño, Christine abandonó la residencia y se dirigió hacia su trabajo cotidiano en la biblioteca para colocar los periódicos y las revistas que recibía diariamente la escuela. Mientras caminaba por el campus, el mundo pasó de la sombra al sol, los picos morados que vigilaban el pueblo desde lo alto iban deshaciéndose de la niebla que les confería el nombre de Great Smoky Mountains [montañas nubladas]. La luz del día revelaba el brillo de principios de otoño, el verde amarillento, las hojas amarillas, doradas y naranjas eclipsaban ya el verde oscuro del verano. El color escarlata de los arces se dejaba ver solo en algunos puntos brillantes; en cuestión de un mes, el rojo se extendería febrilmente y dominaría el paisaje.

Christine recogió los periódicos que habían dejado en el buzón y abrió la puerta de la biblioteca. Su tarea diaria de colocar los periódicos era sencilla, pero tenía una gran responsabilidad, pues significaba que el claustro le confiaba las llaves de la biblioteca. El tiempo que pasaba a solas allí, en aquel modesto edificio de ladrillo lleno de muebles de nogal y cargado con el olor de los libros antiguos, era la mejor parte de su trabajo. Cada mañana, antes de que la biblioteca se llenara de estudiantes, ella ojeaba los periódicos y leía sobre los eventos del día anterior.

Desde el comienzo del curso escolar, los periódicos de todo el país habían seguido la crisis de Little Rock, Arkansas. Nueve adolescentes negros que intentaban ingresar en la Escuela Superior Central habían convertido la capital del estado en un campo de batalla militar. Siguiendo las órdenes del gobernador, Orval Faubus, habían llamado a la Guardia Nacional de Arkansas para evitar que los estudiantes negros entraran en la escuela. Tres días más tarde, el presidente Eisenhower se impuso sobre el estado, federalizó la guardia del estado y envió a las tropas del Ejército de Estados Unidos para acompañar a los nueve estudiantes mientras atravesaban las puertas de la escuela. La crisis se desarrolló durante días, cada día con una nueva entrega, y siempre acompañada de fotos que resultaban tan difíciles de mirar como de ignorar: imágenes de estudiantes negros de la edad de Christine, con los brazos cargados de libros, luchando por mantener la compostura mientras unos soldados los protegían de la multitud blanca que los rodeaba gritando, escupiendo y lanzando botellas. Y todo por querer acceder a aquello que la Escuela Superior Central y todas las escuelas para blancos del sur les habían negado a estudiantes negros como ella. Christine se permitió ponerse en su lugar por un momento, preguntándose cómo se enfrentaría ella a los insultos, a las botellas y a la humillación. Era un alivio terminar de leer el artículo y encontrarse de nuevo en el santuario de la biblioteca de Allen.

Mientras Christine leía los artículos sobre Little Rock, el resto del país y del mundo hacía lo mismo. En Europa, y en las capitales de Asia y África, la gente devoraba todos los detalles sobre la crisis de Little Rock. Las fotos de los estudiantes negros amenazados con violencia por querer estudiar, junto con detalles sobre linchamientos, subyugaciones y demás injusticias procedentes del sur, socavaban la posición de Estados Unidos en el escenario mundial de postguerra para buscar aliados. Daba igual lo mucho que lo intentaran, pese a los esfuerzos del cuerpo diplomático y la maquinaria propagandística, parecía imposible apartar los ojos del mundo de lo que estaba sucediendo en Little Rock y de las consecuencias para la legitimidad de la democracia estadounidense. Al menos hasta que las tácticas soviéticas cambiaron el tema de conversación.

«Satélite de los rojos sobre Estados Unidos», imprimió el *Daily Press* en Newport News. «Esfera localizada en 4 ocasiones cruzando Estados Unidos», decía el titular del *New York Times*. El misterioso nombre no tardó en pasar de la boca de los soviéticos a los oídos de los estadounidenses: Sputnik. Radio Moscú anunció un programa que revelaba exactamente dónde volaría el satélite sobre la Tierra, y cuándo. Christine se había quedado dormida en un mundo y se había despertado en otro. El 4 de octubre de 1957 fue la medianoche de la época de la postguerra y el final de las ingenuas esperanzas de que el conflicto que había terminado con una bomba atómica diera paso a una era de paz mundial. La mañana del 5 de octubre fue el amanecer oficial de la era espacial, el debut público de la carrera del hombre por liberarse de las ataduras de la gravedad terrestre y viajar, junto con todas sus inclinaciones beligerantes, más allá de la atmósfera terrestre.

Aquella mañana, mientras experimentaba el impacto de los primeros titulares, Christine sintió una mezcla de emociones. Miedo, desde luego: ella tenía solo tres años cuando el Superfortress B-29 dejó caer la bomba atómica sobre Japón, uniendo para siempre las palabras Hiroshima y aniquilación. Su generación y ella fueron las primeras de la historia del mundo en cumplir la mayoría de edad con la posibilidad de que la raza humana se extinguiera como consecuencia de la ingenuidad del hombre. A medida que aumentaba la hostilidad entre Estados Unidos y la Unión Soviética, la posibilidad empezó a parecer una probabilidad. Los carteles triangulares negros y amarillos proliferaban en los lugares públicos, indicando el camino hacia los refugios subterráneos en caso de radiación. Christine tuvo que realizar los simulacros de defensa civil en la escuela, escondiéndose debajo de la mesa, practicando la maniobra que los adultos decían que las protegería a ella y a sus compañeras de aquel destello delator «más brillante que el sol».

Mientras los estudiantes y los profesores esperaban que sus mesas y sótanos soportaran el poder de la explosión nuclear, los líderes del país también se preparaban para un posible ataque a lo grande. En uno de los episodios más increíbles de la Guerra Fría, en 1959, el presidente Eisenhower autorizó la construcción de un búnker secreto bajo el hotel Greenbrier, el complejo de White Sulphur Springs, Virginia Occidental, donde habían trabajado Katherine Goble, su padre, Joshua Coleman, y Howard, el marido de Dorothy Vaughan. Apodado «Proyecto Isla Griega», en caso de ataque sobre Washington, D.C., los senadores y representantes del Congreso serían evacuados de la capital del país en tren y trasladados al búnker del Greenbrier. En el búnker no había espacio ni para las esposas ni para los hijos, pero estaba aprovisionado con champán y filetes para los políticos. La lujosa fortaleza subterránea se mantuvo activa y lista para recibir a huéspedes políticos hasta que en 1992 una exclusiva del periodista del *Washington Post* Ted Gup destapó la operación.

Al principio, el presidente Eisenhower trató de desprestigiar la «pelotita voladora» de los rusos considerándola un logro insignificante, pero el pueblo estadounidense no se lo creyó. Sputnik, como declaraban algunos expertos, era nada menos que un Pearl Harbor tecnológico.

Por tercera vez en un mismo siglo, Estados Unidos se encontraba a la cola tecnológicamente hablando durante un periodo de creciente tensión internacional. En la cúspide de la Primera Guerra Mundial, el inadecuado suministro de aviones del país había dado a luz al NACA. La mediocre industria aeronáutica estadounidense de los años treinta cobró importancia por el desafío que supuso la Segunda Guerra Mundial. ¿Qué haría falta para que el país se alzara frente a aquella última amenaza? El Sputnik era la prueba, según los legisladores estadounidenses, de que la Unión Soviética tenía misiles balísticos intercontinentales, muchos de ellos, tal vez cientos, con poder para arrojar un arma atómica a las ciudades de Estados Unidos. Un nuevo término comenzó a circular por los círculos políticos, por la prensa y en las conversaciones privadas: la brecha de los misiles.

Los periódicos negros y sus lectores no tardaron en relacionar la incompetencia estadounidense en el espacio con las terribles condiciones a las que se enfrentaban muchos estudiantes negros en el sur. «Mientras nosotros formábamos movilizaciones para echar a Autherine Lucy [la mujer negra que integró la Universidad de Alabama en 1956] de un campus de Alabama, los rusos alentaban a TODOS los jóvenes a asistir a las mejores escuelas posibles», opinaba el *Chicago Defender*. Hasta que Estados Unidos no erradicara su «Misisipitis» —esa enfermedad de segregación, violencia y opresión que asolaba el país como un brote crónico de tisis—, declaraba el periódico, no merecería el estatus de líder mundial. Un editorial del *Call and Post* de Cleveland repetía ese sentimiento. «¿Quién puede decir que no fue la instauración de las leyes de Jim Crow la que privó a esta nación del científico negro que podría haber resuelto los problemas tecnológicos que han retrasado el lanzamiento de nuestro satélite?», escribió el editor del periódico, Charles H. Loeb.

Pero la segregación no logró frenar la curiosidad de Christine. Junto con el miedo que provocaba el logro de los rusos,

Christine se sentía asombrada, incluso emocionada, al ver que el cielo se abría sobre su cabeza. El mundo más allá de la Tierra siempre había sido un lugar misterioso, silencioso, oscuro y frío, el reino de la magia y de los dioses. Wernher von Braun, el antiguo ingeniero aeroespacial nazi que consiguió la amnistía de Estados Unidos tras la Segunda Guerra Mundial a cambio de ayudar al país a construir un programa de misiles dominante, era el mayor entusiasta espacial del país. Una serie de artículos con los que Von Braun contribuyó a la revista *Collier's* en 1952 —«¡El hombre pronto conquistará el espacio!»— presentaban el vuelo espacial como el siguiente paso lógico para los inquietos habitantes de la Tierra. Los televidentes estadounidenses sintonizaban religiosamente programas de ciencia ficción como *Space Patrol* y *Tales of Tomorrow*. Pero el Sputnik era cualquier cosa menos ficción, y estaba ocurriendo en el presente.

Christine también se sentía ofendida por la incursión soviética en el cielo. En lo más profundo de su ser sentía el deseo de alzarse y recoger el guante que ellos habían lanzado. Al fin y al cabo, ella era estadounidense, ¡y los rusos eran el enemigo! «No podemos dejar que nos venzan», pensaba, repitiendo los sentimientos de casi cualquier ciudadano estadounidense. Tardaría tiempo y entenderlo, pero, de algún modo, nada más enterarse del logro soviético, ella creía que aquella también era su lucha.

La Unión Soviética también creía que era la lucha de Christine. Cuatro días después de poner en órbita el Sputnik, Radio Moscú sumó una ciudad más a su programa de destinos que serían sobrevolados por su satélite: Little Rock, Arkansas.

Tres años atrás, antes de que los padres de Christine la matricularan en la Escuela Allen, otro acontecimiento carne de titulares había marcado su vida diaria. El 17 de mayo de 1954 ella seguía estudiando en la Escuela Winchester Avenue de Monroe, Carolina del Norte, su pueblo natal. El director de la escuela entró en su clase de octavo curso e interrumpió la lección con una noticia. «Vengo a decirles que el Tribunal Supremo acaba de pronunciarse sobre el caso *Brown contra la Junta Educativa*, y en el futuro irán a clase con estudiantes blancos», dijo. La misma noticia que desató la conversación entre Katherine Goble y sus compañeros dejó a Christine y a los demás alumnos boquiabiertos.

Situado a cuarenta kilómetros de Charlotte por una carretera sinuosa, Monroe, de siete mil habitantes, era el típico pueblo pequeño del sur. Todos en el vecindario de Newtown, donde vivía Christine, eran negros, desde el médico hasta el barrendero, pasando por los profesores de la Escuela Winchester Avenue. Casi todos los hombres negros de Monroe se ganaban la vida trabajando en la línea ferroviaria que atravesaba el pueblo. Las mujeres negras trabajaban en la fábrica de algodón de Monroe o como sirvientas domésticas. Prácticamente todos los blancos y todo lo blanco de Monroe, incluida la escuela blanca y los residentes blancos, así como el futuro senador de Estados Unidos Jesse Helms, hijo de un antiguo jefe de bomberos, existía al otro lado de la docena de vías ferroviarias que atravesaban el pueblo como una cosechadora. «¿Cómo haremos —pensaban los estudiantes de Winchester—, con nuestros pupitres desvencijados y nuestros libros de texto de segunda mano, con nuestros pobres laboratorios de ciencias?, ¿cómo podremos competir con los chicos blancos del otro lado de las vías?».

El director del colegio habló con tanta seriedad que Christine y sus compañeros temieron que tuvieran que recoger sus libros y marcharse al otro lado del pueblo en ese mismo momento. La segregación era el único mundo conocido para ellos. La discriminación era la fuerza que los concentraba en Newtown, la que los mantenía en la escuela Winchester, la que envió a los padres de Christine a estudiar a la Facultad de

Knoxville en vez de a la Universidad de Tennessee. Discriminación que habían llegado a esperar, si no a aceptar. Pero la idea de la integración dio pie a un nuevo miedo en el alma de Christine y del resto de miembros de la generación de *Brown contra la Junta Educativa:* miedo a que, como negros, no fueran lo suficientemente buenos, lo suficientemente listos, para sentarse junto a los blancos en un aula y triunfar.

Los padres de Christine, Noah y Desma Mann (sin parentesco con Miriam Mann de Computación del oeste), eran producto de las mismas instituciones negras y los mismos valores —«educación, honestidad, trabajo duro y personalidad»— que definían a su coetánea, Dorothy Vaughan. Durante los primeros años de su matrimonio, los Mann viajaron por Alabama, Georgia y Carolina del Norte, pasando de un trabajo a otro dentro de la docencia. Desma dejó la enseñanza para dedicarse a la que acabaría siendo una familia de cinco hijos. Noah Mann, ansioso por ganar dinero suficiente para cubrir los gastos de su casa y asegurar el futuro de sus hijos, acabó aceptando un trabajo más lucrativo como promotor para la mutua aseguradora de Carolina del Norte, situada en Charlotte, la misma empresa negra que había concedido los préstamos para los compradores negros de Hampton, incluido Mimosa Crescent, el vecindario de Katherine Goble.

En 1943, la familia se instaló en Monroe, en el condado de Union, el territorio de ventas que le habían asignado a Noah. El puesto les permitía a los Mann llevar una vida acomodada, y eran una de las pocas familias negras del pueblo que poseían un auto, un Pontiac Hydramatic, que el padre de Christine utilizaba para ir a recaudar las primas de los clientes. Todos los días después del trabajo, Noah conducía el enorme automóvil por la autopista y le preguntaba a su hija pequeña: «¿Qué has aprendido hoy?». A veces Christine le acompañaba en sus viajes. Cuando apenas tuvo edad para ver por encima del parabrisas, Noah enseñó a conducir a Christine por carreteras secundarias sin autos. A ella le encantaba que su padre le enseñara trucos como preparar el carburador para que esa máquina temperamental funcionara. Valiente y curiosa, Christine aprendió a montar en bici dejándose caer a toda velocidad por una de las muchas colinas de Monroe, saliendo disparada en una dirección como una loca al final de la colina mientras la bicicleta se estrellaba en otra dirección. Colocar parches en las ruedas y ajustar los frenos de la bici con una percha se convirtieron en partes importantes de su repertorio mecánico. Las muñecas le interesaban principalmente por lo que había en su interior; su madre la pillaba desgarrándolas para poder entender qué era lo que les hacía hablar.

Ocho años más joven que su hermano más cercano, y casi trece años más joven que su hermano mayor, los primeros años de la vida de Christine se movieron en torno a las rutinas del mundo de los adultos. Poco después que naciera, Desma Mann volvió a dar clases. Christine se quedaba en casa con una niñera hasta que tuvo edad para acompañar a su madre todos los días a su trabajo en una escuela de primaria con dos clases a las afueras del pueblo. Frente a la escuela había hectáreas de campos de algodón, materia prima de los telares de Monroe y fuente de ingresos para muchos residentes del condado. El año escolar seguía a la época de la recogida. Los estudiantes se ahogaban de calor en los pupitres durante el verano en Carolina del Norte antes de irse a cosechar en septiembre y octubre. Dado que todos sus compañeros de juegos potenciales estaban en clase o trabajando en los campos de algodón, Christine se entretenía asistiendo a las clases de su madre. Para cuando cumplió cinco años, la hija pequeña de Desma Mann era estudiante de segundo curso y estaba preparada para asistir a la consolidada Escuela de Winchester Avenue en Monroe.

Christine se hizo muy amiga de Julia, la hija del director. Eran inseparables e iban juntas a todas partes. «Los padres de Julia han dicho que podía ir. ¿Puedo ir yo también?», era lo que

Christine les preguntaba constantemente a sus padres. Pero, con el inicio de la adolescencia, ya no pedía pasar las tardes montando en bici, sino acudir a bailes y salir con los chicos de su clase, dos años mayores que ella, de modo que los padres de Christine decidieron enviar a su hija a Allen para eliminar la posibilidad de que se distrajese de sus estudios.

La Escuela Allen fue fundada en 1887 por misioneros metodistas unidos con el objetivo de proporcionar a las chicas negras con talento de la región montañosa de Carolina del Norte el mejor comienzo posible en la vida. Todas las chicas tenían «tareas de trabajo», como la de Christine en la biblioteca, una manera práctica de enseñarles responsabilidad y disciplina. Muchas estudiantes eran de clase trabajadora o de familias pobres; Christine era una de las pocas de la escuela que no recibía ayuda para cubrir los costes de su educación y alojamiento. Pese a las circunstancias económicas del cuerpo estudiantil, Allen se consideraba una de las escuelas superiores negras más prestigiosas del país. Padres incluso de Nueva York enviaban a sus hijas a Allen por su riguroso programa de arte liberales, sus enseñanzas religiosas y su insistencia en impartir buenos modales a sus estudiantes. La sobrina del cantante Cab Calloway asistió a la escuela en los años cuarenta. Una graduada de 1950 llamada Eunice Waymon había ido desde Carolina del Norte hasta Nueva York y ya iba camino de convertirse en la cantante, pianista y activista por los derechos civiles Nina Simone.

Christine sintió la nostalgia en otoño de 1956, su primer cuatrimestre fuera de casa. Llamaba por teléfono a sus padres siempre que podía, rogándoles que le permitieran regresar a la familiaridad de Monroe. Pero, a medida que pasaban los meses, a Christine llegó a gustarle la vida en el internado. Se abrió a sus nuevas amigas, al claustro metodista, severo, pero cariñoso, y a los rituales y rutinas de la escuela. Un carismático profesor de geometría de undécimo curso avivó su interés por las matemáticas y, por primera vez, albergó la idea de tener un futuro que aprovechara su talento para los números y todas las cosas analíticas.

Ir a la universidad era algo que se daba por supuesto, claro. Casi todas las estudiantes de Allen realizaban estudios superiores, algunas iban a prestigiosas escuelas del norte como Vassar y Smith. En 1956, la Universidad de Carolina del Norte en Greensboro, el *alma mater* de Virginia Tucker, admitió a sus primeras estudiantes negras, Bettye Tillman y JoAnne Smart. En contraste con la postura militante de su vecina con respecto a la segregación, Carolina del Norte se cuidaba de cumplir con la sentencia de *Brown contra la Junta Educativa*. «Tras deliberarlo cuidadosamente, mi opinión es que ha llegado la hora de aplicar la desegregación», dijo Benjamin Lee Smith, superintendente del sistema de educación pública de Greensboro.

Sin embargo, Christine decidió continuar con la tradición familiar de asistir a una universidad negra, pero desde hacía tiempo sabía que no quería seguir los pasos de sus hermanas y hermanos mayores. Dos de sus hermanos habían asistido a Johnson C. Smith, en Charlotte; otro se había graduado por la Estatal de Tennessee, y otro por Fisk, en Nashville. Dos años lejos de casa, lejos del cobijo de sus padres y del modelo de sus hermanos mayores, le habían infundido a Christine el deseo y la seguridad en sí misma para emprender el camino sola.

El verano anterior al último curso, Christine acompañó a la familia de su amiga Julia a la graduación de la hermana mayor de esta en el Instituto Hampton. Christine no sabía mucho sobre esa escuela; ya había oído el nombre, pero durante su visita se quedó prendada del elegante campus y de sus amplios terrenos verdes, de la brisa suave de Hampton Roads en mayo y de la cercanía de la costa y del océano. El cuerpo estudiantil de Hampton estaba compuesto por jóvenes que subían el primer peldaño de su familia en la escalera del ascenso social y por vástagos del Décimo Talentoso. El estricto entorno de la escuela —capilla obligatoria, salones de estudio, toque de queda y código de vestuario— era tan similar al de Allen que Christine no tendría que hacer ningún ajuste.

Viviendo en Monroe, Christine siempre había sido la hermana pequeña de alguien. Pensaba que en Hampton sería una mujer adulta. En otoño solicitó entrar en la escuela, con Fisk como su plan B. Hampton respondió con una oferta y una beca cubierta por el Fondo Universitario para negros.

«Me han aceptado en Hampton», —le escribió Christine a su madre en una carta a principios de 1958—. «Tengo una beca en Hampton, así que no hay razón por la que no deberíais dejarme ir». Desma Mann se asustó ante la idea de que su pequeña se fuera tan lejos, tan sola, pero siempre había sabido que aquel día llegaría. Uno a uno, había ido alentando a sus hijos a abandonar Monroe. Allí no había nada para ellos, ni trabajo ni futuro. Solo abandonando el hogar tendrían oportunidad de alcanzar el potencial que Noah y ella habían trabajado tan duramente por cultivar en ellos.

Christine se graduó en Allen en mayo de 1958. Desde el momento en que el Sputnik despegara en octubre de 1957 hasta que ella se dirigió a sus compañeras para dar su discurso como alumna con las mejores calificaciones, los soviéticos pusieron en órbita dos satélites más, Sputnik II, en el que viajaba la perra Laika, y el Sputnik III. Estados Unidos, jugando al empate, logró poner en órbita los satélites Explorer I y Vanguard I, aunque ocho de los once lanzamientos del Vanguard fracasaron. El lamento posterior al Sputnik por la falta de científicos, ingenieros, matemáticos y tecnólogos estadounidenses llevó al presidente Eisenhower a poner en marcha el Acta de Educación de Defensa Nacional, una medida dirigida a cultivar el talento intelectual necesario para cosechar éxitos, a corto y largo plazo, en el espacio.

Mientras que las «escuelas rojas de ingeniería» de la Unión Soviética estaban «llenas de mujeres» —un tercio de los graduados soviéticos en ingeniería eran mujeres, según declaró el

Washington Post en 1958—, Estados Unidos aún luchaba por encontrar un lugar para las mujeres y los negros en su entorno laboral científico, y en la sociedad en general. La inquietud provocada en el estado natal de Christine por las protestas estudiantiles de Greensboro la seguiría a ella, y la comprometería, en el Instituto Hampton. Y, aunque tardaría años en darse cuenta de que Hampton supondría su formación básica para el «ejército civil de la Guerra Fría», le quedaban pocos meses para conocer a algunos de los éxitos producto de una colisión anterior entre raza, género, ciencia y guerra: los hijos de Dorothy Vaughan, Ann y Kenneth; Joylette, la hija de Katherine Goble; y los hijos de muchas otras mujeres que habían llegado a Hampton Roads una generación atrás y lo habían convertido en su hogar.

En agosto, Christine se despidió de Monroe y se fue al norte con sus padres en el Hydramatic, que era lo suficientemente espacioso como para que cupieran los tres y las posesiones que ella necesitaba para iniciar su vida en Hampton. Los montes de su hogar fueron dando paso a las llanuras a medida que se acercaba a la costa, y entonces, como la primera vez que fuera a Hampton, lo vio: el río James. Nunca renunciaría a su amor por las montañas, pero el James, tan ancho y tranquilo al desembocar en la bahía de Chesapeake, tan diferente a los estrechos arroyos que recorrían las cordilleras en su casa, la dejó sin respiración. Mientras cruzaba el río al llegar a Hampton, sintió que cualquier cosa era posible.

CAPÍTULO 16

Un día puede marcar la diferencia

A sus noventa y tantos años, Katherine Goble recordaría haber visto ese punto brillante en el cielo como si todavía estuviéramos en octubre de 1957. Ella estaba en la calle, disfrutando de aquellas noches de verano inusualmente cálidas y seguía con la mirada el punto luminoso que se movía por el horizonte. En Hampton Roads y por todo el país, los ciudadanos miraban hacia el cielo con una mezcla de terror y asombro, ansiosos por saber si aquella esfera metálica de 83 kilos puesta en órbita por los rusos podría verlos a ellos como ellos intentaban verla a ella desde sus jardines. Sintonizaban la radio para localizar el pitido de aquella luna artificial, un sonido que parecía un grillo de otro mundo.

«Uno puede imaginarse la consternación y admiración que se experimentaría aquí si Estados Unidos descubriera de pronto que otra nación ya había puesto en órbita otro satélite». Esas palabras, procedentes de una carta que describía una propuesta secreta que la Corporación RAND hizo en 1946 a las Fuerzas Aéreas de Estados Unidos, en la que sugería que el país diseñara y lanzara un «satélite que diera la vuelta al mundo», sonaron en 1957 como la voz del fantasma de las navidades futuras de Dickens. En los años cuarenta, la investigación espacial se consideraba algo demasiado lejano como para ser tenido en cuenta y justificar su desarrollo sistemático. El informe de RAND empezó a acumular polvo.

Ahora, con el Sputnik dando vueltas sobre sus cabezas cada noventa y ocho minutos, los estadounidenses exigían saber por qué su país, tan dominante en la victoria en la última guerra, se había visto sorprendido y superado por unos «simples campesinos» como la URSS. El pánico se extendió de costa a costa: ¿sería posible que el satélite estuviera cartografiando Estados Unidos con la idea de localizar posibles objetivos de bombas de hidrógeno lanzadas con misiles? El miedo sustituyó a la humillación en la psique estadounidense. «Ser los primeros en el espacio significa ser los primeros, punto», declaró Lyndon Johnson, líder de la mayoría en el Senado. «Ser los segundos en el espacio significa ser los segundos en todo». ¿Podría el Sputnik marcar el final de la dominación política global de Estados Unidos?

En la práctica, Estados Unidos no iba a la cola de la Unión Soviética de manera tan radical como parecía después de la crisis del Sputnik. El misil Jupiter-C del ejército de Estados Unidos había sido probado con éxito en varias ocasiones, y los estadounidenses iban por delante de los rusos con respecto a los sistemas que guiaban los misiles hacia el espacio siguiendo sus trayectorias. Pero el presidente Eisenhower había insistido en que la primera incursión del país en el espacio se presentase como un esfuerzo pacífico, no como una operación explícitamente militar que pudiera desencadenar un contraataque por parte de la Unión Soviética. Los estadounidenses habían planeado poner en órbita el primer satélite como parte del Año Geofísico Internacional, un proyecto cooperativo global de ciencias que se extendió desde julio de 1957 hasta diciembre de 1958. Físicos, químicos, geólogos, astrónomos, oceanógrafos, sismólogos y meteorólogos de sesenta países, incluidos Estados Unidos y la Unión Soviética, colaboraron para obtener datos y realizar experimentos científicos, bajo el manto de un intercambio pacífico entre oriente y occidente. Superados por el Sputnik, los estadounidenses jugaron al empate. El Laboratorio de Propulsión a Reacción del Ejército de Estados Unidos puso en órbita el satélite Explorer I en enero de 1958. Dos meses más tarde, el Proyecto Vanguard, gestionado por el Laboratorio de Investigación Naval de Estados Unidos, también logró lanzar un satélite, aunque el logro quedó eclipsado por los muchos intentos fallidos en el lanzamiento del Vanguard.

Desde donde se encontraba Katherine Goble, sentada en el segundo piso del hangar de Langley, el movimiento soviético podía marcar un nuevo comienzo para los NACAítas. Los cielos de todo el mundo habían sido testigos de cuatro décadas de éxitos por parte de Langley, desde los aviones de pasajeros a reacción hasta los bombarderos, pasando por los aviones de mercancías y los de combate. Las aeronaves militares supersónicas eran ya una realidad, y la industria avanzaba en el transporte supersónico comercial, de modo que parecía que los «revolucionarios avances en aeronaves atmosféricas» habían seguido su curso. Lo que es más, las investigaciones en vuelos a alta velocidad de Langley, que durante años habían ido migrando desde la poblada zona de Hampton Roads hacia la aislada Dryden, en el desierto de Mojave, terminaron oficialmente en 1958 con un decreto de la sede central del NACA. Mientras Katherine y sus compañeros de la División de Investigación de Vuelo se preguntaban qué sucedería después, el Sputnik les proporcionó la respuesta.

Espacio siempre había sido una «palabra malsonante» para Langley y su mentalidad orientada a los aviones. El Congreso aconsejaba a los cerebritos que no malgastaran el dinero de los contribuyentes en «ciencia ficción» y en sueños de vuelos espaciales tripulados. Incluso en la Biblioteca Técnica de Langley, considerada la mejor colección mundial de información sobre vuelo a motor, a los ingenieros les costaba trabajo encontrar libros sobre vuelos espaciales.

Eso no impidió a los ingenieros de Langley imaginar cómo aplicar a los vehículos espaciales los cuerpos de misiles, los motores y los problemas de reentrada relativos a la investigación de vuelos a alta velocidad. Cualquier nave que llegara al espacio tendría primero que atravesar las capas de la atmósfera terrestre, acelerando para atravesar la barrera del sonido e incrementando números en la escala de velocidad de Mach, antes de escapar a la fuerza de la gravedad del planeta y alcanzar la velocidad de 29 000 kilómetros por hora que fijaba los objetos a la órbita baja de la Tierra, siguiendo un circuito entre 215 y 939 kilómetros por encima del planeta. En el viaje de vuelta, con la fricción de la atmósfera, cada vez más densa, el vehículo acumulaba un calor que podía alcanzar los 1648 grados centígrados. Un científico del NACA llamado Harvey Allen descubrió, desafiando el sentido común, que, aunque lo mejor para salir de la atmósfera eran las formas aerodinámicas simplificadas, la solución para disipar las temperaturas extremas en el camino de vuelta era utilizar un cuerpo romo que aumentara la resistencia del aire en vez de disminuirla.

El gobierno estadounidense estaba tan desesperado por ganar puntos en la carrera espacial que Langley ya podía abrir tranquilamente la puerta de su garaje y mostrar al mundo entero sus mercancías. Un grupo en el que se encontraba John Becker, jefe de la división de Mary Jackson, propuso un vehículo capaz de alcanzar velocidades orbitales y después volver a la Tierra como un avión tradicional, una versión avanzada del avión cohete X-15. Sería una solución elegante al problema del espacio, pensaban, una solución que emocionaría a los hombres más tradicionales del NACA.

Pero la urgencia provocada por la rivalidad con los soviéticos ejercía presión para adoptar la manera más rápida y segura de llegar al espacio, aunque fuese un poco rústica, o aunque sacrificara la viabilidad de los viajes espaciales a largo plazo por la victoria en la tierra a corto plazo. En la División de Investigación de Vuelo, Katherine Goble pasaba los días con la mente y las hojas de datos llenas de especificaciones sobre aviones reales, no partes de aviones, ni maquetas de aviones, ni alas sueltas en los túneles de viento, sino vehículos de verdad que trasladaban humanos por la atmósfera. Los compañeros de la División de Investigación de Vuelo, un grupo de ingenieros «libres pensadores» llamados División de Investigación de Aeronaves No Pilotadas (PARD) habían desarrollado una gran pericia en ingeniería espacial y habían montado unas instalaciones adjuntas en un aislado campo de pruebas situado en Wallops Island, frente a la costa de Virginia. Sus cohetes habían alcanzado velocidades de Mach 15 en vuelo, y estaban seguros de su capacidad para poner en órbita una carga: un satélite y un pasajero humano.

A medida que aumentaban las peticiones de logros espaciales, los ingenieros de la PARD y de la División de Investigación de Vuelo pasaron a ocupar un lugar predominante. El núcleo del grupo fusionado en torno a los esfuerzos espaciales del país compartía oficina con Katherine, comía sándwiches con ella durante la comida y compartía su entusiasmo por la reducción de las ráfagas de viento y las turbulencias de estela. Prácticamente toda la historia del programa espacial incluiría sus nombres: John Mayer, Carl Huss, Ted Skopinski, W. H. Phillips, Chris Kraft y otros.

Katherine Goble había sido la encargada de los números de los ingenieros durante los últimos tres años y, a medida que los humanos se acercaban a los límites del cielo, seguiría siéndolo. Como muchos estadounidenses, Katherine estaba indignada por la luna metálica rusa que orbitaba sobre sus cabezas. «No podemos dejar que eso pase sin hacer algo al respecto», pensaba. Pero, más allá de calmar el orgullo nacional herido por los avances soviéticos, la idea de implicarse en algo tan nuevo, tan desconocido e inexplorado conectaba más con la verdadera naturaleza de Katherine. Tener la oportunidad de averiguar cómo enviar humanos al espacio era una auténtica suerte. El talento de Katherine Goble despegaría realmente mientras trabajaba con los ingenieros para construir el camino desde la seguridad de su hogar hasta el frío vacío que aguardaba más allá.

Dorothy Vaughan contemplaba el furor desde la oficina de la segunda planta del túnel de viento de plan unitario, Edificio 1251. El túnel de viento de plan unitario se hizo realidad en 1955, financiado por la legislación que pretendía construir túneles de viento modernizados en los tres laboratorios principales del NACA. El equipo que ocupaba casi todo el nuevo edificio gestionaba su propia sección de computistas, como hacían ya casi todas las divisiones del laboratorio.

Físicamente, Dorothy y la oficina de Computación del oeste nunca habían estado tan cerca del futuro de la alta velocidad. Cuando el laboratorio acogió la llegada de la era espacial, el túnel de viento de plan unitario siguió siendo uno de los puntos más atareados del centro, probando «casi cualquier avión supersónico, misil y astronave» que saliera a la luz a lo largo de las dos décadas siguientes. Pero, en relación con las operaciones de computación del centro, la sección de Dorothy se encontraba ahora en la periferia. En 1956, había más mujeres negras trabajando en otras áreas del laboratorio que en la propia Computación del oeste. Después de más de una década en la oficina de dos salas del Laboratorio de Cargas Aéreas, Dorothy y las mujeres que quedaban habían sido trasladadas a una nueva oficina más pequeña en el 1251. Miriam Mann, Ophelia Taylor, «Rolliza» Peddrew y muchas otras mujeres de la promoción del 43 de Computación del oeste habían recibido ofertas para ocupar cargos permanentes en grupos de ingeniería, como fue el caso de Katherine Goble y Mary Jackson. Era más probable que Dorothy Vaughan se encontrara con sus antiguas compañeras en la cafetería de Langley o en el aparcamiento que durante su jornada laboral.

Dorothy había vislumbrado la sombra de su propio futuro cuando Langley disolvió la sala de Computación del este en 1947. Las nuevas instalaciones construidas por el laboratorio alentaban la especialización entre sus profesionales. A medida que iban quedando claras las respuestas a los problemas fundamentales del vuelo, el siguiente paso en la investigación requería unos conocimientos más precisos, de modo que la idea de tener una sala de computación central —generalistas con máquinas de cálculo mecánicas, capaces de gestionar cualquier tipo de exceso de trabajo— se volvía redundante. En todo caso, la respuesta del NACA al Sputnik intensificaría el proceso de cambio, ya que la hercúlea tarea de surcar los cielos de forma segura estaba dividida en un sinfín de tareas, pruebas, partes y personas. La pericia en un campo especializado era la clave para tener una carrera de éxito como ingeniero, y la pericia estaba convirtiéndose en una necesidad también para matemáticos y computistas. Sin ella, las mujeres que permanecían en la sala de computación segregada quedaban en una especie de limbo técnico.

Ser contratada por el laboratorio como matemática profesional había sido un paso importante y pionero para las mujeres negras, para todas las mujeres de Langley, claro. Su contratación suponía la expansión de la idea de quién tenía derecho a participar de los avances científicos del país. Desde el comienzo de las salas de computación, las mujeres superaban con creces las expectativas de los ingenieros y subían el listón a su paso. A medida que los días de la Segunda Guerra Mundial iban olvidándose, se olvidaba también la idea de que los remachadores, los empleados de gasolinera, los expertos en munición y, sí, incluso los matemáticos debían ser mujeres. Y aun así, lejos de la opinión pública, una de las más amplias concentraciones de mujeres matemáticas de Estados Unidos seguía en su puesto, con una identidad ligada a su profesión.

La sed de la maquinaria de defensa les aseguraba un trabajo hasta la jubilación. Sin embargo, el progreso requería un plan de ataque diferente. Era un concepto fácil de entender, empíricamente demostrado, pero difícil de ejecutar: si una mujer deseaba ascender, tenía que abandonar la sala de computación y colgarse del brazo de un ingeniero, averiguar cómo sentarse a los controles de un túnel de viento, luchar por el reconocimiento en un informe de investigación. Para ascender, tenía que acercarse todo lo posible a la sala donde se concebían las ideas.

Desaparecida la Sección de Computación del este, la de Computación del oeste se encontraba atrapada entre dos frentes. El grupo no solo era negro, sino que además era la única sección compuesta enteramente por mujeres profesionales que quedaba en el laboratorio, y a finales de los cincuenta eso era ya un anacronismo. Los hombres negros, como Thomas Byrdsong, Jim Williams y Larry Brown, sin duda tenían que pelear contra los prejuicios raciales, pero comenzaron su trabajo en Langley con todos los privilegios de ser un ingeniero varón. Y, aunque las salas de computación ligadas a la PARD y a Investigación de Vuelo y a la plétora de túneles también empleaban a mujeres, esas mujeres, incluidas las computistas negras recientemente integradas, informaban directamente a los investigadores y estaban estrechamente ligadas al trabajo y al estatus de los ingenieros varones cuyo espacio compartían. Igual que Virginia Tucker antes que ella, Dorothy Vaughan dirigía un apéndice, adjunto aún a las actividades de investigación, pero con una función que había ido atenuándose con el tiempo.

Disolver la Sección de Computación del este había sido una simple cuestión de operaciones, de oferta y demanda y de conveniencia. Cuando los números de esa sala se hicieron demasiado pequeños para justificar el mantenimiento de una sección, el laboratorio simplemente distribuyó a sus empleados por otras secciones y pasó los encargos más importantes a Computación del oeste. Pero, mientras «computista del oeste» siguiera siendo el código tácito para decir «computista de color», la decisión de cerrar el grupo de Dorothy requeriría una reflexión más profunda.

El progreso que las mujeres negras habían conseguido en los últimos catorce años era indiscutible. La demanda de sus capacidades matemáticas les había abierto la puerta de Langley, y la calidad de su trabajo las había mantenido en el puesto. A través de la familiaridad que iba ligada al contacto regular, habían logrado establecerse no como «las chicas de color», sino simplemente como «las chicas», aquellas en quienes los ingenieros confiaban para que tradujeran eficazmente los resultados ininteligibles de las máquinas del laboratorio a un idioma que pudiera analizarse y convertirse en un vehículo que atravesara el cielo con elegancia y fuerza.

Era casi imposible que existiera un verdadero contacto social entre razas, y, sin embargo, en los confines de sus oficinas, las relaciones cultivadas durante intensos días y largos años florecieron hasta convertirse en respeto, aprecio e incluso amistad. Los compañeros intercambiaban tarjetas navideñas entre ellos, preguntaban por las esposas y los hijos. La esposa de un ingeniero le regaló a la hija de Miriam Mann un penique nuevo y brillante para que se lo metiera en el zapato el día de su boda. Los empleados se juntaban para realizar actividades extracurriculares en el laboratorio: en 1954, Henry Reid designó a «Rolliza» Peddrew como una de las directoras del Programa de Recaudación de Fondos inaugural de Langley. El Edificio de Actividades era donde se celebraban las reuniones y juntas del club, una manera de evitar la vergüenza y la dificultad de encontrar un lugar en el pueblo donde celebrar un evento con mezcla de razas. Los empleados negros comenzaron a asistir a eventos del centro como la fiesta anual de Navidad; en una ocasión, Eunice Smith se ofreció voluntaria para hacer de ayudante de Papá Noel. Todos los años, los hijos de Dorothy Vaughan contaban los días que quedaban hasta el enorme picnic del laboratorio, donde podían jugar y divertirse con los otros niños y atiborrarse a perritos calientes y hamburguesas.

Los cambios sociales y organizativos que estaban teniendo lugar en Langley eran respaldados por el movimiento por los derechos civiles, que iba ganando fuerza por todo el país. A. Philip Randolph, implacable en su defensa de los derechos de sufragio y de la igualdad económica, trabajaba activamente con jóvenes organizadores, en particular con el ministro de una iglesia de Montgomery, Alabama, llamado Martin Luther King hijo. King y otro pastor llamado Ralph Abernathy habían ayudado a organizar un boicot contra los autobuses de la ciudad después de que una estudiante de quince años llamada Claudette Colvin y Rosa Parks, una costurera de cuarenta y dos años, fueran enviadas a prisión por negarse a ceder sus asientos en la sección «blanca» del autobús. Como en el caso de Irene Morgan —la mujer arrestada en el condado de Gloucester, en Virginia, en 1946 por la misma infracción— la batalla por la integración en los autobuses de Montgomery acabó con una vista ante el Tribunal Supremo. Una vez más, el más alto tribunal del país declaró que la segregación era ilegal. La controversia por el boicot a los autobuses colocó al joven doctor King en los titulares nacionales, que lo coronaban como líder del movimiento por los derechos civiles.

La Base de las Fuerzas Aéreas de Langley y el Fuerte Monroe integraron el alojamiento y las escuelas en sus bases; como organismos federales, estaban obligados a cumplir la ley federal. El estado de Virginia, por su parte, hizo ondear la bandera de Jim Crow todavía más arriba. En los años posteriores al caso *Brown contra la Junta Educativa*, la antipatía del senador

Harry Byrd hacia la ley se había convertido en un importante movimiento opositor —Resistencia Masiva— y destinaba todos los recursos a disposición de su organización política para construir un cortafuegos frente a la integración. J. Lindsay Almond, político de la organización Byrd, asumió el liderazgo y la política del partido en enero de 1958. «La integración en cualquier parte significa la destrucción en todas partes», declaró Almond en su discurso inaugural; sus palabras fueron un reflejo oscuro del ansioso comentario de Lyndon Johnson sobre el Sputnik. Con el pretexto de ser el escudo defensivo del sur y de su «estilo de vida», los demócratas sureños que gobernaban el estado aprobaron un paquete de leyes que otorgaba a la asamblea legislativa el derecho a cerrar cualquier escuela pública que intentara integrar a sus estudiantes. «¿Cómo es posible que el senador Byrd y el congresista [de Virginia] Hardy se agobien por nuestro retraso frente a los rusos en el programa de misiles y después aboguen por cerrar las escuelas de Virginia?», se preguntaba un columnista de *Norfolk Journal and Guide*.

Los defensores de la integración y de la segregación se enfrentaban cada vez con más intensidad: en 1956, la NAACP presentó demandas en Newport News, Norfolk, Charlottesville y Arlington con el objetivo de obligar a esos distritos escolares de Virginia a integrar a los estudiantes. Los aliados de Byrd contraatacaron desviando dinero de los contribuyentes para financiar «academias de segregación» solo para blancos, escuelas privadas fundadas para evitar las escuelas públicas integradas. La imposible situación de las escuelas de Virginia daba fe de lo difícil que iba a ser arrancar las raíces del sistema de castas que había definido y restringido prácticamente todas las interacciones entre los blancos y aquellos considerados no blancos desde que los ingleses pusieran el pie en la costa de Virginia por primera vez. «Mientras esperamos el nacimiento de la integración, la educación de los negros "separados, pero iguales" se prolonga en el tiempo», escribía el periodista James Rorty en *Commentary Magazine*.

El hecho de que tantas computistas del oeste encontraran oportunidades rotando por nuevos puestos en el laboratorio alivió sin duda parte de la presión para que la directiva de Langley se implicara más activamente en el asunto de la integración. Langley podría haber continuado fácilmente con su enfoque orgánico de la desegregación, cerrando definitivamente la Sección de Computación del oeste solo cuando la última de las mujeres hubiera encontrado un nuevo hogar en una sección de ingeniería, como los niños de la escuela que esperan a que los elijan para el equipo de *kickball*. Guiada por la sensibilidad pragmática de los ingenieros, la dirección del centro había adoptado de manera natural una política de descuido benévolo con respecto a los carteles del cuarto de baño y los comedores, sin obligar a cumplir las normas, pero sin eliminarlos tampoco. Podrían haber pasado años hasta que la mano invisible derrotada por Miriam Mann en la cafetería a principios de los años cuarenta diera el siguiente paso y arrancara los carteles de aluminio de CHICAS DE COLOR de las puertas de los baños de Langley. Pero, al superar a Estados Unidos en su carrera hacia el espacio, los rusos habían convertido la política racial local en leña para el conflicto internacional. Al obligar a Estados Unidos a competir por la alianza de los países negros y amarillos que acababan de quitarse los grilletes del colonialismo, los soviéticos influyeron en algo mucho más cercano a la Tierra, y mucho más difícil que poner en órbita un satélite, o un ser humano: debilitar el poder de Jim Crow en Estados Unidos.

«El ochenta por ciento de la población mundial es de color», —había escrito Paul Dembling, principal abogado del NACA, en una circular de 1956—. «Al intentar lograr el liderazgo en los eventos mundiales, es necesario que este país haga ver al mundo que practicamos la igualdad para todos dentro del propio país. Aquellos países en los que las personas de color constituyen una mayoría no deberían poder acusarnos de tener una doble moral dentro de Estados Unidos». Haría falta algo más que una pelota soviética brillante y la amenaza del desprecio internacional para acabar por completo con el compromiso de la organización de Byrd con la segregación racial. Para los segregacionistas, la integración racial y el comunismo eran lo mismo y suponían el mismo tipo de amenaza para los valores americanos tradicionales. Sin embargo, los encargados de organizar la ofensiva estadounidense en el espacio consideraban una ventaja responder al secretismo de los rusos con los valores contrarios —transparencia, democracia, igualdad— y no con un simulacro.

Aunque dentro del propio gobierno estadounidense había muchos que competían por liderar el esfuerzo espacial —entre ellos las Fuerzas Aéreas, el Observatorio de Investigación Naval de Washington, D.C., y Wernher von Braun y los alemanes que dirigían la Agencia de Misiles Balísticos del Ejército en Huntsville, Alabama—, el NACA fue elegido depositario de las dispares actividades espaciales de Estados Unidos. El NACA —civil e inocuo, con abundante talento en ingeniería— era el contenedor perfecto. En octubre de 1958, con Langley como núcleo, el gobierno de Estados Unidos fusionó todas las operaciones, junto con el Laboratorio de Propulsión a Reacción, dentro del NACA. Esa organización ampliada requería un nuevo nombre: Administración Nacional de la Aeronáutica y del Espacio, o NASA.

El NACA era discreto, poco conocido y pasaba desapercibido. La NASA sería un organismo preeminente que correría riesgos y sería observado por el mundo. El trabajo realizado por los chiflados del NACA quedaba oculto tras las operaciones públicas de los servicios del ejército y las fábricas de aeronaves comerciales. La NASA se creó «para atender a la amplia dimensión de la información relativa a sus actividades», donde todos los fallos o tragedias de la empresa estarían a la vista de la ciudadanía y serían retransmitidos por medio de una televisión todavía joven. Con todo el mundo pendiente, la nueva organización que llevaba el estandarte estadounidense al espacio tendría que ser «limpia y técnicamente perfecta, donde primara la meritocracia, la portadora de un mito».

La transición de NACA a NASA no cambió significativamente las instalaciones de Langley, y tampoco requirió cambios drásticos en el personal del laboratorio. Pero el cambio en actitud y en responsabilidad pública dentro del laboratorio tuvo un carácter tan distinto como la era aeronáutica de los años cincuenta y la era espacial de los sesenta. El lugar extravagante donde ingenieros primerizos competían por «traficar» con sus propios proyectos con el guiño cómplice de sus superiores, donde un laboratorio central había crecido orgánicamente hasta convertirse en una organización culturalmente cohesionada de 5000 empleados, desde octubre de 1957 hasta octubre de 1958, se convirtió de pronto en una burocracia preeminente con diez centros de investigación y 10 000 empleados.

Mientras el Acta Espacial de 1958 llegaba al Congreso, cargando con los cientos de documentos legales y memorándums necesarios para constituir la NASA, una nota en particular circulaba discretamente por el que pronto sería rebautizado como Centro de Investigación de Langley, estaba firmada por el director adjunto de Langley, Floyd Thompson, fechada el 5 de mayo de 1958, y terminaba oficialmente con la segregación en Langley.

«A partir de esta fecha, queda disuelta la Unidad de Computación de la zona oeste».

El NACA tenía las horas contadas y en la Sección de Computación del oeste solo quedaban nueve computistas: Dorothy

Vaughan, Marjorie Peddrew, Isabelle Mann, Lorraine Satchell, Arminta Cooke, Hester Lovely, Daisy Alston, Christine Richie, Pearl Bassette y Eunice Smith. Con una simple frase, la NASA cruzó una frontera que su predecesor no había podido romper. La circular anunciaba el final de una era, el canto del cisne de aquel grupo de hermanas. La historia de la Sección de Computación del oeste —cómo Dorothy Vaughan y sus compañeras llegaron hasta Langley, la tragedia y la esperanza de la Segunda Guerra Mundial, la tiranía de los carteles en la cafetería de Langley y en las puertas de los baños, la contribución de las mujeres a una de las tecnologías más transformativas en la historia de la humanidad— se transmitiría de generación en generación, pero apenas dejaría huella en la historia de los hombres y mujeres negros que lucharon por el progreso en sus comunidades, de las mujeres que defendieron la igualdad para su género en todos los aspectos de la vida americana, o de los ingenieros y matemáticos que enseñaron a los humanos a volar. Durante el resto de sus vidas, las antiguas computistas del oeste rememorarían entre ellas y con las computistas del este y los ingenieros con los que trabajaban. Contarían historias en las fiestas de jubilación que poblaron sus agendas durante los años sesenta, setenta y ochenta, pero con la humildad característica de las mujeres de su generación, eran reacias a describir sus logros más allá de decir que «solo estaban haciendo su trabajo».

El final de la Sección de Computación del oeste fue un momento agridulce para Dorothy Vaughan. Había tardado ocho años en hacerse con el control de la oficina. Después gobernó durante siete años un reino de lo más extraño: una sala llena de matemáticas negras, realizando investigaciones en el laboratorio aeronáutico más prestigioso del mundo. Su gestión de la sección había apoyado la carrera de mujeres como Katherine Goble, que acabaría recibiendo el mayor honor civil de su país por su contribución al programa espacial. Los estándares marcados por las mujeres de Computación del oeste abrieron un mundo de posibilidades para una nueva generación de chicas con pasión por las matemáticas y esperanza por tener una carrera más allá de la enseñanza. Al igual que los NACAítas originales se aferrarían para siempre a su identidad como miembros de aquella venerable organización, las mujeres negras siempre sentirían lealtad hacia la Sección de Computación del oeste, y a la mujer que la dirigió hasta el final, Dorothy Vaughan.

Dorothy tenía cuarenta y ocho años en octubre de 1958 y aún le quedaba más de una década de trabajo por delante. Sus hijos mayores, tan pequeños cuando llegó a Hampton Roads, ya empezaban la universidad. Los más pequeños eran adolescentes que seguían con rapidez los pasos de sus hermanos mayores. Su trabajo en Langley le había permitido cumplir la promesa que les había hecho a sus hijos con respecto a su futuro. Con su educación en marcha y una casa a su nombre —los Vaughan también abandonaron Newsome Park, en 1962— no había nada que impidiera a Dorothy dedicar los últimos años de su carrera a sus propias ambiciones.

«Era la más lista de todas las chicas», diría Katherine Goble de su compañera, años más tarde, cuando ya estaba jubilada. «Dot Vaughan tenía una inteligencia que se le salía por las orejas» (y Katherine Goble sabía de inteligencia). Dorothy estaba orgullosa de cómo había gestionado los días de la segregación racial, orgullosa de cualquier pequeña aportación que pudiera haber hecho a la desaparición de aquella práctica anacrónica. Había visto a las mujeres de Computación del oeste, junto con otras del laboratorio, despegar dentro de las actividades de investigación del NACA; juntas demostraron que, si se le daba la oportunidad y el apoyo, la mente de la mujer era igual de analítica que la del hombre. Pero, pese a saber durante años que aquel día acabaría por llegar, e incluso haber hecho todo lo que estaba en su poder para lograrlo, la victoria que saboreó mientras la nota circulaba por el laboratorio estuvo teñida de decepción. El progreso del grupo suponía un paso atrás para su líder; la carrera de Dorothy como directora llegó a su fin el último día de la oficina de Computación de la zona oeste.

A Dorothy nunca le había gustado recrearse en el pasado; la década que le esperaba prometía ser una de las más interesantes del laboratorio. Para bien o para mal, el nuevo comienzo de Langley suponía un nuevo comienzo también para Dorothy Vaughan. Ahora empezaría su vida en la nueva agencia como había empezado su carrera en el NACA: como una más de las chicas.

CAPÍTULO 17

El espacio exterior

«Esto no es ciencia ficción», escribió el presidente Eisenhower en el prólogo de un documento de quince páginas titulado *Introduction to Outer Space*. Preparado por el Comité Asesor de Ciencias y Matemáticas del presidente en 1958 como manual básico sobre vuelos espaciales, el documento detallaba los principios del viaje más allá de la atmósfera terrestre en términos que un profano pudiera entender. «Como todo el mundo sabe, es más difícil acelerar un automóvil que el carrito de un bebé», decía un pasaje. También explicaba por qué un programa espacial —con su enorme precio— era del interés de todo estadounidense, ofreciendo cuatro argumentos que el público debía tomar en consideración. La defensa nacional y el prestigio global, por supuesto, eran las dos preocupaciones que habían convertido las ideas de novelistas y excéntricos sobre el viaje espacial en la prioridad número uno del país. Lo único que rivalizaba con el miedo estadounidense al incipiente avance soviético en los cielos era su orgullo nacional herido.

En tercer lugar, la exploración espacial supondría una oportunidad sin precedentes para expandir el conocimiento humano sobre el universo, decía el panfleto. El Sputnik fue lanzado en mitad del Año Geofísico Internacional, y los expertos de todo el mundo fantasearon con la cantidad de datos que podría recopilar un satélite o una sonda espacial, un representante mecánico y eléctrico de sus ojos curiosos.

Katherine Goble entendía sin duda el valor de esas tres razones, pero, para ella, la que más importancia tenía era la que aparecía en la primera página del folleto: los humanos querían ir al espacio por su deseo de saber qué había más allá de los confines de su pequeño mundo; su deseo de abandonar la Tierra por la apremiante necesidad de ir donde ningún otro humano había ido antes. Katherine siempre se había dejado llevar por la curiosidad, y se sentía consumida por ella a medida que la actividad en torno al Edificio 1244 crecía. El folleto de Eisenhower adelantaba un calendario aproximado y prácticamente inservible con fechas en las que Estados Unidos lograría una serie de objetivos diversos en el espacio: «Pronto», «Más tarde», «Todavía más tarde» y «Mucho más tarde aún». El verdadero programa —y nadie lo sabía mejor que la gente del Edificio 1244— era «Cuando sea humanamente posible». El cuándo Estados Unidos se aventuraría más allá de los confines de la Ttierra parecía tan evidente como el por qué. Pero ¿cómo? Eso era lo que Katherine Goble ansiaba saber.

Y no era la única. La idea de plantar la bandera estadounidense en los cielos y la decisión con respecto a quién encabezaría la misión eran los temas principales en la Base de las Fuerzas Aéreas de Wright-Patterson en Ohio, en la Agencia de Misiles Balísticos del Ejército de Wernher von Braun en Alabama y en el Observatorio Naval de Washington, D.C. Los oficiales se reunían en las salas de conferencias de la sede central del NACA y en todos sus laboratorios, preocupados por encontrar la manera más rápida de llegar al espacio. La anticipación era mucho mayor en Langley. Los compañeros de Katherine Johnson —John Mayer, Ted Skopinski, Alton Mayo, Harold «Al» Hamer,

Carl Huss— iban de una reunión a otra, hablando entre ellos, con sus jefes, con los representantes de las fábricas aeronáuticas y los servicios militares, acercándose a cualquier fuente para sumar inteligencia a aquella empresa incipiente.

La única referencia real que podían manejar los cerebritos de Langley era *Introduction to Celestial Mechanics*, un libro de texto de 1914 escrito por Forest Ray Moulton. Así que los ingenieros, que sabían más que nadie sobre vehículos voladores, comenzaron a ascender el siguiente tramo del conocimiento. El jefe de sección de Katherine, Henry Pearson, organizó una serie de conferencias «autodidactas» que comenzaron en febrero de 1958 y que duraron hasta mayo, designando a diferentes ingenieros de Investigación de Vuelo y de la PARD para presentar un total de diecisiete temas relacionados con la tecnología espacial. Incluso en los primeros y confusos meses después del Sputnik, los ingenieros superiores de esas divisiones, con décadas de experiencia en investigación de vuelo (y muchos de ellos con un amor nada secreto por la ciencia ficción), sentían que se habían encontrado con una oportunidad única en la vida. Se entregaron a la clase. John Mayer enseñó mecánica orbital, Al Hamer dio una conferencia sobre propulsión de cohetes y Alton Mayo se encargó de la reentrada, de los problemas a los que se enfrentaba un objeto al regresar a la Tierra. Carl Huss enseñó Física del Sistema Solar. Ted Skopinski fue el encargado de las trayectorias y explicó cómo las matemáticas describían el camino que seguía un vehículo espacial cuando abandonaba la superficie terrestre y entraba en órbita a su alrededor.

Katherine Goble se había enamorado de su trabajo en Langley prácticamente desde que entrara por la puerta de Computación del oeste. Los cuatro años que había pasado realizando cálculos monótonos sobre la reducción de ráfagas de aire solo habían servido para intensificar su deseo de exprimir hasta la última gota de conocimiento de los ingenieros con los que trabajaba. Sin embargo, cuando las prioridades de su división pasaron de la aeronáutica al espacio, su trabajo dio un giro especialmente apetitoso. Manejar la calculadora Monroe y rellenar hojas de datos, que eran más largas y amplias a medida que el trabajo se volvía más complejo, seguirían formando parte de sus tareas diarias. Pero los ingenieros del grupo le asignaron ahora el trabajo de preparar las tablas y las ecuaciones para las conferencias sobre tecnología espacial, que tan buena acogida habían tenido. Fue como si sonara una campana y la llevase de vuelta al curso sobre geometría espacial analítica que el doctor Claytor había creado para ella. La exigente y trepidante formación de Claytor había sentado las bases del contenido del trabajo que tenía entre manos y de su intensidad. La preparación era crítica mientras empleaba el plano cartesiano abstracto de tres dimensiones al servicio de las conferencias de tecnología espacial, que finalmente fueron compiladas en forma de libro. Fue un libro de texto sobre el espacio escrito en tiempo real.

Katherine escuchaba con atención todo lo que decían los ingenieros, intentaba captar retazos de conversaciones y devoraba *Aviation Week* como un niño cuando leía las tiras cómicas del periódico. Ella sabía que la verdadera acción tenía lugar en las conferencias y en las reuniones editoriales, esas sesiones a puerta cerrada donde los ingenieros sometían los informes de investigación preliminares al mismo riguroso escrutinio que aplicaban a las aeronaves que diseñaban. El interés de Katherine por lo que sucedía en esas reuniones aumentaba en proporción directa a su proximidad a ellas. Para el resto del país, ella era la infiltrada de un infiltrado. Disfrutaba de un asiento en primera fila para contemplar el espectáculo que el resto de la ciudadanía solo veía en los periódicos o en las noticias nocturnas. Pero, por muy cerca que estuviera de la sala donde tenían lugar las reuniones, seguiría siendo una forastera si no conseguía cruzar esa puerta.

Construir un avión no era nada comparado con conducir una investigación a través del complejo proceso de revisión de Langley. «Presenta tu caso, constrúyelo, véndelo para que se lo crean», ese era el estilo de Langley. El autor de un documento del NACA —un informe técnico era más completo y preciso, un memorándum técnico era ligeramente menos formal— se enfrentaba a un escuadrón de fusilamiento de cuatro o cinco personas, elegidas por su pericia en la materia. Tras presentar los hallazgos, el comité, que había leído y analizado el informe previamente, hacía una serie de preguntas y comentarios. El comité se mostraba brusco, exhaustivo e implacable a la hora de destapar imprecisiones, inconsistencias, afirmaciones incomprensibles y conclusiones ilógicas escondidas bajo una jerga técnica. Y eso antes de someter el informe a los estándares de estilo, claridad, gramática y presentación que eran el legado de Pearl Young, antes de añadir las tablas y los gráficos que reducían las hojas de datos a imágenes coherentes y visualmente atractivas. Podía tardarse meses, incluso años, en realizar un informe final.

Katherine se sentaba con los ingenieros para repasar los requisitos para las conferencias de tecnología espacial y para los informes de investigación que empezaban a surgir del proceso. Escuchaba con atención sus instrucciones y, como tenía por costumbre, hacía preguntas. No solo preguntas destinadas a aclarar las órdenes que acababa de recibir, sino el tipo de preguntas que solía hacer a sus padres y a sus profesores cuando era pequeña, destinadas a ampliar y profundizar su conocimiento sobre el funcionamiento de las cosas y poder así crear una imagen del mundo más precisa. ¿Por qué la ecuación de la trayectoria tenía que representar el achatamiento del planeta? ¿Por qué era necesario calcular un elipsoide de error para predecir con precisión el regreso de un satélite a la superficie terrestre?

Ya hacía muchas preguntas cuando el alcance de su trabajo llegaba solo desde el morro de un pequeño Cessna 405 hasta su alerón de cola. Ahora había muchas más cosas que preguntar, muchas más cosas que comprender y, como todo era nuevo, sentía que acompañaba a los ingenieros en aquella nueva ascensión en el conocimiento. A medida que se intensificaba el trabajo, despertó algo en su mente que había estado hibernando y, una vez despierto, no desaparecería. Pensó en el tema y revisó su lógica, como hacía con su trabajo analítico. Al principio solo se lo preguntó a sí misma, pero finalmente trasladó la pregunta a los ingenieros.

«¿Por qué yo no puedo ir a las reuniones editoriales?», les preguntó a los ingenieros. Un resumen posterior del análisis no era tan emocionante como participar del evento. ¿Cómo no iba a querer formar parte de la discusión? Al fin y al cabo eran sus números.

«Las chicas no van a las reuniones», le respondieron sus compañeros varones.

«¿Hay alguna ley que lo prohíba?», preguntó Katherine. De hecho, no la había. Había leyes que decían dónde debía ir a aliviar la llamada de la naturaleza —ley que ella ignoraba en Langley— y a qué fuente acudir para beber agua. Había leyes que restringían su capacidad para solicitar una tarjeta de crédito a su nombre, porque era mujer. Pero no había ninguna ley sobre las reuniones editoriales. No era algo personal: simplemente se había hecho siempre así, le dijeron.

Prohibir a las computistas participar en las reuniones editoriales no era una norma: era una regla general. Estaba arraigada en las costumbres y se aplicaba ampliamente, pero con excepciones y no en cualquier situación. Langley concedía a los jefes de división y a los directores de rama y de sección que estaban por debajo de ellos cierta libertad en la gestión de sus grupos. Decidían si una mujer ascendía, si le concedían un aumento, si tenía acceso a las salas de fumadores donde se concebía y construía el futuro; de modo que todas esas cosas tenían más que ver con los prejuicios y predilecciones de los hombres para los que trabajaba.

En 1959, seis mujeres que trabajaban en Langley —Lucille Coltrane, Jean Clark Keating, Katherine Cullie Speegle, Ruth Whitman, Emily Stephens Mueller y Dorothy Lee— se reunieron en torno a una mesa en una de las oficinas de Langley para sacarse una foto de grupo; sus trajes elegantes y de calidad amplificaban la seguridad de su mirada. El fotógrafo tituló la imagen «Mujeres científicas», aunque el motivo de aquella reunión se perdería con el paso del tiempo, habían conseguido salir en la foto por una combinación de estatus, contribuciones a la investigación y estima general a los ojos de sus jefes. Cinco de las seis mujeres de la fotografía trabajaban en la PARD.

Una de las mujeres de la foto, Dorothy Lee, había aceptado un puesto como computista en la PARD en 1948, nada más salir de la Facultad para mujeres Randolph-Macon de Virginia, poco después de que se disolviera la Sección de Computación del este. Cuando la secretaria del jefe de rama Maxime Faget se tomó dos semanas libres para su luna de miel, pidieron a Dorothy que la sustituyera. Respondía al teléfono y repartía el correo además de realizar sus tareas habituales, lo que en su momento implicaba resolverle una integral triple a uno de los ingenieros de la división. Finalizadas las dos semanas, había impresionado tanto a Faget con sus matemáticas (no con sus capacidades secretariales, ya que no sabía escribir a máquina) que le ofreció un puesto permanente dentro de su rama y le asignó dos hombres que le enseñaron las nociones básicas del calentamiento aerodinámico. En 1959 ya había escrito un informe, coescrito siete más, incluido uno con Max Faget, y, al igual que Mary Jackson, había sido ascendida a ingeniera.

Al principio de su carrera en Langley, Dorothy Lee fue entrevistada para el *Daily Press*, probablemente por Virginia Biggins, la periodista encargada de la sección de Langley. «¿Cree usted que las mujeres que trabajan con hombres tienen que pensar como un hombre, trabajar como un perro y actuar como una dama?», le preguntaron. «Sí, lo creo», respondió Lee, que después se sintió avergonzada al leer sus palabras en el periódico del domingo.

La parte de «actuar como una dama» era la que resultaba más fastidiosa. Un poco de fingida timidez, como el ajenjo, podía resultar agradablemente embriagadora y facilitar las interacciones con los hombres. Sin embargo, un exceso de educación podría truncar las probabilidades de ascender de una mujer. Se «suponía» que las mujeres debían esperar los encargos de sus supervisores y no podían tomar la iniciativa haciendo preguntas o pidiendo encargos mejores. Los hombres eran ingenieros y las mujeres eran computistas; los hombres se encargaban del pensamiento analítico, y las mujeres, de hacer los cálculos. Los hombres daban órdenes y las mujeres tomaban nota. A no ser que un ingeniero tuviera alguna razón de peso para evaluar a una mujer como igual, esta seguía siendo invisible para él, su utilidad se medía en función de la tarea que tuviera entre manos y nunca se exploraban sus talentos ocultos.

Muchas mujeres sí que pasaban el día realizando un trabajo mecánico y repetitivo, procesando datos con indiferencia, analizando torrentes de números con la misma frialdad que las máquinas calculadoras que manejaban. Pero la media del nivel de interés por el trabajo entre las empleadas no era más baja que la de sus homólogos varones, los «habituales del túnel de viento» y los mediocres «ingenieros incapaces de hacer nada» que lograban conseguir un lugar entre tanta burocracia pese a su limitado talento y su escasa ambición. Las mujeres que habían encontrado su verdadera vocación en el NACA, como Dorothy Lee y Katherine Johnson, se despertaban por las mañanas soñando con ángulos de ataque y ecuaciones orbitales de dos cuerpos, igual que lo hacían Chris Kraft, Max Faget y Ted Skopinski. Igualaban a sus compañeros varones en curiosidad, pasión y capacidad para soportar la presión. Su camino hacia el éxito podría parecerse menos a una línea recta y más a las distribuciones de presión y a las órbitas que calculaban, pero estaban decididas a hacerse un hueco. Sin embargo, primero tenían que superar el obstáculo de las bajas expectativas.

Fueran cuales fueran las inseguridades que pudiera tener Katherine Goble por ser una mujer trabajando con hombres, o por ser una de las pocas negras en un entorno laboral de blancos, lograba dejarlas a un lado cuando llegaba al trabajo por la mañana. Conseguía arrinconar el racismo y el machismo en un lugar lejos de su alma, donde no pudieran dañar la confianza que tenía en sí misma. Katherine había decidido que, una vez llegados a la oficina, «todos eran iguales». Iba a dar por hecho que los tipos listos que se sentaban al otro lado de la mesa, con los que compartía línea telefónica y alguna partida de *bridge* durante la comida, pensaban lo mismo. Solo tenía que superar esos puntos muertos y presentar sus argumentos.

«¿Por qué no puedo asistir a las reuniones editoriales?», volvió a preguntar, negándose a aceptar las objeciones iniciales. Siempre seguía preguntando hasta obtener una respuesta satisfactoria. Sus peticiones eran suaves, pero persistentes, como el goteo del agua que finalmente consigue abrirse paso entre la roca. La mayor aventura de la historia de la humanidad tenía lugar a dos mesas de distancia. No recorrer aquellos últimos pasos habría sido como traicionar a su autoestima y a todos aquellos que la habían ayudado a llegar donde estaba. Preguntaba temprano, preguntaba con frecuencia, hacía preguntas agudas sobre el trabajo. Preguntaba respetando por completo a los inteligentes compañeros con los que trabajaba, y preguntaba sabiendo que era la persona indicada para una tarea que requería las mentes más despiertas.

Pero, más que nada, preguntaba convencida de la decisión final.

«Dejen que vaya», dijeron ellos al fin, exasperados. Los ingenieros estaban cansados de decir que no. ¿Quiénes eran ellos, debieron de preguntarse, para oponerse a una mujer tan decidida a contribuir, tan convencida de la igualdad de su contribución como para estar dispuesta a enfrentarse a los hombres cuyo éxito —o fracaso— podría decantar la balanza del resultado de la Guerra Fría?

En 1958, Katherine Goble logró asistir por fin a las reuniones editoriales de la sección de Control y Asesoramiento de la División de Investigación de Vuelo de Langley, que pronto pasaría a ser la División de Mecánica Aeroespacial de la futura Administración Nacional de la Aeronáutica y del Espacio. Ahora Katherine avanzaría con el programa.

CAPÍTULO 18

A velocidad predeterminada

El de 1958 fue un año que ningún empleado de Langley olvidaría jamás. Al salir del trabajo el 30 de septiembre, se despidieron del Comité Asesor Nacional de Aeronáutica, la organización secreta que durante cuarenta y tres años había supervisado discretamente y dirigido la revolución aérea, se despidieron del viejo Laboratorio aeronáutico de Langley. La mañana del 1 de octubre, los antiguos NACAítas entraron en el Centro de Investigación de Langley, epicentro de la Administración Nacional de la Aeronáutica y del Espacio, una nueva agencia estadounidense cuyo nacimiento había sido propiciado por una esfera soviética en órbita. Los edificios no habían cambiado, tampoco la gente ni, en muchos casos, el trabajo que realizaban. Pero, de la noche a la mañana, habían pasado de ser eruditos y desconocidos a ser evidentes y espectaculares, al menos en la imaginación popular; ya no eran los chiflados de la época de los aviones de los años cuarenta, sino los guardianes de la era espacial de los sesenta.

A finales de la década de los cincuenta, cuando el programa espacial estadounidense parecía descoordinado y salvaje

como un potro desbocado, predecir que Estados Unidos supe-
raría a los soviéticos habría podido parecer una apuesta arries-
gada. La NASA tenía otros planes, creó un grupo de expertos
en Langley llamado Grupo de Tareas Espaciales, un equipo de
trabajo sagaz y semiautónomo que bebía de las fuentes de la
División de Investigación de Vuelo y la PARD, y que estaba dirigido por el ingeniero Robert Gilruth. El Grupo de Tareas Espaciales estableció su oficina en la zona este de Langley, en
algunos de los edificios más antiguos del laboratorio. Aquellos
pioneros del espacio, un grupo inicial de cuarenta y cinco personas, organizaron y dieron nombre al primer programa espacial tripulado del país: el Proyecto Mercury. La empresa tenía
tres objetivos: orbitar una astronave tripulada alrededor de la
Tierra, investigar la capacidad del hombre para operar en el espacio y recuperar la astronave y a los hombres sanos y salvos.

Los habitantes de Virginia sacaban pecho con orgullo ahora que los viejos cerebritos estaban al frente de la operación
contra los rojos. Una jornada de puertas abiertas celebrada en
Langley en octubre de 1959, con motivo del primer aniversario
de la NASA, atrajo a veinte mil residentes ansiosos por echar
un vistazo al trabajo de los extraños vecinos a los que habían
subestimado e ignorado durante décadas. Para el público, la
NASA ya no era «un puñado de edificios grises y aburridos con
gente gris que trabajaba con reglas de cálculo y escribía ecuaciones en pizarras», sino lo que se alzaba entre ellos y el cielo
rojo. Sin embargo, el legado de Virginia como lugar donde la
humanidad dio el primer paso hacia los cielos tendría que
competir con la mala fama que iba adquiriendo como el enemigo más intransigente de las escuelas integradas.

«Hasta donde puede anticiparse hoy en día la futura historia de este estado, el año 1958 será conocido como el año en
que Virginia cerró las escuelas públicas», se lamentaba Lenoir
Chambers, editor jefe de *Virginian-Pilot* y liberal sureño al estilo de Mark Etheridge, del *Louisville Post-Courier*. Sin dejarse

amedrentar por el incidente de 1957 en Little Rock, el movimiento de la Resistencia Masiva de la maquinaria Byrd cumplió con su amenaza. En otoño de 1958, el gobernador de Virginia Lindsay Almond encadenó las puertas de las escuelas de las localidades que intentaban acatar la decisión del Tribunal Supremo sobre el caso Brown. Trece mil estudiantes de las tres ciudades que habían seguido hacia delante con la integración —Front Royal, Charlottesville y Norfolk— se encontraron en sus casas en otoño de 1958. «Prefiero que mis hijos vivan en la ignorancia antes de ir a clase con negros», le dijo un padre blanco a un periodista. Un total de diez mil de esos alumnos vivía en Norfolk: 5500 pertenecientes a familias militares residentes en la base naval, estudiantes blancos y negros que pagaban el precio de la cruzada racial estatal.

Frente a Norfolk, en la península que Langley llamaba hogar, las escuelas públicas permanecían abiertas, pero segregadas. Incluso mientras las barreras en el lugar de trabajo de sus padres seguían disolviéndose, los hijos de los empleados negros de Langley retomaban sus rutinas otoñales en Carver, Huntington y Phenix, mientras que sus compañeros blancos regresaban al Instituto Newport News y a la Escuela Hampton. En su nuevo hogar de Mimosa Crescent, a las hijas de los Goble les correspondía ahora asistir a la Escuela Superior de Hampton. Sin embargo, la junta de la escuela pagaba «tarifas escolares» a las familias como incentivo para que mantuviesen a sus hijos en el distrito negro, similares a las «becas» para fuera del estado que este ofrecía a los estudiantes negros de postgrado para que no integraran las facultades de Virginia.

Las fuerzas a favor de la igualdad redoblaron sus esfuerzos, decididos a superar la resistencia a la integración como un motor a reacción que impulsa un avión contra corriente. Pero, al igual que Christine Mann y todos los demás cuyas esperanzas y miedos habían crecido el día que se dictó sentencia sobre el caso Brown, los negros de Virginia eran muy conscientes de la larga demora existente entre los triunfos políticos y legales y un verdadero cambio social. Por muy fantásticas que pudieran resultar las ambiciones espaciales estadounidenses, enviar a un hombre al espacio empezaba a parecer una tarea sencilla comparada con mezclar a estudiantes negros y blancos en las mismas aulas de Virginia.

En vez de intentar hacer planes basándose en maquinaciones más allá de su alcance, madres como Dorothy Vaughan, Mary Jackson y Katherine Goble trabajaban duramente para influir en lo que sí podían controlar: animar a sus hijos para superarse en sus escuelas segregadas y poder llegar hasta la universidad. Joylette, la hija de dieciocho años de Katherine Goble, talentosa violinista y hermosa joven, pronunció el discurso de graduación de la clase de 1958 del Instituto Carver y después cruzó el pueblo para asistir al Instituto Hampton. Connie y Kathy, estudiantes de honor y músicas en la clase de segundo año, siguieron los pasos de su hermana mayor. Las chicas y su madre aparecían regularmente en la columna de sociedad del *Norfolk Journal and Guide*, siendo el modelo de familia negra profesional que asciende socialmente.

En público, Katherine Goble era elegante, optimista e imparable, e insistía en que sus hijas se comportaran de la misma manera. Su pena y su soledad, la carga de ser madre y padre a la vez, las relegaba a la intimidad de su hogar en Mimosa Crescent. Jimmy Goble había sido el amor de juventud de Katherine, un padre cariñoso y el compañero con el que ella esperaba envejecer. Ambos formaban una pareja compatible, atractiva y encantadora presente en las galas de otoño, los bailes de debutantes, los picnics y las cenas benéficas de la comunidad negra. Siendo una mujer viuda, todavía joven a los cuarenta años, Katherine veía que se dirigía hacia los márgenes de la sociedad.

Eunice Smith era la firme compañera y confidente de Katherine. Ambas pasaban más tiempo juntas que muchas parejas casadas, iban y volvían juntas del trabajo cada día, dirigían juntas la filial de su hermandad, AKA, en Newport News, dedicaban tiempo a animar a sus equipos en el campeonato anual de baloncesto de la Asociación Atlética Intercolegial Central (CIAA) para facultades negras. Nunca faltaban al servicio de los domingos en la Iglesia Presbiteriana de Carver, y una noche a la semana, cuando salían de Langley, se iban a Carver para ensayar con el coro.

Una noche de 1958, un guapo capitán del ejército de treinta y tres años, sonrisa fácil y voz grave se apuntó a los ensayos. James A. Johnson, nacido en Suffolk, Virginia, se había mudado a Hampton con su familia cuando era adolescente. Asistió al Instituto Phenix y, de hecho, Mary Jackson había sido una de sus profesoras. Jim Johnson había planeado asistir al Instituto Hampton, pero fue reclutado nada más terminar la educación secundaria. En vez de asignarle la escuela de entrenamiento naval situada allí, fue enviado al Campamento de Entrenamiento de la Armada en Great Lakes, Illinois. Estudió metalúrgica de aviación y se especializó en la reparación de hélices. Después de su servicio durante la guerra, Johnson terminó el grado y acabó con un trabajo de oficina en el Departamento de Comercio de Washington, D.C., pero también se apuntó a la Reserva de la Armada de Estados Unidos para poder pasar los fines de semana en la Base Naval de Patuxent River en Maryland, reparando aviones utilizados para vuelos de prueba. Con el comienzo de la guerra de Corea, se alistó en el ejército y sirvió como sargento de artillería, calibrando las pistolas utilizadas contra la infantería enemiga. En 1956, regresó a Hampton y aceptó un trabajo en la oficina de correos como cartero, lo que le ayudó a mantenerse en forma gracias a los kilómetros que caminaba diariamente. Como nunca le gustó alejarse demasiado de las Fuerzas Armadas, también se apuntó como miembro de la Reserva del Ejército de Estados Unidos.

«Chicas, está soltero», había anunciado el pastor en la iglesia aquel domingo después de presentar a Jim como nuevo miembro de la congregación. Katherine no tenía intención ni esperanza de encontrar un nuevo amor, pero casi inmediatamente después de conocerse en el coro, Jim y ella comenzaron a salir, aparecían juntos en bailes y fiestas, y llegaban juntos a la iglesia como una familia, acompañados de Kathy y Connie.

La devoción que sentía Jim por el servicio militar hizo que le resultara fácil entender el fuerte compromiso de Katherine con su trabajo en Langley. Conocía la satisfacción que producía un empleo gratificante y le encantaba la sensación de camaradería que le otorgaba el ejército. Como hombre negro, disfrutaba de la oportunidad de alejarse de los trabajos de cocinero, sirviente y obrero que tradicionalmente estaban reservados para los negros, y ganaba experiencia en un campo en el que sentía que podía hacer contribuciones importantes.

También comprendía la naturaleza reservada del trabajo de Katherine y las muchas horas que su puesto requería. Desde que terminara la Segunda Guerra Mundial, el NACA había sido un lugar en el que se entraba a las ocho y se salía a las cuatro y media. Ahora, al comienzo de la carrera espacial, salir del edificio a las diez de la noche podía considerarse algo bueno. En unas circunstancias menos apremiantes, el personal de la NASA podría haber enfocado el problema espacial más propio del NACA investigando cuidadosamente todas las posibles opciones para los viajes espaciales y recomendando las que tuvieran mayor potencial a largo plazo. Dentro de la NASA había quienes creían, y seguirían creyendo durante décadas, que la decisión del gobierno de apostarlo todo a una estrategia a corto plazo para vencer a los soviéticos eliminaría la oportunidad de convertir a los humanos en una especie verdaderamente orientada hacia el espacio. Con los rusos aparentemente a la cabeza, el enfoque que comenzó a tomar forma fue el más simple, más rápido y más seguro, a medida que la NASA analizaba las limitaciones, interdependencias y contingencias a las que se enfrentaba. Los ingenieros abordaron el Proyecto Mercury como abordaban cualquier problema: desmenuzaron el Proyecto Mercury y piezas más pequeñas.

La astronave en sí, la «lata» que llevaría a un hombre al espacio, era creación de Maxime Faget, el jefe de Dorothy Lee. La teoría aerodinámica y la intuición sugerían que la combinación de cohete y astronave debía ser todo lo aerodinámica posible para minimizar la resistencia aerodinámica. Desde el Flyer de los hermanos Wright de principios de siglo, los aviones habían evolucionado y habían dejado de ser aparatos con forma de pelícano para convertirse en máquinas elegantes con la silueta de un halcón; ¿por qué no iba una astronave a seguir el mismo camino? Pero las pruebas realizadas por Harvey Allen, ingeniero del Laboratorio de Propulsión de Vuelo Lewis en Cleveland, demostraron que las estructuras en forma de aguja no conseguirían disminuir el extremo calor provocado por la fricción de la atmósfera. Un cuerpo romo, algo más parecido al corcho de una botella de champán, crearía una onda expansiva al regresar a la Tierra, lo que disiparía el calor y mantendría a salvo al hombre que fuese dentro, o eso esperaban. Faget aplicó las ideas de Allen al diseño de la cápsula espacial Mercury, de metro ochenta de ancho por casi tres metros y medio de largo, y con un peso de más de mil trescientos kilos.

El proceso de selección de astronautas quedaría limitado a los candidatos lo suficientemente bajos para caber dentro de la nave: solo se tuvieron en cuenta hombres que no superasen el metro setenta y cinco de alto ni los ochenta y un kilos de peso. Todos debían ser pilotos de pruebas cualificados de menos de cuarenta años y con al menos una licenciatura. En 1959, la NASA celebró una conferencia de prensa para presentar al mundo a los «Siete de Mercury». Cuatro de los siete astronautas seleccionados —Alan Shepard, Scott Carpenter, Wally Schirra y John Glenn— se habían graduado en la Escuela Naval de Pilotos de Prueba de Patuxent River, donde había trabajado como mecánico Jim Johnson, el nuevo amor de Katherine.

La NASA instaló a los astronautas en una oficina de Langley junto al Grupo de Tareas Espaciales y les obligó a realizar un entrenamiento físico y una formación académica en ingeniería y astronáutica. Los empleados intentaban ver a los Siete de Mercury, que habían dejado de ser soldados anónimos para convertirse en caras muy reconocibles en todo el mundo. Las computistas que trabajaban en el Grupo de Tareas Espaciales y los astronautas, cuya oficina se encontraba en el mismo edificio, con frecuencia se encontraban cuando iban o venían del baño.

Los cohetes que necesitaba la NASA para lanzar la nave y a los astronautas al espacio saldrían del inventario militar de misiles Redstone y Atlas, supervisados por Wernher von Braun en el Centro espacial Marshall de la NASA en Huntsville, Alabama. Los expertos en propulsión del laboratorio de la NASA en Cleveland se encargaron del sistema eléctrico de la nave y de los retrocohetes construidos en la propia nave.

En los ingenieros de la mesa de Katherine recayó la responsabilidad de calcular las trayectorias, trazar con todo detalle el camino exacto que la astronave seguiría sobre la superficie terrestre desde que despegara de la plataforma de lanzamiento hasta que cayera sobre el Atlántico. Como director del Grupo de Tareas Espaciales, Robert Gilruth había podido elegir qué empleados de la NASA quería para ocupar el centro neurálgico del Proyecto Mercury. John Mayer, compañero de oficina de Katherine, había subido a bordo del proyecto una semana después de que fuera creado, en noviembre de 1958. La carga de trabajo generada por el Proyecto Mercury era tanta que, incluso después de que Mayer se trasladara del 1244 a las oficinas de la zona este, les pasó parte del exceso de trabajo a sus viejos compañeros Carl Huss y Ted Skopinski, pidiéndoles que ayudaran en lo posible cuando Henry Pearson les dejara algo de tiempo libre. Consiguió que se encargaran de los «procesos de computación», lo que significó que Katherine se responsabilizara de los procesos de computación. El grupo abordó las tareas con entusiasmo, porque el espacio les parecía «algo divertidísimo». Convirtieron sus mesas en una sala de guerra trigonométrica; leían las ecuaciones cuidadosamente, escribían las ideas en las pizarras, evaluaban su trabajo, lo borraban y volvían a empezar.

No había prácticamente ningún aspecto de la tecnología defensiva del siglo XX que las manos y las mentes de las mujeres matemáticas no hubieran tocado. Igual que Katherine y sus compañeros de Langley, las mujeres del Área de Entrenamiento de Aberdeen, en Maryland, pasaban miles de horas computando tablas de trayectorias de balística, que los soldados utilizaban para calibrar con precisión y disparar sus armas, como había hecho Jim Johnson en Corea. La NASA decidió que el primer intento de llevar a un hombre al espacio debería ser un sencillo vuelo balístico, en el que la cápsula sería lanzada al espacio por un cohete como si fuera la bala de una pistola o una pelota de tenis disparada por una máquina de pelotas de tenis. La cápsula sube, la cápsula baja describiendo una amplia parábola y aterriza en el océano Atlántico. El astronauta debía aterrizar lo suficientemente cerca de los barcos de la armada que esperaban para sacarlo del agua sano y salvo. El desafío consistía en calcular la posición de la máquina para que la pelota, la cápsula Mercury, aterrizase lo más cerca posible de los barcos de la armada. Si se calculaba incorrectamente, la pelota iría a parar lejos de allí y la vida del astronauta correría peligro. Los cálculos debían ser precisos como el saque de Althea Gibson.

Un vuelo suborbital bien ejecutado daría un poco de aliento a Estados Unidos; pero el vuelo orbital —el objetivo final del Proyecto Mercury— era mucho más complejo. Un vuelo orbital satisfactorio requería que los ingenieros ajustaran el disparo de la máquina de pelotas de tenis en el ángulo correcto y que el lanzamiento tuviese la fuerza suficiente para enviar la pelota a través de la atmósfera y colocarla en órbita alrededor de la tierra, siguiendo una trayectoria tan específica que, al volver a atravesar la atmósfera en el camino de vuelta, aterrizara muy cerca de los navíos de la armada.

«Déjame hacerlo a mí», le dijo Katherine a Ted Skopinski. Trabajando con Skopinski como computistas (o «matemática adjunta», como habían pasado a llamarse las mujeres cuando el NACA se convirtió en la NASA), había demostrado ser tan precisa con los números como un reloj suizo y diestra con el trabajo conceptual de alto nivel. Era mayor que muchos de los «peregrinos» espaciales, algunos de los cuales acababan de salir de la facultad, pero estaba a su altura en entusiasmo y energía de trabajo. Sus compañeros estaban poniendo toda la carne en el asador y ella no pensaba quedarse fuera. «Dime dónde quieres que aterrice ese hombre y yo te diré hacia dónde lanzarlo», le dijo.

Su dominio de la geometría analítica era tan bueno como el de los hombres con los que trabajaba, quizá incluso mejor. Y las implacables exigencias del Proyecto Mercury y de la organización aún en proceso de formación que estaba construyéndose para llevarlo a cabo ponían a todos a prueba. Poco después de que John Mayer se uniera al Grupo de Tareas Espaciales le siguieron Carl Huss y Ted Skopinski, lo que hizo que Katherine fuese la heredera natural del informe de investigación que describiría el vuelo orbital del Proyecto Mercury. Como sucediera en muchas otras ocasiones a lo largo de su vida, Katherine Goble era la persona indicada en el lugar adecuado en el momento justo.

Sentada en la oficina, ahora más vacía, se sumergió en los análisis, aunque las molestas leyes de la física convertían una tarde de placentero entrenamiento de tenis en una batalla campal. La gravedad de la Tierra ejercía su fuerza sobre el satélite y debía tenerse en cuenta en el sistema de ecuaciones de la trayectoria. El achatamiento de la Tierra, el hecho de que no fuera perfectamente esférica, sino ligeramente achatada, como una mandarina, debía especificarse, igual que su velocidad de rotación. Incluso aunque la cápsula fuese disparada directamente hacia arriba y regresara trazando la misma línea recta, aterrizaría en un punto diferente, ya que la Tierra se había movido.

«Para la recuperación de un satélite artificial, es necesario traer el satélite hasta un punto preseleccionado sobre la Tierra desde el que se iniciará la reentrada», escribió. La ecuación 3 describía la velocidad del satélite. La ecuación 19 fijaba la posición longitudinal del satélite a la hora H. La ecuación A3 estimaba los errores de longitud. La ecuación A8 ajustaba la rotación de la Tierra. Hablaba con Ted Skopinski, consultaba sus libros de texto y hacía sus propios cálculos. Durante los meses de 1959 fue tomando forma el producto final de treinta y cuatro páginas: veintidós ecuaciones principales, nueve ecuaciones de error, dos casos prácticos de lanzamiento, tres textos de referencia (incluido el libro de Forest Ray Moulton de 1914), dos tablas con cálculos de muestra y tres páginas con gráficas.

El Grupo de Tareas Espaciales, que crecía con rapidez, iba convirtiéndose en una unidad autónoma que encabezaba el desfile espacial. La nueva empresa consumía todas las horas de trabajo que se le entregaban. Incluso mientras el Grupo de Tareas Espaciales trabajaba para crear barreras con el centro de investigación que lo había creado, los empleados del grupo todavía tenían responsabilidades para con sus antiguos jefes. El informe de Katherine y de Ted Skopinski sobre el ángulo acimut era trabajo del Grupo de Investigación de Vuelo, responsabilidad de su jefe de sección, Henry Pearson, y, aunque Ted Skopinski pasaba cada vez más tiempo en las oficinas del Grupo de Tareas Espaciales de la zona este, Henry Pearson no se había olvidado del informe, aún sin acabar.

«Katherine debería terminar el informe —le dijo Skopinski a Pearson—. De todas formas, ella ha hecho casi todo el trabajo». Henry Pearson tenía fama de no apoyar el ascenso de las empleadas, pero, ya fuera por las circunstancias, por la victoria del trabajo duro frente a los prejuicios o por una reputación inmerecida, Katherine dio los últimos retoques a su primer informe de investigación bajo supervisión de Pearson el viernes posterior a Acción de Gracias de 1959. «Cálculo del ángulo acimut para colocar un satélite en una posición terrestre seleccionada» pasó por diez meses de reuniones editoriales, análisis, recomendaciones y revisiones antes de su publicación, en septiembre de 1960, el primer informe realizado por una mujer que salió de la División de Mecánica Aeroespacial de Langley (o de su predecesora, la División de Investigación de Vuelo). Pisoteado, criticado, desmontado y sometido a todas las pruebas que los miembros del comité editorial consideraron oportunas, la hoja de ruta de Katherine ayudaría a la NASA a alcanzar el día en que la balanza de la carrera espacial se decantara a favor de Estados Unidos.

Para Katherine, el informe marcó el inicio de una nueva fase no solo en Langley, sino en su vida personal. Durante los largos y agotadores días de 1959, aceptó una oferta mucho más tentadora que la de asistir a las reuniones editoriales: la petición de matrimonio de Jim Johnson. Se casaron en agosto de 1959 en una ceremonia íntima en la iglesia de Carver. Cuando firmó su primer informe de investigación, utilizó un nuevo apellido, el apellido que la historia recordaría: Katherine G. Johnson.

CAPÍTULO 19

Comportamiento modélico

Mary Jackson escudriñó todos los aspectos de la maqueta: su suavidad, su simetría y alineación, la distribución del peso. Su experiencia e intuición eran sensibles a cualquier cosa que pudiera disminuir su adecuación aerodinámica. Aquel había sido un proyecto de noches y fines de semana, pero sabía que aquella investigación proporcionaría resultados mucho más rápidamente que cualquier otra investigación que estuviera desarrollándose en ese momento en el túnel supersónico de metro veinte. El listón lo había puesto el año anterior un ingeniero de la División de Mecánica Aeroespacial —el grupo de Katherine Johnson—, pero Mary y su joven colaborador estuvieron a la altura del desafío. Ella estaba dispuesta a invertir todo el tiempo que fuese necesario en ayudar a su hijo, Levi, a construir un maravilloso auto que compitiera en la carrera de automóviles de madera de la península en 1960.

Desde principio de año, Mary había pasado horas, cientos de ellas quizá, colaborando con su hijo, de trece años, igual que trabajaba con Kazimierz Czarnecki. Levi y ella habían ido al concesionario de Chevrolet de la localidad para rellenar la inscripción y recoger una copia de las bases oficiales, que parecían el manual de familiarización de un avión. «El vehículo y el conductor deben pesar menos de 113 kilos. Solo se permitían ruedas de goma. La longitud no debe exceder los dos metros. La distancia hasta el suelo debe ser de al menos ocho centímetros con el conductor montado. El coste total de todo el vehículo no debe superar los diez dólares, sin incluir las ruedas ni los ejes». Asimilaron las restricciones, hicieron bocetos y tomaron medidas, probaron con diferentes diseños hasta que se decantaron por el que mejor cumplía los requisitos. Después buscaron los materiales que darían vida al boceto. Oculto entre los cacharros de la parte trasera del garaje podía hallarse un tesoro: cajas de verduras, madera contrachapada, ruedas de carretilla sueltas, herramientas de jardinería, zapatos viejos, alambre y cordel, casi cualquier cosa podía resultar útil para construir el vehículo, si se contaba con creatividad suficiente. Después llegó el momento de pegar, clavar, atornillar y encajar, a medida que se aproximaba la gran carrera, celebrada anualmente el fin de semana de las vacaciones del Cuatro de Julio. Mary ayudó a su hijo a refinar el vehículo hasta dar con algo que pudiera rodar calle abajo con su piloto, como se llamaba a los competidores, en el asiento.

El último paso fue alisar, lijar y pulir el auto al máximo. Todas las carreras comenzaban en lo alto de una colina y no se permitía empujar. Levi y sus competidores se lanzarían desde el puente de la calle 25 de Newport News, que era prácticamente lo único que podía pasar por una colina en aquel terreno costero llano. Cuando los pilotos soltaban el freno, se encogían todo lo posible dentro de la cabina del vehículo, implorando a los dioses de la gravedad que tiraran de ellos lo más deprisa posible por la pista de carreras de 260 metros, con la esperanza de poder luchar contra la resistencia del aire, que era el mayor enemigo del piloto, como lo había sido para Chuck Yeager. Nadie sabía eso mejor que la asesora técnica de Levi, quien en mitad del proceso de construcción solía colar alguna cuña publicitaria sobre las maravillas de tener una carrera en el mundo de la ciencia.

Símbolo de la infancia de los niños americanos (a las niñas no se les permitió competir hasta principios de los setenta), el derbi de autos de madera mezclaba la ingenuidad estadounidense con la diversión familiar. La competición había surgido como distracción durante la Depresión, una manera de crear algo de la nada cuando nada era lo que tenía la mayoría de la gente. Con los años había ido afianzándose y en 1960 Levi era uno de los cincuenta mil chicos que aspiraban a competir en carreras locales de todo el país. No era de extrañar que la península acogiera la competición con entusiasmo. Los padres que se pasaban el día diseñando, construyendo, arreglando y manejando máquinas de transporte apuntaban a sus hijos y daban rienda suelta a sus propios instintos de constructor. Podían pasar tiempo con sus hijos y quitarse un poco la máscara de padres, dejando ver a sus retoños un pedazo del niño curioso que habían sido también ellos en otra época. Oficialmente, el derbi era cosa de los niños, desde la construcción del auto hasta el momento de encogerse en su interior el día de la carrera. Los padres (solían ser padres; Mary era una de las pocas madres que participaban) debían echarse a un lado y dar únicamente consejos, pero normalmente era difícil saber quién disfrutaba más con el proyecto de ingeniería, el padre o el hijo.

Al igual que los artesanos de los gremios medievales, los ingenieros de la NASA albergaban la esperanza de que algún día sus hijos decidieran seguir con la profesión que ellos tanto amaban. Su lugar de trabajo era agradable y seguro, sus compañeros eran listos e interesantes y, a medida que avanzaba el siglo XX, los ingenieros habían visto cómo los frutos de su trabajo transformaban la vida moderna de maneras que parecían inimaginables incluso mientras sucedía. No se harían ricos, pero el sueldo de un ingeniero era más que suficiente para permitirle formar parte de la clase media acomodada. Así que trabajaban como ayudantes de laboratorio en los proyectos de ciencias y convertían la mesa de la cocina en una clase de cálculo. Mantenían cautivos a sus retoños hasta que hubieran resuelto correctamente el último problema de los deberes, sin importarles la insolencia adolescente ni las lágrimas.

Ningún padre de la NASA tenía ventaja sobre Mary Jackson. Construir un coche de madera para el derbi eran prácticas en ingeniería y ella sabía que, cuanto antes empezara el niño, más probable sería que cayese bajo su embrujo. Animaba a Levi (y a sus profesores) a apuntarse a las clases de matemáticas y ciencias más complejas que pudiera encontrar y le ayudaba con sus proyectos de ciencias. Su proyecto de octavo curso, «Estudio sobre el flujo de aire en dimensiones a escala», quedó en tercer lugar en la feria de ciencias anual de su escuela.

«¿Automóviles de qué?», habían preguntado algunos vecinos, parroquianos de la iglesia de Bethel y miembros de su grupo de Girl Scouts cuando Mary les habló de sus proezas mecánicas junto a Levi. El primer desafío al que muchos negros se enfrentaban al participar en algo como el Derbi de Automóviles de Madera de América era enterarse de su existencia. Desde principios de año, Chevrolet colocaba anuncios en la revista *Boys' Life*, la publicación oficial de los Boy Scout, que animaba a los jóvenes a apostar por la diversión, la fama y la aventura con la puesta a punto de sus autos antes de que comenzara la temporada de carreras de verano. Levi, que era miembro del grupo de Boy Scouts de la iglesia de Bethel, tal vez hubiera leído sobre el tema incluso si no hubiera salido en una conversación en la oficina de su madre, pero era difícil que el mensaje llegara a oídos de personas con menos contactos.

Más difícil que recibir el mensaje era quizá hacer algo al respecto cuando lo recibías. Apuntarse al derbi equivalía a creer que tenías posibilidades de ganar, tanto (o más) para los padres como para el piloto. La verja electrificada de la segregación y los siglos que había pasado dando descargas habían condicionado tanto a los estadounidenses negros que, incluso después de que apagaran la corriente, la idea de trepar la verja provocaba pavor. Al igual que en las reuniones editoriales del Edificio 1244, al igual que en muchas situaciones de competitividad, grandes y pequeñas, nacionales y locales, la gente negra solía descalificarse automáticamente sin necesidad de que hubiera un cartel de SOLO BLANCOS. No existía ninguna norma que impidiera a un niño negro participar en la carrera, pero debía tener muchas agallas para creer que podía ganar, y más aún para aceptar una derrota como un fracaso que nada tenía que ver con su raza.

Sin embargo, Mary estaba decidida a trepar cualquier verja que se pusiera en su camino y arrastrar tras ella a todos los que conocía. El profundo humanitarismo heredado de su familia le había enseñado a ver los logros como algo parecido a una cuenta bancaria, algo de lo que hacías uso cuando lo necesitabas y en lo que ingresabas dinero cuando tenías la suerte de conseguir un extra.

Langley, lleno de gente con talento e intereses diversos, era una mina para sus muchas actividades como voluntaria. Sus compañeros se acostumbraron a verla de pie junto a sus mesas, apuntándolos a su último intento por aplicar los valores de disciplina, orden y progreso de la ingeniería a la esfera social. Mary creía que las chicas necesitaban especial atención; sabía que, aunque el derbi estuviese abierto a chicos negros, la solicitud de su hija habría sido rechazada por culpa de su género. Su puesto de ingeniera le daba un punto de vista privilegiado poco común. Pese al amplio grupo de mujeres que trabajaban ahora en el centro, casi todas las profesionales técnicas, negras y blancas —incluso alguien con tanto talento como Katherine Johnson—, estaban clasificadas como matemáticas o computistas, con un rango inferior al de las ingenieras y también un sueldo menor, aunque realizaran el mismo trabajo.

Mary hacía causa común con los empleados negros de Langley y de otros lugares de la industria. Katherine Johnson, ella y muchos otros eran miembros de la Asociación Técnica Nacional, la organización profesional para ingenieros y científicos negros. Mary se esforzaba por llevar estudiantes de las escuelas públicas de Hampton y del Instituto Hampton a las instalaciones de Langley para realizar visitas y que pudieran ver de cerca a los ingenieros trabajando. Organizó un seminario para asesores laborales en el Instituto Hampton, con el fin de que pudieran orientar mejor a sus estudiantes hacia las oportunidades laborales en Langley. Si se enteraba de que Langley iba a contratar a un nuevo empleado negro, se desvivía por realizar llamadas telefónicas para buscarle un lugar donde vivir, como había hecho cuando era secretaria de la USO de King Street.

Pero Mary también tenía aliadas entre las mujeres blancas con las que trabajaba. Emma Jean Landrum, otra integrante de la pequeña hermandad de ingenieras de Langley, se sentaba a dos mesas de distancia de Mary en la oficina del túnel de presión supersónica de metro veinte. Emma Jean había sido la estudiante con mejores notas de la clase de 1946 en la Universidad de Carolina del Norte en Greensboro, y se había ganado la vida durante las clases sirviendo comidas en el comedor y evaluando trabajos para los profesores. Como muchas de las mujeres de Langley, Emma Jean había sido contratada por Virginia Tucker, antigua computista jefe de Langley. Desde entonces, Emma Jean había realizado varios informes de investigación como parte del equipo del túnel de plan unitario; después fue transferida a la oficina del túnel de presión supersónica de metro veinte, donde se convirtió en otra de las colaboradoras frecuentes de Kaz Czarnecki. Ella, igual que Mary Jackson, fue designada ingeniera en 1958.

Cuando Mary le pidió a Emma Jean que participara en una conferencia sobre oportunidades laborales en 1962, organizada por la sede local del Consejo Nacional de Mujeres Negras, ella aceptó sin dudar. Un grupo de chicas negras, estudiantes de secundaria, prestaron atención a la conferencia de Mary y Emma Jean, llamada «Aspectos de la ingeniería para mujeres». Después, Emma Jean entretuvo a las chicas con las diapositivas de un viaje que había realizado recientemente a París y a Londres. El hecho de que aparecieran las dos juntas delante del grupo —Mary, pequeña y negra, y Emma, blanca y casi una cabeza más alta— dejaba claras las posibilidades del campo de la ingeniería, tanto o más que la presentación en sí. Las chicas no solo vieron de primera mano que las mujeres podían triunfar en un ámbito tradicionalmente reservado a los hombres; en la colaboración de Mary y Emma, vieron que era posible que un lugar de trabajo blanco acogiera a una mujer como ellas.

Para Mary, ser la jefa del grupo número 60 de las Girl Scouts, uno de los mayores grupos minoritarios de la península, seguía siendo prioritario en su lista de actividades como voluntaria. Sin embargo, empezaba a impacientarse con el requisito segregacionista que exigía que hubiese un consejo separado únicamente para *scouts* negros, así que comenzó una campaña a favor de una organización que supervisara a todos los *scouts*. Cuando comenzaron a circular las nominaciones para ocupar los dos puestos de Virginia en el cónclave nacional de *scouts* en Cody, Wyoming, Mary presionó para enviar a su joven ayudante Janice Johnson, que se había convertido en su mano derecha y en líder por derecho propio. Sería el debut de Janice en un entorno integrado —de hecho sería la primera vez que se alejase de su pueblo natal—, pero Mary tenía el convencimiento de que estaría a la altura del desafío y lo consideraría una experiencia muy valiosa.

Mary también sabía que una nativa de un lugar tan llano que prácticamente estaba bajo el nivel del mar necesitaría un entrenamiento antes de caminar durante días por los altos paisajes de las montañas de Wyoming. Así que le pidió ayuda a Helen Mulcahy, antigua computista del este que había sido transferida al departamento de edición técnica de Langley. Mary le pidió a Helen, aficionada al senderismo, que llevara a Janice de excursión con una mochila llena, primero por Buckroe Beach, después por las montañas Shenandoah de Virginia. No era un entrenamiento muy riguroso para una excursión a mil quinientos metros de altitud, y Janice no ganó ninguna insignia por su capacidad, pero se mantuvo firme en el campamento y regresó con muchas historias para sus chicas y la cabeza llena de sueños de vivir más allá de su hogar de siempre en Virginia.

A cada año que pasaba, parecía que el trabajo que Mary amaba y el servicio comunitario que daba sentido a su vida iban convirtiéndose en una misma cosa. Se ganó el título de ingeniera con trabajo duro, talento y determinación, pero la oportunidad de luchar por ello fue posible gracias al esfuerzo de las personas que habían llegado antes que ella. Dorothy Vaughan había tenido un impacto positivo en su carrera y en el fenómeno de Katherine Johnson. Dorothy Hoover había demostrado que una mujer negra era capaz de realizar una investigación aeronáutica teórica al más alto nivel. Pearl Young, Virginia Tucker, Kitty Joyner; Mary también se alzaba sobre los hombros de esas mujeres blancas. Cada una de ellas había ayudado a abrir un poco más la puerta, permitiendo que el siguiente talento pudiera entrar. Y, ahora que Mary había atravesado el umbral, pensaba mantener la puerta abierta para que otros vinieran detrás.

La mañana del sábado 3 de julio, una entusiasta multitud de cuatro mil personas se reunió a ambos lados de la calle 25 en Newport News, en pleno fin de semana del Cuatro de Julio. El clima era el típico de Virginia en verano: despejado, cálido, con la brisa suficiente para que la multitud no pasara mucho calor, pero no demasiado fuerte como para interferir en el resultado del décimo derbi anual de autos de madera de la península. Los participantes de la primera eliminatoria del día acercaron sus vehículos a la línea de salida en lo alto del puente de la calle 25. Todo quedó atrás cuando los pequeños pilotos se metieron en sus autos —la imagen de los muelles y del astillero a lo lejos, el sonido de la muchedumbre animando, las caras de familiares y amigos que habían ido a verlos—, todo salvo la sensación del vehículo que confinaba sus miembros desgarbados y el deseo de ser el primer auto que cruzara la línea de meta. Los oficiales pesaron e inspeccionaron cada vehículo, después celebraron un sorteo para establecer los puestos de salida en la primera eliminatoria. Al oír el disparo de la pistola, los pilotos soltaron el freno, se encogieron dentro de sus autos caseros y rodaron colina abajo. La carrera era un evento que duraba todo el día, una eliminatoria tras otra, chicos adolescentes ansiosos competían con ruedas tambaleantes, con ejes rotos, errores tácticos, decepción paterna y foto de llegada.

Mary Jackson veía el aire moverse alrededor de los pilotos tan claramente como si estuviera viendo una fotografía Schlieren tomada en un túnel de viento. El auto de Levi estaba bien hecho; el único ajuste necesario entre eliminatorias era echar «una gota de aceite en cada rueda». Mary, Levi padre y Carolyn, de cuatro años, contuvieron la respiración mientras Levi hijo se colocaba en posición para la última carrera. Pareció durar una eternidad, pero al final, Mary y Levi padre gritaron de alegría: su hijo había terminado el primero, reservando su mejor tiempo para la eliminatoria que más importaba. Con un casco blanco y negro y la camiseta oficial de la carrera, Levi hijo cruzó la línea de meta a veintisiete kilómetros por hora. Su familia corrió hacia él para abrazarlo y felicitarlo. Levi Jackson les contó el secreto de su victoria a los sorprendidos periodistas locales que acudieron a entrevistar al ganador del derbi de autos de madera de la península de Virginia: la delgadez de su máquina, que ayudaba a disminuir la resistencia del viento. «¿Qué quieres ser cuando seas mayor?», debió de preguntarle el periodista de *Norfolk Journal and Guide*. «Quiero ser ingeniero como mi madre», respondió Levi.

Los premios de la carrera eran increíbles: un trofeo dorado, una bicicleta nueva y un puesto en el Derbi Nacional Americano de Automóviles de Madera de Akron, Ohio, como representante oficial de la península de Virginia. Allí Levi se enfrentaría a pilotos de todo el país, frente a setenta y cinco mil admiradores, en una pista donde los participantes podrían correr a velocidades que excedían los cincuenta kilómetros por hora. Allí él sería el único ocupante de su cochecito aerodinámico, pero le acompañaría una comunidad de gente en espíritu. Levi Jackson fue el «primer chico de color en la historia» que ganó el derbi de autos de madera de la península. Prácticamente desde el momento en que cruzó la meta comenzaron a llegar los donativos de los Bachelor-Benedicts, los Phoebus Elks, el Club Social Beau Brummell, la Liga del Servicio de Mujeres de Hampton, media docena de negocios regentados por negros y las tres iglesias negras más grandes de Hampton para ayudar a costear el viaje del héroe local hasta Ohio. ¡Otra primera vez para los negros que pasaría a la historia! Si un niño negro podía llevarse a casa el trofeo del derbi de vehículos de madera, ¿qué más sería posible?

Los logros gracias al esfuerzo, el progreso social gracias la ciencia, las posibilidades gracias a la determinación… Cuando Levi recibió el trofeo del primer lugar, Mary contempló, en un emotivo momento de orgullo, la personificación de todo aquello que tanto defendía. Por supuesto, también sabía que su hijo era su viva imagen; ambos habían estado construyendo el auto para ganar. Se suponía que los hijos de los cerebritos debían salir vencedores en una carrera así, incluso si el cerebrito era una mujer, o negro, o ambas cosas. Formar parte de las primeras veces de los negros era un símbolo poderoso, ella lo sabía tan bien como nadie, y acogió el triunfo de su hijo con alegría. Pero también sabía que lo mejor de romper una barrera era que nunca habría que volver a romperla.

CAPÍTULO 20

Grados de libertad

En febrero de 1960, cuando la NASA siguió avanzando con pruebas fiables en la cápsula Mercury, cuatro estudiantes de la Facultad de Agricultura y Técnica de Carolina del Norte, una facultad negra de Greensboro, se sentaron a una barra segregada en el Woolworth's del pueblo y se negaron a moverse hasta que les sirvieran. Al día siguiente, los «Cuatro de Greensboro» se habían convertido en un grupo de veinte activistas. Al tercer día, sesenta estudiantes se reunieron en el Woolworth's y, al cuarto, trescientos se habían unido ya a la manifestación. Entre los participantes había estudiantes de la Facultad Bennett, una facultad negra para mujeres en Greensboro, además de estudiantes blancos de la Facultad Guildford y de la Facultad de mujeres de la Universidad de Carolina del Norte, *alma mater* de muchas computistas del este. Pasada una semana, las protestas, inspiradas por las acciones no violentas de Mahatma Gandhi, se extendieron a otras ciudades de Carolina del Norte y después cruzaron fronteras hacia Kentucky, Tennessee y Virginia. Los estudiantes comenzaron a llamar «sentadas» a sus protestas. Las sentencias de prisión que a veces acompañaban a su activismo no sirvieron para atenuar su furor. «Queridos papá y mamá, os escribo esta carta esta noche desde una celda en la cárcel de Greensboro. Me han arrestado esta tarde cuando he entrado a un comedor blanco y me he sentado»..., escribió una joven de Portsmouth que asistía a la A&T de Carolina del Norte. Como una cerilla sobre la chasca seca, las sentadas encendieron el sueño de igualdad de los negros con tal velocidad e intensidad que sorprendió incluso a la comunidad negra.

El Instituto Hampton fue la primera escuela fuera de Carolina del Norte en organizar una sentada. En el campus, muchos estudiantes habían entrado en contacto con uno de los primeros iconos de la movilización, que parecía estar adquiriendo ímpetu nacional. Cinco años antes, Rosa Parks, la costurera de Montgomery, Alabama, y miembro de la NAACP, se negó a ceder su asiento en un autobús a un hombre blanco, lo que dio pie al boicot de los autobuses encabezado por Martin Luther King y Ralph Abernathy. Las acciones de Parks tuvieron consecuencias violentas: recibió amenazas de muerte y tanto ella como su marido, Raymond, fueron colocados en la lista negra de empleo en Montgomery. El director del Instituto Hampton contactó con Parks y le ofreció un trabajo como anfitriona en el comedor del claustro de la universidad, el Holly Tree Inn. Parks aceptó, llegó al campus en 1957 y trabajó en el restaurante hasta 1958.

Cuando las sentadas llegaron a Hampton, Christine Mann era una estudiante de dieciocho años del penúltimo curso del Instituto Hampton con doble carga de asignaturas. Su padre había insistido en que se sacase el certificado de maestra como plan B para su carrera en ciencias. Christine quedó cautivada por el incipiente movimiento activista y, pese a tener un cuatrimestre lleno de asignaturas de Matemáticas, Física y Educación, encontró tiempo para unirse a las protestas, que finalmente se convirtieron en marchas de más de 700 personas.

Los estudiantes atravesaban el puente de Queen Street hacia el centro de Hampton y convergían en los comedores de Woolworth's y Wornom's, la droguería de la localidad. Ocupaban tranquilamente las tiendas, algunos se sentaban a la mesa para leer o hacer tareas, hasta que los dueños cerraban los establecimientos a media tarde. Al mes siguiente, 500 estudiantes organizaron una protesta pacífica por el centro de Hampton. Un grupo de trece líderes del movimiento celebró una conferencia de prensa con los periódicos locales. «Queremos que nos traten como a ciudadanos estadounidenses —declararon ante los periodistas—. Si eso significa la integración en todas las áreas de la vida, entonces eso es lo que queremos».

Christine también decidió sumarse a las campañas de inscripción de votantes organizadas en Hampton, yendo de puerta en puerta por los vecindarios negros de Shell Road y Rip Rap Road, pidiendo a los votantes negros que se inscribieran a tiempo de dar su voto en las elecciones presidenciales de noviembre de 1960 entre el republicano, el vicepresidente Richard Nixon, y el demócrata, el senador John F. Kennedy de Massachusetts.

Pese a su inflexible defensa del progreso económico negro, la actitud del Instituto Hampton con respecto a la integración siempre había sido discreta; Malcolm MacLean, director durante la guerra, había sido una notable excepción. Ahora, con un director negro al frente por primera vez, incluso Hampton sucumbió al espíritu de la época. La hija mayor de Dorothy Vaughan, Ann, que había abandonado el Instituto Hampton en 1957, regresó en otoño de 1959 para terminar la carrera. El campus al que regresó estaba vivo, activo, con la posibilidad de un cambio social significativo y permanente. Un rumor que corrió como la pólvora entre la red de motivados estudiantes —un rumor que parecía improbable, pero que se asentó hasta que se aceptó como un hecho— era que los astronautas estaban contribuyendo a las actividades organizativas de los estudiantes. Los astronautas representaban todo lo que a Estados Unidos le parecía valioso, «y están con nosotros», se maravillaban los estudiantes. Les encantaba la idea de que esos chicos americanos de clase media con el pelo corto estuviesen de parte de los estudiantes activistas negros, aunque fuera a escondidas. El hecho de que el rumor no pudiera confirmarse no disminuyó su poder. Al principio de una década en la que todo empezaba a parecer posible, nada parecía imposible.

Si alguien podía dar fe del impacto a largo plazo de las acciones persistentes, y también de la intensidad de las fuerzas que se oponían al cambio, esa era Dorothy Vaughan. Lindsay Almond, gobernador de Virginia, capituló, reabrió las escuelas de Norfolk, Charlottesville y Front Royal en 1959 y se acercó un poco más a la integración: ochenta y seis estudiantes negros de esos distritos ahora asistían a clase con blancos. Sin embargo, en el condado de Prince Edward los segregacionistas se mantenían firmes: recortaron fondos del sistema escolar de todo el condado, incluido Moton, en Farmville, en vez de integrar. Ningún distrito estadounidense había tomado jamás una medida tan drástica. Mientras los padres blancos llevaban a sus hijos a las nuevas academias segregadas, casi todas las familias negras con recursos se esforzaban por asegurar la educación de sus hijos enviándolos a vivir con parientes de todo el estado, algunos incluso en Carolina del Norte. Las escuelas de Prince Edward permanecerían cerradas desde 1959 hasta 1964, cuatro largos y amargos años. Muchos de los niños afectados, conocidos como la «generación perdida», nunca recuperaron los cursos a los que no pudieron asistir. Virginia, un estado con una de las mayores concentraciones de talento científico de todo el mundo, estaba a la cabeza del país en negar educación a sus jóvenes. Los amigos y antiguos compañeros de Moton de Dorothy veían con impotencia cómo se sacrificaba el futuro de sus hijos en una batalla por el futuro de las escuelas públicas de Virginia.

Hablando sobre la situación en 1963, el fiscal general estadounidense Robert Kennedy dijo: «Los únicos lugares de la tierra conocidos por no proporcionar educación pública gratuita son la China comunista, Vietnam del Norte, Sarawak, Singapur, Honduras Británica y el condado de Prince Edward, Virginia».

Mientras tanto, Langley avanzaba en dirección contraria. Cuando Dorothy Vaughan apagó las luces de la oficina de Computación del oeste por última vez, ella y las mujeres que quedaban en la sala de computación segregada fueron destinadas a diversos puestos del laboratorio, donde al fin alcanzaron a sus compañeras, que ya habían encontrado puestos permanentes en un grupo de ingeniería. Marjorie Peddrew e Isabelle Mann fueron a Dinámicas de gases, Lorraine Satchell y Arminta Cooke se unieron a Mary Jackson en la Sección de Túneles Supersónicos, Hester Lovely y Daisy Alston se dirigieron hacia la Sección de Reactores Hipersónicos de cincuenta centímetros, Eunice Smith fue a parar a Cargas de Suelo y Pearl Bassette fue destinada al Túnel Hipersónico de veintisiete centímetros.

En cuanto a la antigua líder de las computistas del oeste, Dorothy Vaughan, acabó en una oficina nueva en otro edificio de reciente construcción. En 1960, Langley acababa de completar el Edificio 1268, una construcción de la zona oeste que albergaba uno de los complejos de computación más avanzados de la Costa este. La computación electrónica había pasado de los márgenes de la investigación aeronáutica al lugar preminente. De ese modo, Langley centralizó sus operaciones de computación en un grupo llamado División de Análisis y Computación (ACD), creado para dar servicio a todas las actividades de investigación del centro, así como para proporcionar servicios de computación a contratistas externos. El esquema organizativo de la ACD era el resultado de dos décadas de cambio en Langley. Dorothy se reencontró con muchas de sus antiguas computistas del oeste, pero ahora trabajaban codo con codo con antiguas computistas del este como Sara Bullock y Barbara Weigel.

Quizá más sorprendente que la integración racial de mujeres matemáticas, que se había extendido de manera orgánica durante años por Langley, era el hecho de que un grupo centrado en la computación contrataba cada vez a más hombres. La función de la computación había pasado de ser un servicio exclusivo de mujeres con conocimientos mínimos de *software* a ser una división de alto nivel con un presupuesto de ocho cifras; comenzaba a parecer más una plataforma de lanzamiento para hombres jóvenes y ambiciosos. Las enormes máquinas estaban rehaciendo los viejos modelos de la investigación aeronáutica; su ascenso marcaba el comienzo de una era que prometía ser incluso más trascendental que la impulsada por las máquinas voladoras. Para bien o para mal, también señalaba el comienzo del fin de la computación como trabajo de mujeres.

Algunas de las mujeres mayores del centro, las que aún confiaban en las calculadoras mecánicas, empezaban a sentirse como aisladas en una isla, separadas del continente por un golfo que crecía cada año más. Los primeros años sesenta fueron un punto de inflexión para la historia de la computación, una línea divisoria entre la época en la que las computistas eran humanas y en la que eran inanimadas, cuando un trabajo de computación se entregaba a una sala llena de mujeres sentadas a sus mesas con calculadoras mecánicas valoradas en 500 dólares y cuando ese mismo trabajo de computación lo procesaba una computadora gigante cuyo precio superaba el millón de dólares.

Dorothy Vaughan era plenamente consciente de la línea invisible que separaba el pasado del futuro. A sus cincuenta años, y con una gran experiencia, se reinventó a sí misma como programadora. Los ingenieros seguían acudiendo a su mesa para pedirle ayuda con la computación. Ahora, en vez de asignar la tarea a una de sus chicas, Dorothy concertaba una cita con la computadora IBM 704 que ocupaba la mayor parte de una habitación en el sótano del Edificio 1268, una habitación con temperaturas polares destinadas a evitar que se sobrecalentaran que los tubos de vacío de la máquina.

En el pasado, Dorothy habría puesto las ecuaciones en una hoja de datos y le habría explicado a una de sus chicas cómo rellenarla. En la ACD, su trabajo consistía en pasar las ecuaciones de los ingenieros al lenguaje de traducción de fórmulas de la computadora —FORTRAN— utilizando una máquina especial para agujerear tarjetas de 18x8 cm impresas con una selección de ochenta columnas; cada columna mostraba los números del 0 al 9, y cada espacio tenía asignado un número, una letra o un carácter. Una vez agujereada, cada tarjeta de color crema representaba un conjunto de instrucciones de FORTRAN.

Cuanto más largo y complejo fuera el programa, más tarjetas administraba el programador a la computadora. Las máquinas procesaban dos mil tarjetas, es decir, dos mil líneas de instrucciones. Incluso los programas modestos podían requerir una bandeja con cientos de tarjetas, que debían administrarse a la computadora en el orden correcto. Pobre infeliz aquel que dejara caer al suelo una caja de tarjetas. Algunos programadores intentaban prevenir el desastre utilizando un rotulador fluorescente para pintar una línea diagonal sobre la superficie de una pila de tarjetas en vertical, una línea continua desde la esquina superior de la primera tarjeta hasta la esquina inferior opuesta de la última, con la esperanza de que el pequeño punto de color en cada una de las tarjetas proporcionase la clave para recolocarlas en el orden correcto.

Sin embargo, por muy poderosa que fuese la computadora de la ACD, los maestros del Proyecto Mercury necesitarían más potencia electrónica para lo que vendría después. A finales de 1960, la NASA compró dos IBM 7090s y las colocó en las instalaciones del centro de Washington, D.C., gestionadas por el Centro de Vuelo Espacial Goddard, un centro de la NASA en Greenbelt, Maryland, abierto en 1959 para centrarse exclusivamente en la ciencia espacial. La agencia instaló una tercera computadora, una IBM 709 ligeramente más pequeña, en un centro de datos de las Bermudas. Juntas, las tres computadoras monitorizarían y analizarían todos los aspectos de los vuelos espaciales, desde el lanzamiento hasta el amerizaje.

Los vuelos suborbitales planeados representaban ciertos desafíos controlados. Desde que despegara en Cabo Cañaveral, Florida, hasta que aterrizara en el Atlántico a unos ochenta kilómetros de las Islas Turcas y Caicos, la cápsula permanecería en contacto con el Centro de control de Florida y los centros de datos de Washington y las Bermudas. Los vuelos orbitales —que enviaban al astronauta a realizar uno o más circuitos de noventa minutos alrededor del globo, perdiendo el contacto visual y por radio con el Centro de Control, volando sobre territorio enemigo— subían la apuesta. El contacto constante con el astronauta durante cada minuto de cada órbita era prerrequisito para el vuelo.

La tarea de construir una red mundial de estaciones de seguimiento que mantuvieran una comunicación bidireccional entre la astronave en órbita y el centro de control recayó en Langley. Langley empleó todos los recursos disponibles en el proyecto de 80 millones de dólares en 1960, y dio los últimos retoques antes de diciembre de ese año, la fecha originalmente programada para la primera misión suborbital. La red de seguimiento del Mercury era en sí misma un proyecto cuya escala y audacia rivalizaban con las misiones espaciales que apoyaba. Las dieciocho estaciones de comunicación situadas a intervalos medidos por todo el globo, incluidas dos colocadas en buques de la armada (uno en el océano Atlántico y el otro en el Índico), utilizaban poderosos receptores satélite para captar la señal de radio de la cápsula Mercury cuando pasaba por encima. Cada estación transmitía los datos de la posición de la nave y su velocidad al Centro de Control, que reenviaba los datos a las computadoras Goddard. El programa de *software* «CO3E», desarrollado por la sección de Análisis de la Misión e instalado en las computadoras IBM, integraba todas las ecuaciones de movimiento que describían la trayectoria de la astronave, ingería los datos de las estaciones remotas en tiempo real y después proyectaba el resto de la trayectoria del vuelo, incluido el punto final donde amerizaría. Las computadoras también hacían saltar la alarma a la primera señal de problemas; cualquier desviación en la trayectoria de vuelo proyectada, evidencias de un fallo a bordo de la cápsula o signos vitales anormales del astronauta, que también eran monitorizados y transmitidos a los médicos en tierra, harían que el Centro de Control activara el modo de resolución de problemas.

La fecha de lanzamiento para la primera misión tripulada del Proyecto Mercury se retrasó hasta 1961, año que prometió ser impredecible desde el principio: el 3 de enero, Estados Unidos rompió relaciones diplomáticas con Cuba, otro paso más en el camino de la Guerra Fría con la Unión Soviética. El presidente Dwight Eisenhower, en su discurso de despedida en enero de 1961, despotricó contra el creciente complejo militar-industrial estadounidense. El 6 de marzo de 1961, el presidente John F. Kennedy, recién llegado al cargo, promulgó la Orden Ejecutiva 10925, que instaba al Gobierno Federal y a sus contratistas «actuar de manera efectiva» para asegurar la igualdad de oportunidades para todos sus empleados y solicitantes, sin importar la raza, el credo, el color o el origen. Durante todo ese proceso, el Grupo de Tareas Espaciales, el Grupo de Investigación de Langley, los otros centros de la NASA y miles de contratistas de la NASA avanzaban en sus pruebas aerodinámicas, estructurales, de materiales y de componentes a medida que se acercaban a la fecha prevista para el lanzamiento en mayo.

«Podríamos haberlos vencido, deberíamos haberlos vencido», recordó décadas más tarde el director de vuelo del

Proyecto Mercury, Chris Kraft. Mientras Estados Unidos albergaba la esperanza de redimirse en los cielos, los soviéticos volvieron a atacar. El 12 de abril de 1961, el cosmonauta ruso Yuri Gagarin se convirtió de golpe en el primer humano en el espacio y el primer humano en orbitar alrededor de la Tierra. Pero, lejos de la desorientación, la ansiedad y el miedo provocados por el Sputnik, la agencia encajó el golpe. Fue doloroso, sin duda, y también vergonzoso, pero convirtieron aquel maremágnum de emociones en intensidad renovada para la misión, empleando todo su talento y principios sobre matemáticas, física e ingeniería para crear un plan preciso y exhaustivo. Ahora lo ejecutaban con la certeza de que solo había una dirección posible: hacia delante.

Harían falta 1,2 millones de pruebas, simulaciones, investigaciones, inspecciones, verificaciones, corroboraciones, experimentos y revisiones para enviar al primer estadounidense al espacio, un precursor antes de lograr el objetivo del Proyecto Mercury de poner a un hombre en órbita. Toda misión incluía la cápsula Mercury, aunque los cohetes —Scout, Redstone y Atlas— variaban. El Mercury-Redstone 1, o «MR-1», la primera misión para unir la cápsula Mercury al cohete Redstone, fracasó en el lanzamiento. MR-2, con Ham el chimpancé como pasajero, se pasó noventa y seis kilómetros del punto de aterrizaje y estaba casi hundido cuando lograron sacarlo del océano. La NASA levantó el telón a tres años y medio de trabajo y decidió valientemente retransmitir el lanzamiento de la primera misión tripulada del Proyecto Mercury —«Mercury-Redstone 3», con el astronauta Alan Shepard a bordo— en directo. Cuarenta y cinco millones de estadounidenses encenderían la televisión para presenciar el éxito o el fracaso definitivos del MR-3. Cuando Shepard finalmente se acomodó en el interior de la pequeñísima cápsula —de solo metro ochenta y dos de diámetro y dos metros y cinco centímetros de largo— condujo la vela del Redstone hasta el espacio y alcanzó una altitud de 187 kilómetros sobre la Tierra, lo que supuso una resurrección para Estados Unidos y una necesaria dosis de adrenalina para la NASA.

El vuelo suborbital en la cápsula que Shepard bautizó como Freedom 7 duró solo quince minutos y veintidós segundos y cubrió un total de 487 kilómetros, más o menos la distancia entre Hampton, Virginia, y Charleston, Virginia Occidental. Freedom 7 fue un logro técnico menor comparado con el vuelo orbital de Yuri Gagarin un mes antes, pero su éxito animó al presidente Kennedy a prometer al país una hazaña bastante más ambiciosa: una misión tripulada a la luna.

«Creo que esta nación debería comprometerse, antes de que acabe la década, a llevar a un hombre a la Luna y traerlo de vuelta sano y salvo», anunció el presidente Kennedy en una sesión del Congreso, ni tres semanas después de que Shepard amerizara. Todos los empleados de la NASA involucrados en el programa espacial, que seguían trabajando incansablemente en el proyecto Mercury, se echaron a temblar. La agencia todavía no había cumplido su promesa de poner a un humano en órbita, ¿y Kennedy ya quería que aterrizaran en la Luna?

Era una idea terrorífica, y la cosa más excitante que habían oído jamás. No se había hablado públicamente hasta ese momento, pero llegar a la Luna, uno de los sueños más viejos y profundos de la humanidad, también era el sueño privado de muchos en Langley. Pero con solo un éxito en su haber y todavía seis misiones Mercury programadas —sin haber logrado aún el vuelo orbital—, el camino de la NASA hacia la Luna parecía increíblemente complejo. Los ingenieros estimaban que el inminente vuelo orbital, incluida la red de seguimiento global tripulada, requería un equipo de dieciocho mil personas. La preparación para un alunizaje exigiría muchísimas personas más de las que Langley podía aportar.

Los rumores iban extendiéndose: el tiempo del Grupo de Tareas Espaciales en Hampton llegaba a su fin. Los empleados de Langley, y los residentes de la localidad, hicieron campaña con todas sus fuerzas para que su creación no se fuera de casa. La geografía y la política habían sonreído a Virginia en 1915, cuando el NACA comenzó a explorar la idea de fundar su laboratorio aeronáutico. Como hiciera durante el periodo previo a la Primera Guerra Mundial, el gobierno federal elaboró una lista de posibles lugares para la sede central de su esfuerzo espacial, buscando la combinación correcta de clima, terreno disponible y políticos favorables. En 1960, nueve localizaciones llegaron a la lista final, pero Virginia no era una de ellas. Debido en gran medida a la influencia de los poderosos tejanos, incluido el ahora vicepresidente Lyndon Johnson, la NASA decidió trasladar a Houston el alma de su programa espacial. Muchos de los empleados de Langley —los antiguos chiflados del NACA, incluida Katherine Johnson— tendrían que tomar decisiones difíciles. Habían llegado a adorar aquella vida junto al mar, desde la abundancia de marisco fresco hasta los inviernos templados, pasando por el agua que rodeaba aquella lengua de tierra solitaria que ya formaba parte de ellos. Sabían que, si querían cumplir los deseos del presidente de llegar al espacio, pronto tendrían que elegir entre el lugar que les había ofrecido una comunidad y la pasión por el trabajo que daba sentido a sus vidas.

En el Edificio 60 de la zona este de Langley, los antiguos compañeros de Katherine Ted Skopinski, John Mayer, Carl Huss y Harold Beck, al frente de la sección de Análisis de la Misión dentro del Grupo de Tareas Espaciales, que crecía rápidamente, se preparaban para trasladarse a Houston. Mary Shep Burton, Catherine T. Osgood y Shirley Hunt Hinson, las ayudantes en matemáticas que manejaban el *software* de análisis de trayectorias del IBM 704 del grupo, también decidieron irse. A no ser que más mujeres de Langley se ofrecieran voluntarias para el traslado, los miembros de la rama temían que su nueva oficina «estuviese muy escasa de personal» en vista de la creciente carga de trabajo.

A Katherine Johnson le habían pedido que se trasladara a Houston con el grupo, pero Jim, su marido, deseaba que se quedaran cerca de sus familias. Ignorar la llamada de Houston, no cruzar medio país para seguir al programa espacial fue difícil para Katherine y muchas de sus compañeras de Langley. Era «poco práctico» contratar en Virginia a las matemáticas que necesitaban, de modo que Mary Shep Burton y John Mayer se fueron a Houston para contratar a «cinco jóvenes cualificadas» dispuestas a irse a Langley para formarse antes de inaugurar una nueva sala de computación permanente en el «Centro de Astronaves Tripuladas», todavía en construcción. Aquella decisión recordó a la formación de la primera sala de computación de Langley veinticinco años atrás.

Quizá los ocupantes del Edificio 1244 se quedaron en Langley, pero, a pesar de sus preocupaciones, siguieron ocupándose de gran parte del trabajo del Proyecto Mercury. El vuelo de Alan Shepard fue un triunfo. MR-4, el vuelo suborbital de Virgil «Gus» Grissom en julio de 1961, pasó a toda velocidad.

La primera misión orbital de la NASA, y el debut de la red de comunicaciones y seguimiento, brillaba en el horizonte como un espejismo. Katherine y Ted Skopinski habían establecido los fundamentos de la trayectoria orbital hacía casi dos años, con su importante informe sobre el ángulo azimut, y después delegaron la responsabilidad de calcular las condiciones del lanzamiento en las computadoras de IBM. Al igual que Dorothy Vaughan, Katherine Johnson sabía que el resto de su carrera quedaría definido por su capacidad para utilizar computadoras electrónicas para trascender los límites humanos. Pero, antes de pasarse por completo al mundo de la computación electrónica, Katherine cumpliría con un último e importantísimo encargo, utilizando las técnicas y las herramientas pertenecientes a la época de las computistas humanas. Igual que su paisano de Virginia Occidental John Henry, el hombre del martillo de acero que se enfrentó al martillo de vapor, Katherine Johnson pronto tendría que hacer uso de su inteligencia frente a la pericia de la computadora electrónica.

CAPÍTULO 21

Después del pasado, el futuro

Enviar a un hombre al espacio era una misión complicada, pero la parte de devolverlo sano y salvo a la Tierra era lo que les quitaba el sueño a Katherine Johnson y al resto de peregrinos espaciales. Cada misión presentaba cientos de caminos hacia el desastre, comenzando con el temperamental cohete Atlas, un misil balístico intercontinental con 3,5 millones de caballos de potencia y veintinueve metros de alto que había sido modificado para poner en órbita la cápsula Mercury. Dos de las cinco últimas salidas del Atlas habían acabado en fracaso. En una de ellas había surcado el cielo antes de empezar a arder con la cápsula aún pegada. Eso no le daba mucha seguridad al hombre que estaba preparándose para montar en ella, pero necesitarían el más poderoso de los Atlas para acelerar la cápsula hasta velocidad orbital. La cápsula en sí misma era la lata metálica más sofisticada del planeta. Los sistemas de oxígeno y presurización del vehículo se interponían entre el astronauta y el vacío del espacio. Esas funciones y más —cada interruptor, cada indicador, cada medidor— debían probarse una y otra vez para detectar cualquier posible fallo. Cuando el cohete salía disparado de la plataforma de lanzamiento y aceleraba por el cielo hacia la máxima velocidad, la presión aerodinámica de la cápsula también aumentaba hasta un punto conocido como «max Q». Si la cápsula no era lo suficientemente robusta para soportar las fuerzas que actuaban sobre ella a presión max Q, podía explotar sin más. Un senador republicano de Pensilvania dijo del cohete Atlas y la cápsula Mercury que eran como «una máquina de Rube Goldberg encima de la pesadilla de un fontanero».

Todo dependía de la habilidad de los cerebritos con las leyes de la física y las matemáticas. La misión era colosal en su alcance, pero requería una extrema precisión y absoluta exactitud. Un número cambiado de orden al calcular el ángulo acimut del lanzamiento, un dígito de menos al pesar la cápsula totalmente cargada, un error al medir la velocidad del cohete y la aceleración o la rotación de la Tierra podían desencadenar una serie de consecuencias serias, tal vez catastróficas. Muchas maneras de fracasar y solo una manera increíblemente compleja, escrupulosamente detallada e infinitamente repetida de lograrlo.

Por supuesto, nadie entendía aquello mejor que el astronauta John Glenn. El antiguo piloto de pruebas de los marines había hecho una feroz campaña —sin mucho éxito— para ser el primero de los Siete del Mercury en surcar los cielos. Ahora la NASA había elegido a Glenn para el MA-6, el vuelo orbital que determinaría el futuro de la agencia espacial, y no pensaba dejar nada a la casualidad. Se esforzó al máximo, corría varios kilómetros todos los días para mantenerse en forma, entrenaba con su compañero astronauta Scott Carpenter para practicar la salida de la cápsula dentro del agua en el Back River de la zona este de Langley. Con la experiencia de Alan Shepard y Gus Grissom como guía, a los físicos de la NASA les preocupaban algo menos los riesgos de salud a los que podría enfrentarse Glenn dentro de la cápsula, ya que en su interior iría enganchado a cables como una rata de laboratorio, y todas sus constantes vitales serían transmitidas y monitorizadas por los médicos en tierra. El fantasma del error humano estaba siempre presente, por supuesto, de manera que Glenn trabajó obsesivamente con los simuladores y los instructores de procedimiento, realizó cientos de misiones simuladas y perfeccionó sus respuestas ante cualquier fallo que los ingenieros pudieran imaginar.

Como piloto de pruebas experimentado, Glenn sabía que la única manera de evitar todo peligro durante la misión sería no abandonar jamás la Tierra. En 1957, el antiguo marine había sido el primer piloto en mantener la velocidad supersónica durante un vuelo transcontinental. Desde el comienzo del Proyecto Mercury, los ingenieros de la NASA habían tenido la delicada tarea de equilibrar las ganas de llegar al espacio lo más deprisa posible y el riesgo razonable que podían esperar que corrieran los tripulantes. La experiencia y los análisis indicaban que en algún momento del arriesgado camino se encontrarían con imprevistos y se darían de bruces con la mala suerte de las estadísticas, esa probabilidad entre mil de que todo saliera mal. Sin embargo, se esforzaban por mejorar aquello que estaba bajo su control, incluso si eso significaba estirar, y después romper, el plazo de entrega. En teoría, el primer vuelo orbital del Proyecto Mercury estaba programado para finales de 1960, durante el mandato del presidente Eisenhower. Las pruebas adicionales y los ajustes de precisión —un fallo en el sistema de ventilación por aquí, un problema con el suministro de oxígeno por allá, la necesidad de aplicar mejoras basadas en los vuelos no tripulados y suborbitales anteriores— hicieron que la fecha se retrasara hasta la administración del presidente Kennedy. La NASA fijó el mes de julio de 1961 como nueva fecha para el vuelo orbital, después lo cambió a octubre, más tarde a diciembre. Finalmente, la misión pasó a 1962.

Mientras que la NASA parecía vacilar, el cosmonauta ruso Gherman Titov siguió al triunfo de Yuri Gagarin en abril de 1961 con un vuelo de diecisiete órbitas, casi un día entero en el espacio, el 6 de octubre de ese mismo año. Los agentes del gobierno estadounidense, la prensa y el público expresaron su descontento con los retrasos, y muchos cuestionaron el juicio y la competencia de la agencia. Incluso cuando los problemas técnicos estuvieron resueltos, el equipo de lanzamiento tuvo que enfrentarse al clima. Los cielos nublados de Cabo Cañaveral hicieron retrasar el lanzamiento en dos ocasiones más, una el 20 de enero y otra el 12 de febrero de 1962. Finalmente, el Grupo de Tareas Espaciales fijó el debut de John Glenn para el 20 de febrero de 1962.

Los incesantes retrasos y los elevados riesgos habrían hecho que casi cualquiera perdiera la concentración, pero John Glenn concedía entrevistas sosegadas y optimistas a los periodistas impacientes y ocupaba su tiempo manteniéndose en plena forma física y mental. Tres días antes de la fecha más significativa de su vida, Glenn realizó una última simulación en la que desarrolló al completo el plan de vuelo previsto. Sin embargo, antes de entregarse a su destino, el astronauta pidió a los ingenieros que hicieran una prueba más: la revisión de la trayectoria orbital generada por la computadora IBM 7090.

Muchos de los aspectos operativos del inminente vuelo de John Glenn habían sido mejorados mediante pruebas durante los años posteriores al Sputnik, y el conocimiento y la experiencia adquiridos durante esos primeros días se consolidaron con la ejecución de los vuelos suborbitales. El equipo de recuperación manejaba con destreza las estaciones por todo el mundo, preparado para sacar del agua la cápsula y al astronauta. La NASA se esforzó considerablemente en incluir sistemas redundantes a prueba de errores en la red de computadoras IBM y en la red de seguimiento de dieciocho estaciones.

Los astronautas, por educación y por naturaleza, desconfiaban de las computadoras y de sus intelectos fantasmales. En un vuelo de prueba, un piloto salvaba su reputación y su vida basándose en su capacidad para llevar el control total y constante del avión. Un pequeño error de cálculo o un ligero retraso al decidir qué hacer podrían marcar la diferencia entre la seguridad y la calamidad. En un avión, al menos dependía del piloto; los vuelos «manejados a distancia» de las misiones Mercury, donde la nave y sus controles estaban conectados por radiocomunicación a las computadoras electrónicas situadas en tierra, hacían que los astronautas se sintieran fuera de su zona de confort. Cada ingeniero y matemático debía revisar los datos de la máquina solo para encontrar errores. ¿Y si la computadora perdía la corriente o se quedaba colgada durante el vuelo? Eso ocurría con bastante frecuencia como para que el equipo se lo pensara dos veces.

Las computistas humanas procesando los números, eso era lo que los astronautas entendían. Las mujeres matemáticas dominaban sus calculadoras mecánicas del mismo modo que los pilotos de pruebas dominaban sus aviones mecánicos. Los números entraban en las máquinas uno a uno, salían uno a uno y eran almacenados en un pedazo de papel para que cualquiera pudiera verlos. Sobre todo, las cifras entraban y salían de la mente de una persona de verdad, alguien con quien se podía razonar, discutir, a quien se podía mirar a los ojos en caso necesario. El proceso de llegar a un resultado final estaba más que demostrado y era del todo transparente.

Tal vez las computadoras en los vuelos espaciales fueran el futuro, pero eso no significaba que John Glenn tuviera que confiar en ellas. Sin embargo, sí que confiaba en los tipos listos que manejaban las computadoras. Y los tipos listos que manejaban las computadoras confiaban en su computista, Katherine Johnson. Era tan fácil como las matemáticas de octavo curso: según la propiedad transitiva de la igualdad, John Glenn confiaba en Katherine Johnson. El mensaje llegó hasta John Mayer y Ted Skopinski, que se lo transmitieron a Al Hamer y a Alton Mayo, que a su vez se lo hicieron llegar a la persona a quien iba dirigido.

«Que la chica revise los números —dijo el astronauta—. Si confirma que están bien», les dijo, «entonces estoy listo para irme».

La era espacial y la televisión estaban creciendo al mismo tiempo. La NASA era plenamente consciente de que la tarea a la que se enfrentaba no se trataba solo de hacer historia, sino también de crear un mito, de añadir un fascinante nuevo capítulo al relato estadounidense que veneraba el trabajo duro, el ingenio y el triunfo de la democracia. En el Cabo, una cámara entre bambalinas grabó extensas imágenes del astronauta mientras recorría todos los pasos del viaje que ya había realizado cientos de veces en los simuladores de la NASA, material para el documental que se estrenaría más adelante aquel año. La agencia envió un equipo de televisión a cada una de las estaciones de seguimiento para filmar a los equipos de comunicación mientras completaban las revisiones previas al vuelo. Y el metraje donde se veía el drama del Centro de control —tipos blancos con camisas blancas y corbatas negras que llevaban cascos y contemplaban largas mesas llenas de paneles de comunicaciones, perplejos ante el enorme mapa electrónico del mundo situado en la pared frente a ellos— creó la clásica imagen del ingeniero trabajando.

Mientras tanto, lejos del protagonismo y del foco de las cámaras, los empleados negros, cuyo número había ido creciendo en Langley y en todos los centros de la NASA desde que terminara la Segunda Guerra Mundial, calculaban sin parar números, realizaban simulaciones, escribían informes y soñaban con el viaje espacial junto a sus homólogos blancos, con la misma curiosidad que cualquier cerebrito por lo que podría encontrarse la humanidad cuando se aventurase más allá de su isla esférica, y buscando respuestas a sus preguntas. En el Centro de Investigación Lewis de Ohio, un científico negro llamado Dudley

McConnell se encontraba entre los investigadores que trabajaban en el calentamiento aerodinámico, uno de los desafíos más serios a los que se enfrentaban los astronautas al regresar a la atmósfera terrestre y precipitarse hacia el océano. Annie Easley, que había llegado al Laboratorio Lewis en 1955, se encontraba en el Proyecto Centauro, desarrollando una plataforma que se utilizaría en el Atlas. En el Centro de Vuelo Espacial de Goddard de Maryland, encargado de la actividad de los dos IBM 7090 que seguirían a la astronave y transmitirían la información al Centro de control, una graduada de la Universidad Howard llamada Melba Roy supervisaba una sección de programadores que trabajaban en las trayectorias.

También en Goddard se encontraba Dorothy Hoover, que se embarcaba en el tercer (o cuarto, o quizá quinto) acto de su carrera. Después de su trabajo de postgrado en la Universidad de Michigan, Hoover había trabajado en el Departamento de Meteorología durante tres años. Quizá sintiera nostalgia de la agencia que había catapultado su carrera como matemática, de modo que se trasladó a Goddard en 1959, el único de los centros que había sido creado orgánicamente fuera de la NASA. Sus avances laborales habían continuado; ahora tenía una clasificación superior GS-13. Mientras que sus compañeros de Langley se esforzaban trabajando en el proyecto de ingeniería del siglo, Dorothy Hoover regresó al trabajo teórico que tanto amaba y continuó con su historial de publicaciones coescribiendo un libro sobre Física Computacional.

Era en Langley donde más se evidenciaban los adelantos de las dos últimas décadas. En el túnel de dinámica transónica, Thomas Byrdsong sacó ventaja en el largo camino hacia la Luna al probar la maqueta del cohete Saturno, un vehículo de lanzamiento del tamaño de una secuoya. El ingeniero Jim Williams, todavía en el equipo de John D. «Jaybird» Bird, ya estaba ayudando a cumplir la promesa del presidente Kennedy de aterrizar en la Luna. La división quedaría asociada al encuentro en la órbita lunar, una de las soluciones más ingeniosas y elegantes al desafío de propulsar objetos extraordinariamente pesados con la fuerza suficiente para recorrer el viaje de ida y vuelta a la Luna, de varios cientos de miles de kilómetros.

La Sección de Computación del oeste ya no existía como espacio físico, pero sus antiguas empleadas pusieron su trabajo al servicio del programa espacial; aunque, en el caso de Dorothy Vaughan, fue un esfuerzo indirecto. Las responsables de las dos computadoras IBM 7090 que se utilizaban para seguir el vuelo se encontraban cómodamente en Goddard, y gran parte del análisis se realizaba en la División de Análisis de Planificación del Grupo de Tareas Espaciales. Sin embargo, los hombres y mujeres de la ACD estaban tan ocupados como siempre. La intuición de Dorothy de que a aquellos que supieran programar las máquinas no les faltaría trabajo fue correcta. Aunque no participó directamente en la programación del Proyecto Mercury, sí que intervino en los cálculos utilizados en el Proyecto Scout, un cohete de combustible sólido que Langley probó en las instalaciones de la isla Wallops. Incluso había realizado viajes de trabajo a la zona de pruebas. El cohete Scout había sido un paso importante para sentar las bases de la investigación en vuelos espaciales tripulados. Los ingenieros lo usaron para realizar un vuelo de cuatro órbitas con un astronauta «de mentira», que pesaba lo mismo que un astronauta de verdad, en noviembre de 1961.

Otras computistas del oeste tenían un lugar más privilegiado. Miriam Mann trabajaba para Jim Williams, procesando los números para la investigación del «encuentro» que permitiría que dos vehículos atracaran estando en el espacio. En el túnel de presión supersónica de metro veinte, Mary Jackson realizaba las pruebas de la cápsula Apolo y otros componentes, mejorando su adecuación a la porción del viaje que tendría lugar a velocidad supersónica. Ese trabajo le valdría un Premio al Mérito en el equipo Apolo. Sue Wilder se remangaba la camisa entre los «científicos locos» de la Sección de Dinámicas de Magneto plasma (MPD) de Langley, y su trabajo también estaba relacionado con la física de un vehículo en su reentrada a la atmósfera.

Pero, gracias a su relación laboral estrecha con los pioneros del Grupo de Tareas Espaciales, fue Katherine Johnson la que realizó la contribución más inmediata al espectáculo que estaba a punto de comenzar en Florida. Las consecuencias de su papel como mujer negra en un país todavía segregado, ayudando a prender la mecha que impulsaría a ese país a lograr una de sus mayores ambiciones, fueron un tema que ocuparía su mente durante el resto de su vida. Pero, con la cuenta atrás a la vista, eso era cosa del futuro. Por el momento, era matemática, ciudadana estadounidense cuyo mayor talento había sido reconocido, y estaba a punto de poner ese talento al servicio de su país. Katherine Johnson siempre había creído firmemente en el progreso y, en febrero de 1962, una vez más, se convirtió en su símbolo.

Cuando sonó el teléfono, Katherine, de cuarenta y tres años, estaba sentada a su mesa en el Edificio 1244. Oyó la conversación con el ingeniero que descolgó, igual que había oído la conversación entre Dorothy Vaughan y el ingeniero en 1953, aquella petición que le permitió irse a la División de Investigación de Vuelo dos semanas después de llegar a Langley. Sabía que ella era la «chica» de la que estaban hablando por teléfono. Había visto a los astronautas por el edificio, por supuesto; habían pasado muchas horas en el hangar de abajo, preparándose para sus misiones en la máquina de simulación llamada el «instructor de procedimiento». Algunas de sus reuniones con los tipos listos habían tenido lugar arriba, aunque a ella no la invitaron a asistir a dichas reuniones. Que John Glenn no supiera, o no recordara, su nombre no importaba; lo que importaba, al menos para él —y también para ella— se resumía en que Katherine era la persona idónea para el trabajo.

Muchos años después, Katherine Johnson diría que fue pura suerte que, de todas las computistas enviadas a grupos de ingeniería, ella fuera la única enviada a la División de Investigación de Vuelo para trabajar con el núcleo del equipo en una aventura que todavía no había sido concebida. Pero la suerte es el derecho natural de los desafortunados. Cuando se mezcla con las sutilezas de accidente, armonía, favor, sabiduría e inevitabilidad, la suerte adquiere la forma de serendipia. La serendipia sucede cuando una mente bien entrenada que busca una cosa se encuentra con otra: lo inesperado. Sucede cuando uno está en situación de aprovechar la oportunidad que surge del feliz matrimonio entre el tiempo, el lugar y la casualidad. Fue la serendipia la que llamó a su puerta en la cuenta atrás del vuelo de John Glenn.

En la última parte del informe de investigación sobre el ángulo acimut que completó en 1959, Katherine había desarrollado los cálculos de dos órbitas de prueba diferentes, una perteneciente a un lanzamiento en dirección este y la otra en dirección oeste, como estaba previsto que volara Glenn. Después de elaborar en su calculadora las operaciones para las diferentes pruebas, sustituyendo los números hipotéticos por variables del sistema de ecuaciones, la División de Análisis y Planificación del Grupo de Tareas Espaciales tomó sus cálculos y los introdujo en la computadora IBM 704. Utilizando los mismos números hipotéticos, ejecutaron el programa en la computadora electrónica y llegaron a la feliz conclusión de que había una «muy buena concordancia» entre los resultados de la IBM y los cálculos de Katherine. El trabajo que realizara en 1959, revisando los números de la computadora IBM, fue un ensayo general —una simulación, como las que había estado llevando a cabo John Glenn— para la tarea que pondrían sobre su mesa en el día más significativo de su carrera.

Cuando el Grupo de Tareas Espaciales actualizó su IBM 704 a la versión más poderosa IBM 7090s, las ecuaciones de trayectorias se programaban en esas máquinas, junto con los demás programas necesarios para guiar y manejar el cohete y la cápsula y comparar los signos vitales del vuelo en cada momento con el plan de vuelo programado en la computadora. Durante la fase de lanzamiento de la misión, una computadora en el cohete Atlas, programada con las coordenadas de lanzamiento, se comunicaba con el Centro de control. Si el cohete fallaba y enviaba la cápsula hacia una órbita incorrecta, los controladores de vuelo podían decidir abortar la misión —un momento de ir o no ir— separando automáticamente la cápsula del cohete y enviándola hacia el mar en una trayectoria suborbital.

Una vez que la cápsula atravesaba la ventana de lanzamiento, se separaba del Atlas y entraba en órbita de manera satisfactoria, establecía comunicación con las estaciones en tierra. A medida que el artefacto volaba por el cielo, enviaba un torrente de datos a la estación de seguimiento más cercana, desde su velocidad y altitud hasta su nivel de carburante y el ritmo cardiaco del astronauta. Las estaciones de seguimiento captaban las señales con sus antenas de diecinueve metros, después transmitían esos datos más las comunicaciones por voz a través de una serie de cables submarinos, líneas telefónicas y ondas de radio al centro de computación de Goddard. Las máquinas IBM utilizaban los datos que recibían para realizar cálculos basados en los programas de determinación de órbitas. A través de líneas de datos de alta velocidad —un kilovatio por segundo—, Goddard enviaba al Centro de control información en tiempo real sobre la posición actual de la astronave. Allí, en la pared delantera de la sala que servía de centro neurálgico de la NASA, había un enorme mapa del mundo iluminado. En el mapa había inscritas curvas en forma de ondas, una por cada órbita. Suspendida con un cable sobre el mapa había una pequeña reproducción de la cápsula Mercury. A medida que los datos de seguimiento de la astronave llegaban al Centro de control, la cápsula de juguete se movía por la órbita también en el mapa, como una marioneta manejada por su amo desde el cielo. Las señales de la cápsula saltaban de una estación de seguimiento a la siguiente según avanzaba por la órbita, como un juego del teléfono escacharrado muy rápido y muy caro, comunicando constantemente su posición y su estado. ¡Está pasando sobre Nigeria! ¡Está a punto de llegar a Australia! Aquel tosco decorado parecía un milagro: mirando la nave de juguete podían «ver» realmente la astronave a medida que avanzaba.

Las computadoras de Goddard también enviaban a los controladores de vuelo su proyección para el resto del viaje. ¿Dónde estaba la cápsula en comparación con donde habían calculado que estuviera en un momento dado? ¿Estaba demasiado arriba, demasiado abajo?, ¿iba demasiado rápido, demasiado despacio? El resultado incluía una hora constantemente actualizada para activar los retrocohetes, los cohetes de la cápsula que había que activar para que iniciara su descenso hacia la Tierra. Si los activaban demasiado pronto o demasiado tarde, el desafortunado astronauta podía amerizar demasiado lejos de sus rescatadores de la armada.

Los ingenieros habían probado la IBM 7090 y las ecuaciones orbitales en un par de ocasiones anteriores: una para el Mercury-Atlas, un vuelo orbital utilizando un astronauta mecanizado «de mentira» como pasajero, y después con el chimpancé entrenado Enos a los mandos del MA-5. El vuelo de Enos finalmente tuvo éxito, pero se enfrentó a fallos de la computadora y errores de comunicación (sumados a problemas más serios con el sistema de refrigeración de la cápsula y cables eléctricos defectuosos). Mencionar que el riesgo aumentaba dramáticamente con una persona a bordo era quedarse corto (si la misión de John Glenn acababa en desastre, había un documento militar secreto que proponía echar la culpa a los cubanos, utilizándolo como excusa para derrocar a Fidel Castro). Sobra decir que Katherine Johnson estaba muy nerviosa por la inmensa tarea que le había sido encargada.

Para que el proyecto tuviera éxito en su conjunto, cada parte individual de la misión —el *hardware*, el *software* y la parte humana— tenían que actuar según el plan. Un fallo tendría un resultado inmediato y potencialmente trágico, y se vería en directo por televisión. Pero Katherine Johnson, igual que John Glenn, no era dada al pánico. Como él, ella ya había realizado una simulación del trabajo que tenía delante. El momento que había llegado, pese a la presión del tiempo y al frenesí de la actividad a su alrededor, le parecía de algún modo inevitable. La vida de Katherine Johnson siempre parecía haber estado guiada por una especie de providencia, algo que los demás no veían y que ella no comprendía plenamente, quizá, pero que obedecían todos los que la conocían, como uno obedece las leyes de la física.

* * *

Katherine se organizó de inmediato en su escritorio, rodeada de pilas de hojas de datos que crecían sin parar, aislándola de todo salvo del laberinto de ecuaciones de trayectoria. En vez de enviar sus números para que los revisara la computadora, Katherine ahora trabajaba al revés, procesando en su calculadora los mismos datos de simulación que recibía la computadora, con la esperanza de que hubiera «muy buena concordancia» entre sus respuestas y las del IBM 7090, como sucediera cuando procesó los números para el informe sobre el ángulo acimut. Trabajó durante cada minuto de lo que sería una misión de tres órbitas, obteniendo números para once resultados variables diferentes, cada uno de ellos computado con ocho dígitos significativos. Se pasó un día y medio viendo cómo se acumulaban los dígitos diminutos: era un trabajo confuso que hacía que se le nublara la vista. Al finalizar la tarea, cada número de la pila de papeles que procesó cuadraba con el resultado de la computadora; la inteligencia de la máquina cuadraba con la suya. La presión podría haber hecho que cualquier otro se derrumbara, pero nadie estaba más preparado para esa misión que Katherine Johnson.

El 20 de febrero amaneció con cielos despejados. Nadie de los que presenciara los acontecimientos de aquel día se olvidaría de ellos. Ciento treinta y cinco millones de personas, un público sin precedentes, encendió la televisión para ver el espectáculo en directo. Muchos empleados de Langley se unieron al Grupo de Tareas Espaciales en Cabo Cañaveral para ver el vuelo en persona. Katherine estaba sentada en la oficina, viendo la retransmisión por televisión.

A las 9:47 a.m. hora del este, el cohete Atlas puso en órbita la Friendship 7 como un arquero que hubiera dado en el centro de la diana. La inserción en órbita fue tan buena que los controladores de tierra permitieron a Glenn realizar siete órbitas. Pero, durante la primera órbita, el sistema de control automático de la cápsula comenzó a rebelarse, haciendo que la cápsula se tambaleara de un lado a otro como un auto mal calibrado. El problema era relativamente menor; Glenn lo solventó pasando el sistema a manual, y mantuvo la cápsula en su posición correcta del mismo modo que si estuviera pilotando un avión. Al finalizar la segunda órbita, un indicador de la cápsula sugería que el importantísimo escudo térmico estaba suelto. Sin el cortafuegos, no habría nada que protegiera al astronauta de las temperaturas de 1600 grados —casi tanto como la superficie solar— que rodearían a la cápsula al atravesar la atmósfera en su camino de vuelta. En el Centro de Control tuvieron que tomar una decisión ejecutiva: al finalizar la tercera órbita, después de que se activaran los retrocohetes, Glenn tendría que mantener los cohetes unidos a la cápsula en vez de deshacerse de ellos como era el procedimiento estándar. Esperaban que los retrocohetes mantuvieran fijo el escudo térmico que en teoría estaba suelto.

A las cuatro horas y treinta y tres minutos de vuelo, se activaron los retrocohetes. John Glenn ajustó la cápsula en la posición correcta para la reentrada y se preparó para lo peor. A medida que la astronave disminuía la velocidad y salía de su órbita, dirigiéndose hacia abajo, hubo varios minutos en los que se perdió la comunicación. No había nada que los ingenieros del Centro de Control pudieran hacer, salvo rezar en silencio, hasta que recuperaron el contacto con la cápsula. Catorce minutos después de la activación de los retrocohetes, reapareció de pronto la voz de Glenn, que parecía sorprendentemente tranquilo para ser un hombre que minutos antes estaba preparándose para morir en una pira funeraria voladora. ¡Tenían la victoria casi al alcance de la mano! Continuó descendiendo y la computadora predijo un aterrizaje perfecto. Cuando finalmente amerizó, lo hizo sesenta y cuatro kilómetros más allá de lo previsto, solo por una estimación incorrecta del peso de reentrada de la cápsula. Por lo demás, tanto la computadora electrónica como la computista humana realizaron su labor a la perfección. Veintiún minutos después de amerizar, el buque Noa sacó al astronauta del agua.

¡John Glenn había salvado el orgullo estadounidense! El hecho de haber tenido que mirar cara a cara a la muerte para lograrlo no hacía más que aumentar el poder del mito creado aquel día. Una audiencia con el presidente, un desfile en Nueva York, enormes titulares de periódico desde Maine hasta Moscú. Estados Unidos no se cansaba de su último héroe. Incluso la prensa negra alabó la proeza de Glenn. «Todos nos alegramos de llamarlo nuestro As del espacio», escribió un columnista en el *Pittsburgh Courier*.

Quizá la bienvenida al héroe no fue en ninguna parte tan calurosa como en Hampton Roads. Treinta mil residentes se reunieron un ventoso día de mediados de marzo para agasajar a los hombres que habían adoptado como héroes del pueblo. Desde el final de la última guerra, Hampton no había visto una celebración tan exuberante. Glenn iba montado en el primer coche de un desfile de cincuenta que trasladaban a los astronautas del Mercury, a sus familias y a los directivos superiores de la NASA. El desfile partió de la Base de las Fuerzas Aéreas de Langley y recorrió un camino de treinta y cinco kilómetros a través de Hampton y Newport News: por el astillero, por el puente de la calle 25, por la autopista militar, con miles de personas situadas a los lados de cada calle. La procesión pasó frente al Instituto Hampton, desde donde la vieron Joylette, la hija de Katherine Johnson, y Kenneth, el hijo de Dorothy Vaughan. La pequeña Christine Darden tuvo que ponerse de puntillas para poder ver por encima de la multitud.

El desfile terminó en el Estadio Darling, tocayo del magnate de las ostras cuyo espíritu emprendedor creativo vendiera al gobierno federal los terrenos para el laboratorio Langley hacía ya medio siglo. Glenn subió al podio y sonrió abiertamente frente al cartel donde se leía PUEBLO ESPACIAL DE EE. UU. La gente de Hampton y Newport News sonreía con orgullo. Como el alma del programa espacial se trasladaba a Houston, la celebración estuvo teñida con cierta melancolía, pero las ciudades de la península de Virginia estaban decididas a conmemorar su legado como lugar de nacimiento del futuro. La ciudad de Hampton cambió su sello oficial por el de un cangrejo sujetando una cápsula Mercury con la pinza, y adoptó el lema *E Praeteritis Futura*: después del pasado, el futuro. La autopista militar, la carretera principal de la localidad desde los años del *boom* de la guerra, fue rebautizada y pasó a ser el bulevar Mercury.

John Glenn era un héroe por pleno derecho, pero no era el único a quien vitoreaban. Comenzó a circular entre la comunidad negra la historia del papel que había desempeñado Katherine Johnson en la exitosa misión de Glenn, primero localmente, después de forma más amplia. El 10 de marzo de 1962, una glamurosa Katherine Johnson, engalanada con joyas y un elegante traje que habría hecho que Jackie Kennedy estuviera orgullosa, sonreía desde la portada del *Pittsburgh Courier*. «Su nombre […], por si no lo han adivinado ya […], es Katherine Johnson: ¡madre, esposa y profesional! (Debajo del artículo sobre Katherine Johnson, otro titular se preguntaba: «¿Por qué no hay astronautas negros?»). El periódico relataba con orgullo el pasado y los logros de la matemática, mencionando el informe que permitió al cohete de Glenn salir disparado por el aire. Katherine aceptó el reconocimiento con amabilidad: como parte del trabajo.

Ella acudió al desfile con algunos de los ingenieros y disfrutó de la celebración, permitiéndose quizá sentir parte del orgullo por haber formado parte de aquella proeza. Contemplaron la fiesta durante un rato, pero no se quedaron mucho. Estaba bien celebrar los logros pasados, pero no había nada más emocionante que volver al trabajo para comenzar con el siguiente reto.

CAPÍTULO 22

América es para todos

«América es para todos», aseguraba el panfleto del Departamento de Trabajo de Estados Unidos que aterrizó en la mesa de Katherine Johnson en mayo de 1963. En la portada, un chico negro de ocho o nueve años, descalzo y vestido con una camisa de manga corta a rayas y un overol gastado aparecía sentado en la traviesa de una vía férrea polvorienta; sus circunstancias evidentes y el brillo de su cara franca eran un golpe a la promesa del título. Dentro, el presidente Kennedy y el vicepresidente Johnson se ponían poéticos con declaraciones sobre el épico viaje que los negros habían recorrido durante cien años desde la esclavitud. Acompañaban el texto fotos de empleados negros que «ocupaban cargos de responsabilidad» en la NASA, todos ellos implicados en el programa espacial. En el Centro de Investigación de Vuelo de Alta Velocidad situado en la Base de las Fuerzas Aéreas de Edwards —el lugar donde el piloto Chuck Yeager rompió por primera vez la barrera del sonido en 1947—, el ingeniero John Perry manejaba un simulador X-15. Los matemáticos Ernie Hairston y Paul Williams charlaban sobre «elementos orbitales, posiciones de la cápsula y puntos de impacto» en Goddard. Una imagen mostraba a Katherine Johnson sentada a su mesa en el 1244, lapicero en mano, «analizando trayectorias lunares y computando tiempo de viaje de ida y vuelta a la Luna en vehículo espacial». El documento, creado por el Departamento de Trabajo para conmemorar el centenario de la Proclamación de Emancipación, sin duda servía también como herramienta de propaganda para que el gobierno de los Estados Unidos pudiera mejorar su imagen sobre las relaciones raciales. ¿Qué mejor manera de mostrar el creciente compromiso del país con la democracia para todos que con las fotos del trabajo duro de Katherine Johnson y de otros siete empleados de la NASA —todos hombres— que aparecían en el panfleto? Las resonancias y disonancias de las imágenes del libreto estaban más agudizadas en Langley, a dieciséis kilómetros del lugar donde los africanos pusieron el pie por primera vez en la Norteamérica inglesa de 1619, a menos distancia incluso del enorme roble donde los negros de la península de Virginia se reunieron para leer por primera vez en el sur la Proclamación de Emancipación. En un lugar con vínculos profundos con el pasado, Katherine Johnson, una mujer negra, era un factor clave para el futuro.

Katherine no era la única trabajando con determinación en 1963: también lo hacía el gran padre del movimiento de los derechos civiles, A. Philip Randolph. Mientras Gordon Cooper concluía con éxito el Proyecto Mercury en 1963 con un vuelo de veintidós órbitas, Randolph hacía planes para realizar otra marcha en Washington. Al contrario que la protesta fantasma de 1941 —la concentración que nunca tuvo lugar, ya que el ímpetu por la Orden Ejecutiva 8802 de Roosevelt extendió la oferta de empleo federal a los negros—, Randolph pensaba llevar esa a cabo. En colaboración con el activista Bayard Rustin, aliado con Martin Luther King hijo, Randolph reunió a un grupo que llegaría a ser considerado el olimpo de líderes de la fase más enérgica del movimiento por los derechos civiles, incluidos Dorothy Height, John Lewis, Daisy Bates y Roy Wilkins.

La Marcha de Washington por el trabajo y la libertad se celebró el 28 de agosto de 1963 y atrajo a trescientas mil personas hasta la capital de la nación. Mahalia Jackson, Bob Dylan y Joan Baez ocuparon el escenario, testigos musicales del idealismo, de la esperanza y de la persistencia de un movimiento que sacaba la fuerza del deseo de obligar a Estados Unidos a cumplir con los principios de su fundación. Marian Anderson cantó *He's Got the Whole World in His Hands,* y su voz de contralto se extendió como la miel entre la multitud, hipnotizando a los presentes como hipnotizara a Dorothy Vaughan y a sus hijos en el Instituto Hampton en 1946. Las actividades de la mañana se vieron interrumpidas por una noticia que fue causa de dolor, reflexión y cierta esperanza sobria: W. E. B. Du Bois había muerto esa mañana a los noventa y cinco años en Ghana, el país que había adoptado como su hogar tras enfrentarse al Departamento de Estado para mantener su pasaporte estadounidense. Desde su nacimiento en 1868, la vida de Du Bois abarcó los años de la Reconstrucción y el movimiento del siglo XX. Mary MacLeod Bethune, A. Philip Randolph, Charles Hamilton Houston y muchos más habían construido el trabajo de su vida basándose en los fundamentos de Du Bois. Ahora había llegado el momento de volver a pasar el relevo.

El doctor Martin Luther King, de treinta y cuatro años, subió al escenario para dirigirse a la multitud y comenzó a pronunciar su discurso ensayado. Entonces Mahalia Jackson, sentada detrás de King en el escenario, gritó «¡Diles lo del sueño, Martin!». King dejó a un lado su discurso, agarró el atril con ambas manos y regaló a su país diecisiete de los minutos más memorables de su historia. Existía una América anterior al discurso de «He tenido un sueño» y existía una América posterior; el mensaje de King recordaría siempre a los ciudadanos de la nación que el sueño negro y el sueño americano eran la misma cosa. Al finalizar el día, detrás del escenario, A. Philip Randolph, de setenta y cuatro años, se había quedado sin palabras, las lágrimas en sus ojos eran la única expresión adecuada de lo que significó para él la celebración de aquel día.

Es improbable que Randolph supiera alguna vez la influencia directa que había tenido la Marcha de Washington de 1941 sobre el grupo de personas cuyo trabajo era la sabia del programa espacial estadounidense, pero, en el Investigación de Langley, un puñado de mujeres negras daban fe de esa relación. «Querida señora Vaughan, nuestros informes indican que recientemente ha cumplido veinte años al servicio del Gobierno Federal», escribió Floyd Thompson, director de Langley, en el verano de 1963. A Dorothy se le entregaría una insignia esmaltada y dorada adornada con un rubí durante la ceremonia anual de entrega de premios del centro, que reconocía a los empleados que habían acumulado años de servicio con el mismo.

Contra todo pronóstico, cuando cruzaron por primera vez las puertas de Langley, las mujeres de Computación del oeste habían logrado convertir su empleo de la época de la guerra en una carrera duradera y significativa. Según los estándares de sus padres y abuelos, y comparadas con muchas de sus coetáneas, habían llegado a la cima. Sin embargo, pese al progreso, todavía quedaba trabajo por hacer en Langley. Dejar atrás el estatus no profesional de computista o ayudante en matemáticas representaba un desafío para todas las mujeres, más aún para las mujeres negras. De todos los empleados negros que trabajaban en investigación en Langley a principios de los años sesenta, había únicamente cinco categorizados como ingenieros y dieciséis con el título de matemático. En una carta al administrador de la NASA James Webb, el director de Langley, Floyd Thompson, se lamentaba de que «muy pocos negros» solicitaban puestos de ciencia e ingeniería en el laboratorio. «No cabe duda de que una de las razones por las que no solicitan puestos es que no creen que las condiciones de vida en la zona les sean favorables, ya que el Centro de Investigación de Langley, que está plenamente integrado, se encuentra en una comunidad donde se practica hasta cierto punto la segregación social basada en el color».

Con la necesidad de adquirir experiencia técnica para alimentar el programa espacial, y con la presión constante por parte del gobierno federal para derribar las barreras basadas en la raza dentro de su organización, Langley redobló sus esfuerzos de contratación y amplió su red por facultades que habían formado a generaciones de científicos y matemáticos negros, como el Instituto Hampton, la Universidad Estatal de Virginia en Petersburg y su filial en Norfolk, A&T de Carolina del Norte y otras escuelas de los estados cercanos. Muchos miembros de la generación de estudiantes negros que cumplieron la mayoría de edad en una década definida por *Brown contra la Junta Educativa* y el Sputnik —aquellos que en el futuro serían conocidos como la generación de los derechos civiles— se sintieron atraídos por la ingeniería gracias a la «movilidad social y económica» resultante de la demanda nacional de capacidades técnicas. La mayoría era del sur; para ellos no había necesidad de adaptarse a unas condiciones de vida que conocían desde siempre. A mediados de la década de los sesenta, con «sueños de trabajar en la NASA», cada vez más estudiantes de facultades negras se abrían paso hasta Langley. Muchos acababan bajo el ala de Mary Jackson, quien, como una embajadora, ayudaba a los empleados a encontrar un lugar donde vivir y a instalarse en sus puestos. Levi y ella les abrían su casa si necesitaban comida casera, o simplemente un lugar al que ir cuando sintieran nostalgia del hogar. Mary y los demás empleados negros de Langley se ocupaban de los nuevos empleados con el mismo cariño y cuidado con el que se ocuparían de un jardín. Al contrario que las mujeres que fundaron Computación del oeste tras años dedicadas a la enseñanza, la nueva generación llegaba a la investigación al comienzo de su carrera, tan pronto que tendrían tiempo de expandirse y ver hasta dónde podía llevarles su talento.

Un domingo de 1967, después del servicio en la Iglesia Presbiteriana de Carver, Katherine Johnson vio una cara nueva entre la multitud, una joven que había acudido a la iglesia con su marido y sus dos hijas pequeñas. Katherine, que siempre era de las primeras en recibir a los nuevos parroquianos, se acercó y le ofreció la mano. «Soy Katherine Johnson», dijo. «Sí, lo sé», —respondió Christine Mann Darden—, es usted la madre de Joylette». Aunque no la había visto en muchos años, Christine había conocido a Katherine una vez en una barbacoa de la hermandad AKA celebrada en casa de los Johnson.

Christine no pretendía encontrar trabajo en la investigación aeronáutica. En primavera de 1967, mientras contaba los días que quedaban hasta graduarse en su máster en la Universidad Estatal de Virginia, había visitado la oficina de colocación de la facultad para solicitar puestos de profesor en el Instituto Hampton y en la Estatal de Norfolk. «Ojalá hubieras venido ayer —le dijo la encargada de colocación—, «porque la NASA estaba haciendo entrevistas». La mujer le entregó a Christine una solicitud de empleo federal. «Rellena esto y tráemelo mañana».

La solicitud de Christine fue recibida con entusiasmo; después, una llamada telefónica del Departamento de Personal de Langley se convirtió en un día de entrevistas y luego en una oferta de trabajo como analista de datos en la sección de Física de reentrada. Su superior directa era la antigua computista del este Ruby Rainey, después Sue Wilder, antigua computista del oeste. Christine iba y venía del trabajo desde Portsmouth durante un tiempo antes de mudarse con su familia a Hampton cuando Sue Wilder le habló de una casa que se alquilaba en su barrio. Una vez instalada en la península, Christine veía a Katherine Johnson y a muchas de las antiguas computistas del oeste de manera regular. Celebraban reuniones para jugar a las cartas y la invitaban, haciéndole partícipe de la comunidad negra de Hampton y de Newport News. Pese a haber pasado cuatro años en el Instituto Hampton, apenas había salido del campus y llegó a la ciudad siendo prácticamente una extraña. La red de mujeres la ayudó a instalarse con rapidez en su nuevo hogar.

Katherine Johnson invitó a Christine a unirse al coro de la iglesia. Si Katherine y Eunice Smith se tomaban tiempo libre en el trabajo para cantar en un funeral en la iglesia, Christine solía ir con ellas. También se encontraba con Katherine en las actividades de la hermandad local. Durante muchos años, Katherine y Eunice Smith fueron presidenta y vicepresidenta de la filial de la AKA en Newport News, supervisando un ajetreado programa de eventos como el picnic anual de la organización y las muchas fiestas para recaudar fondos para becas que eran parte importante de la misión de la hermandad. Katherine Johnson estaba implicada en tantas asociaciones cívicas y sociales —la Liga de Mujeres de la Península, que celebraba todos los años un baile de presentación para jóvenes negras; el Club Altruista, una organización social de clase media— que la gente llegó a esperar ver su amplia sonrisa y su firme apretón de manos en cualquier lugar donde se reunieran los profesionales de la comunidad negra. Incluso los tipos listos de la oficina del 1244 sabían que, cuando el torneo de la CIAA —el principal evento de baloncesto entre las universidades para gente de color— llegase a la ciudad, el escritorio de Katherine quedaría vacío, ya que nunca se perdía su cita anual con Eunice Smith; ambas eran seguidoras de ese deporte y disfrutaban enormemente animando a sus equipos favoritos.

Christine Darden y Katherine Johnson llegaron a conocerse bien fuera de la oficina, pero nunca tuvieron ocasión de trabajar juntas. Christine fue a visitar a Katherine un par de veces a su oficina, pero pasarían años hasta que Christine supiera más sobre el alcance del trabajo de la madre de su amiga. La prensa en torno al papel de Katherine Johnson en el vuelo de John Glenn la había convertido en una especie de celebridad en la comunidad local y entre la pequeña red nacional de ingenieros y científicos negros, pero ella seguía mostrándose modesta con su trabajo. «Bueno, yo solo hago mi trabajo», decía, insinuando: «doy por hecho que tú también lo haces».

Por supuesto, aunque Katherine se tomaba los elogios con calma, nunca dio su trabajo por sentado. No amaneció un solo día sin que estuviera ansiosa por llegar a la oficina. La pasión que sentía por su trabajo era un don, algo que pocas personas experimentan en su vida. Sabía que eso sí le hacía ser especial, la unía a los ingenieros del trabajo con la misma fuerza con que las actividades caritativas la unían a las mujeres de su hermandad. Juntos compartían el idioma secreto de las altitudes de pericintio, de planos orbitales y ecuadores lunares. Experimentaban la indescriptible alegría de ver sus esfuerzos fusionados con los de los cientos de miles de empleados que estaban ya implicados en el programa espacial, el esfuerzo colectivo era mucho mayor que la suma de las partes individuales, tanto que empezaba a parecer algo aparte. También sufrieron juntos cuando todos sus planes quedaron destruidos en el incendio eléctrico de febrero de 1967 a bordo del módulo Apolo 1, que estaba en la plataforma de lanzamiento de Cabo Cañaveral para realizar pruebas. El fuego surgió súbitamente en el interior de la nave y los tres astronautas que iban dentro —Ed White, Roger Chaffee y Gus Grissom, de los Siete del Mercury— murieron al instante.

El trágico final del Apolo 1 sacudió los cimientos de la NASA. Los astronautas no estaban a cientos de miles de kilómetros cuando tuvo lugar el accidente; estaban en tierra, a pocos metros del equipo técnico y de los ingenieros, y aun así murieron. El camino hacia las estrellas era arduo y el equipo del

Apolo tenía que ser consciente de los riesgos. Rediseñaron la astronave, repararon fallos que habían quedado al descubierto con el desastre y redoblaron su atención a cualquier mínimo detalle de las próximas nueve misiones; cada una de ellas suponía un peldaño en la escalera hacia la Luna. Predicaban que podrían aterrizar allí basándose en la creencia de que cada célula del cuerpo que componía el programa espacial era soberbia y estaba conectada sin fisuras a las demás células de su alrededor.

Dos vehículos y 384 470 kilómetros: tres días de ida y tres días de vuelta. Veintiuna horas en la superficie lunar para los dos astronautas de la sonda lunar, mientras el módulo de servicio rodeaba el satélite en una órbita de estacionamiento. Katherine sabía mejor que nadie que, si la trayectoria del módulo de servicio se desviaba en lo más mínimo, cuando los astronautas terminaran su exploración lunar y regresaran con su coche espacial de la superficie lunar, ambos vehículos podrían no encontrarse. El módulo de servicio era el autobús de los astronautas —su único autobús— para volver a la Tierra: la sonda los transportaría hasta el módulo de servicio y después se desharían de ella. Si las órbitas de los dos vehículos no coincidían, los dos astronautas de la sonda quedarían perdidos para siempre en el vacío espacial.

La directiva del Grupo de Tareas Espaciales marcó un estándar de riesgo de «tres nueves«: 0,999, un criterio que requería que todos los aspectos del programa alcanzaran un índice de éxito del 99,9%, o un fracaso por cada mil incidencias. Los astronautas, antiguos pilotos de pruebas y veteranos de guerra acostumbrados a pilotar con la sombra de la muerte en cada vuelo, se pusieron en manos de la NASA. Estaban preparados para dar su vida por la misión, igual que habían estado preparados para hacerlo cuando eran pilotos, pero confiaban en que los cerebritos hubieran hecho bien sus cálculos y en que, siguiendo la norma de los tres nueves, su vuelo sin precedentes a la Luna sería menos arriesgado que un paseo de domingo en su coche.

Katherine Johnson, por su parte, estaba decidida a hacer que eso sucediera. Llegaba temprano a la oficina, se iba a casa a última hora de la tarde para ver a sus hijas y después volvía por la noche, trabajando entre catorce y dieciséis horas al día. Junto al ingeniero Al Hamer, colaboró en cuatro informes entre 1963 y 1969, algunos de ellos escritos para determinar las importantísimas órbitas lunares, otros haciéndose la pregunta «¿Y si?». ¿Y si las computadoras se apagaban? ¿Y si se producía un fallo eléctrico a bordo de la astronave y los astronautas debían pilotar la nave de vuelta a casa guiándose por las estrellas, como los marineros de antaño? A medida que pasaban los años de la década de los 60, parecía que Katherine pasaba cada vez más noches en la oficina, las horas volaban mientras Hamer y ella refinaban los cálculos y elaboraban borradores de diagramas para sus informes.

Una mañana, de camino al trabajo, Katherine se quedó literalmente dormida al volante y se despertó alterada, pero ilesa, a un lado de la carretera. Estaba tan absorta en la idea de mantener a salvo a los astronautas en su viaje a la Luna que empezaba a ser vulnerable a los riesgos más mundanos. Sin embargo, tenía que continuar. Cada año la NASA avanzaba más para lograr convertir los conceptos teóricos sobre cómo alcanzar la Luna en una práctica operativa. Cada misión acortaba la distancia, acercaba más el objetivo. Pero aquel último paso, con ese baile tan complejo entre la Luna, la sonda y el módulo de comando, era el más difícil de todos. Katherine Johnson había dado lo mejor de sí misma en su participación en aquel enorme rompecabezas, de eso estaba segura. Pronto llegaría el día en que el mundo vería si lo mejor de sí misma, lo mejor de los tipos listos y lo mejor de la NASA eran algo suficientemente bueno.

CAPÍTULO 23

Donde nadie ha podido llegar

En julio de 1969, unas cien mujeres negras se reunieron en una habitación con la atención puesta en los sonidos y las imágenes granulosas que salían de una pequeña televisión en blanco y negro. La luz parpadeante de la televisión iluminaba las caras de las mujeres, la historia de su país estaba escrita en la amplia diversidad de sus rasgos, de su pelo y del color de su piel, que iba desde el casi marfil hasta el casi ébano, con tonos beige, café, cacao y topacio entre medias. Algunas de las mujeres se acercaban a sus años dorados, y el paso del tiempo y la experiencia aparecían marcados en su rostro y su actitud. Otras estaban en la flor de la vida, sus ojos brillaban como diamantes y reflejaban un gran futuro. Todas tenían el propósito compartido de hacer avanzar a mujeres como ellas, y utilizar sus talentos colectivos para mejorar su comunidad. Procedentes de toda la costa este, e incluso de más allá, se habían reunido para pasar juntas el fin de semana, aunque el tiempo que compartiesen juntas forjaría amistades para toda la vida.

Su presencia en el cónclave las clasificaba como miembros del escalón superior de la raza, aunque de hecho muchas de ellas eran hijas y nietas de porteras, lavanderas y sirvientas domésticas cuyo arduo trabajo había servido para financiar miles de carreras universitarias y pagar las hipotecas de las casas, mujeres que apoyaban la gran pirámide económica estadounidense, aunque esta las inmovilizara bajo su peso. Ellas, el legado de aquellas mujeres, habían pasado la vida alejadas del gran espectáculo de su país, de pie a un lado del escenario, aunque no hubiese prácticamente ningún aspecto de sus vidas que no se viera alterado por esos grandes cambios, ningún elemento de esa gran historia que no las incluyera en algún sentido.

A lo largo del día, mientras las mujeres proseguían con su encuentro, su interés por el drama maratoniano que se desencadenaba en la televisión había ido disminuyendo, algunas permanecían frente a la pantalla para informar de las últimas novedades antes de irse a cumplir con la agenda del día. Pero, a medida que pasaban las horas, cada vez fueron acercándose más para ver la televisión, para ver el vacío del espacio, para ver en su interior e intentar encontrarle sentido a lo que estaban viendo. Las mujeres que lo veían se unieron a sus compatriotas estadounidenses en un momento de consonancia, el abanico de emociones de la sala —orgullo, alegría, impaciencia, asombro, resentimiento, patriotismo, suspense, miedo— se reproducía en diferentes grados en salones y habitaciones de todo Estados Unidos. De hecho, el episodio sin precedentes que presenciaron aquel sábado por la noche lo compartieron con un total de 600 millones de personas por todo el mundo: todas delante de la misma ventana, todas observando lo mismo al mismo tiempo.

Además del público global, cuatrocientos mil contratistas, empleados de la NASA y militares observaban el acontecimiento con especial interés, viendo en la nave que se aproximaba a la Luna la medida de un tornillo, el diseño de una trampilla, el filamento de un circuito, el cumplimiento de una promesa hecha por un presidente que no había vivido para verlo. Estaban dispersos por el globo, aquellos que habían trabajado en el Proyecto Apolo, aquellos que habían hecho posible que llegase aquel día. Se apiñaban en torno a paneles, monitores, marcadores y computadoras, monitorizando cada latido de la máquina que había abandonado la influencia de su planeta y ahora era atraída por la fuerza gravitacional de la Luna. La mayoría de ellos se unió también a sus amigos y familiares en torno a la televisión.

Entre las mujeres negras que estaban viendo la televisión, lejos del Centro de control, alojada en un complejo turístico de las montañas Pocono, Katherine Johnson repartía sus atenciones entre la conferencia de fin de semana celebrada por su hermandad, Alfa Kappa Alfa, y el destino de los astronautas del Apolo 11 que iban camino de convertirse en los tres seres más solitarios en la historia de la humanidad. Mientras contemplaba el delicado baile de la física que impulsaba la cápsula Apolo hacia la Luna, en su imaginación sobreimpresionaba ecuaciones y números a cada fase del viaje de la nave, desde el lanzamiento hasta la órbita terrestre, desde la inyección translunar hasta la órbita lunar.

La intensidad de los últimos días en Langley había sido igualada solo por el calor extremo que había invadido la península. Había casi treinta y cinco grados en Hampton aquel sábado por la mañana de julio de 1969 cuando Katherine y un auto lleno de mujeres de la hermandad se pusieron en camino hacia las montañas Pocono. Hacía demasiado calor para pensar, demasiado calor para dormir, demasiado calor para hacer cualquier cosa salvo buscar refugio en cualquier parte donde pudiera encontrarse, hasta que la temperatura volvió a pasar de intolerable a simplemente soportable. La escapada de fin de semana le había permitido un descanso de la oficina y del clima, y cada kilómetro que avanzaba hacia el norte la alejaba más del calor sofocante del que la zona había sido víctima desde hacía unos días. Al pasar por Washington, D.C., pudo respirar un poco mejor; para cuando cruzó las colinas desde Maryland hasta Pensilvania, el calor se había disipado, el aire era más fresco, el cielo más azul, y aquel clima templado le recordaba a su Virginia Occidental.

El Hillside Inn, situado en una montaña verde como una granja gigante, era el entorno perfecto para el grupo de mujeres vestidas de rosa y verde que se habían juntado para pasar un fin de semana de amigas y de planes. La hermandad había seleccionado a las jóvenes más prometedoras de cada filial por todo el país para que pudieran aprender de los miembros experimentados como Katherine, que les enseñaría a organizar los proyectos de servicios en los que se basaba su actividad. Hablaron de eventos para recaudar fondos para becas en facultades negras, de campañas de alfabetización y de campañas para registro de votos. El tipo de proyectos de los que se encargaban las filiales de todo el país variaba desde actividades modestas hasta operaciones sofisticadas: una de las filiales de la AKA en Ohio dirigía un centro de formación laboral de pleno rendimiento en una de las comunidades negras de la ciudad.

Las mujeres se alojaron en treinta y tres habitaciones dobles y triples del Hillside Inn para disfrutar del paisaje de montaña que formaba parte del icónico atractivo de la región. El lujo rústico del hotel satisfacía el deseo de la hermandad de encontrar un entorno tranquilo para su reunión. Pero también disparó su orgullo racial: el Hillside Inn era el único complejo de las montañas Pocono con dueños negros. Albert Murray, exitoso abogado neoyorquino, había comprado el terreno con su socio judío en 1954. Un año más tarde, el socio murió y Murray y su esposa, Odetta, decidieron utilizar la propiedad para levantar un hotel. En esa época, casi todos los complejos turísticos de las Pocono prohibían la entrada a los negros e incluso a los judíos, con políticas tan inflexibles como la segregación legal del sur. El Hillside acogía a todo tipo de huéspedes y sobre todo quería proporcionar a los negros de clase media las mismas vacaciones de las que disfrutaban sus homólogos blancos.

El Hillside salía anunciado en el *Norfolk Journal and Guide*, el *Pittsburgh Courier* y en *Ebony*; con su piscina y su finca de cuarenta y cuatro hectáreas, ofrecía el lujo sencillo que prometía. Y, por supuesto, se distinguía por las cosas que las hermandades negras, los clubes sociales y las reuniones familiares que recorrían la Ruta 609 nunca habrían encontrado en otros retiros —incluso aunque lograran pasar más allá del botones—, placeres como la cocina casera y abundante de estilo sureño. Tres veces al día, Katherine y sus hermanas se sentaban unas junto a otras como una gran familia en el comedor del hotel, riéndose, hablando y debatiendo mientras degustaban las gachas del desayuno, las costillas y el pollo frito para comer y cenar, el pastel de batata y la tarta de melocotón del postre. Los jóvenes que trabajaban en el comedor —todos estudiantes en facultades negras del sur, elección consciente por parte de los Murray— estaban permanentemente expuestos a los huéspedes profesionales del Hillside, ejemplos de carne y hueso de aquello a lo que podrían aspirar en sus vidas.

A Katherine le encantaban los rigurosos estándares de las mujeres de la hermandad; su deseo común de hacer cosas de valor para otra gente y su compromiso por cultivar y mostrar lo mejor de la comunidad negra servían para fortalecer sus vínculos personales. Habían tenido que aprender a trabajar juntas para lograr sus objetivos, algo que les había venido bien en sus carreras a Katherine y al resto de mujeres. La hermandad había sido una constante en su vida desde que llegó a la Universidad Estatal de Virginia Occidental a los quince años; había pasado más fines de semana de los que recordaba asistiendo a las reuniones o actividades de la hermandad.

Katherine y las demás se relajaban juntas en aquel entorno íntimo, disfrutándolo más aún por los muchos años que la experiencia les había sido negada. No había pasado tanto tiempo desde que Joshua, el padre de Katherine, y Howard, el marido de Dorothy Vaughan, trabajaran juntos, ocupándose de las necesidades de la alta sociedad en el hotel Greenbrier, no habían pasado tantos veranos desde que la propia Katherine trabajara en la tienda de antigüedades del hotel y fuera doncella personal de los huéspedes adinerados. Parecía que hubiese sido ayer, como si aún fuera la adolescente precoz que aprendía a manejarse con el chef francés de la cocina y conversaba con el hermano del presidente y demás huéspedes arrogantes que se dejaban caer por el hotel como parte de su calendario social nómada.

Todas esas personas adineradas habían respondido a algo que poseía la joven de gafas, algo que les daba la impresión de que tenía un gran futuro. Pero ¿quién de ellos habría imaginado que el futuro de Katherine, y el de su país, y el futuro en general, como lo imaginaron H. G. Wells y Julio Verne, acabarían siendo uno solo? Y, sin embargo, cuatro días antes, el 16 de julio de 1969, Katherine Johnson, de cincuenta años, había formado parte de ese grupo de iniciados cuando el cohete Saturno V, de noventa metros, lanzó la nave Apolo 11 y a sus tres ocupantes humanos hacia la historia.

El Centro de Control encendió la mecha a las 9:37 a.m., lo suficientemente pronto para que los cerebritos de la costa este pudieran ponerse a trabajar, después pasaron el resto del día escuchando los comentarios. Si bien los planos espaciales no habían sido algo común desde la primera incursión de Alan Shepard, sucedían con la frecuencia suficiente como para que presentadores como Walter Cronkite, de la CBS, emplearan términos como max Q, cúspide e inyección transterrenal con la misma facilidad que los técnicos de operaciones de vuelo atrincherados en el Centro de Control. Aun así los presentadores sabían —todo el público lo sabía— que, incluso con veintiséis vuelos tripulados en el haber de la NASA, aquello era diferente, y luchaban por encontrar superlativos que describiesen el momento. Cronkite hablaba sin parar, comparando el acontecimiento con las grandes máquinas de guerra y medios de transporte que habían transformado el siglo americano: el todopoderoso cohete Saturno V consumía el equivalente a noventa y ocho locomotoras en carburante; impulsaba una astronave que pesaba tanto como un submarino nuclear con la fuerza equivalente a 543 aviones de combate a reacción. Estados Unidos se gastaría 24 000 millones de dólares en el Apolo para atravesar con su espada el corazón de las ambiciones espaciales soviéticas.

No todos compartían la euforia de Cronkite. Todo ese dinero, ¿y para qué?, se preguntaban muchos. ¿Todo ese dinero para que entre 1969 y 1972 una docena de hombres blancos pudiera tomar el expreso a un mundo sin vida? Los hombres y mujeres negros apenas podían ir al estado de al lado sin preocuparse por la policía, o por los restaurantes que se negaran a servirles, o por las estaciones de servicio que no les permitieran comprar gasolina o usar el baño. ¿Y ahora querían hablar de un hombre blanco en la Luna? «Una rata mordió a mi hermana Nell, y mientras un blanquito en la Luna», cantaba Gil Scott-Heron en una canción que irrumpió en las ondas aquel año.

Al principio de la década, el programa espacial y el movimiento por los derechos civiles habían compartido un optimismo similar, cierto idealismo sobre la democracia estadounidense y la recién descubierta voluntad del país de repartir los beneficios de la democracia entre todos sus ciudadanos. En la cúspide de la década de los setenta, cuando el programa espacial se aproximaba a su cenit, el movimiento por los derechos humanos —o más bien muchos de los objetivos que se había propuesto alcanzar— parecía haberse quedado en un estado de animación suspendida. Había triunfos tangibles, desde luego: el Acta de los Derechos Civiles de 1964 y el Acta de los Derechos de Sufragio de 1965 alejaban el espíritu segregacionista de

Jim Crow de los lugares de trabajo, los medios de transporte, los espacios públicos y las cabinas de voto del país. Pero la movilidad social y económica que había sido rehén de la discriminación legal permanecía estancada.

En los días previos al lanzamiento, 200 manifestantes, encabezados por el reverendo Ralph Abernathy, fueron hasta cabo Kennedy. Abernathy era el colaborador más cercano de Martin Luther King y había heredado la dirección de la Campaña por las Personas Pobres, segunda fase del movimiento por los derechos civiles. Abernathy y sus activistas llegaron en mula hasta el lugar del lanzamiento y le cuestionaron a Tom Paine, administrador de la NASA, la utilidad del programa espacial cuando los pobres y desfavorecidos de Watts, Detroit y la región rural de los Apalaches apenas podían poner comida en la mesa, suponiendo que tuvieran una casa en la que poner una mesa. El Acta por los Derechos de la Vivienda de 1968, que declaraba ilegal la discriminación en la industria de la vivienda basada en la raza, había permanecido en el Congreso durante años, despreciada con vehemencia por los legisladores tanto del norte como del sur. No fue adoptada hasta después del asesinato del doctor King en 1968.

Katherine Johnson conocía bien el problema de la vivienda. La discriminación en la vivienda seguía siendo la norma, pero la movilidad económica de la postguerra había proporcionado a familias como la suya y la de Dorothy Vaughan los medios para salir de urbanizaciones antes vibrantes como Newsome Park y mudarse a barrios más cómodos y arbolados solo para negros. La marcha de las familias profesionales rompió el contacto que los menos afortunados tenían con el mundo de la universidad y de los trabajos de clase media. Newsome Park y cientos de vecindarios similares por todo el país se volvieron cada vez más volátiles, islas desesperadas donde la vivienda, la educación y demás servicios suministrados por el estado iban deteriorándose.

La decisión de priorizar una victoria en el espacio por encima de los problemas de la tierra fue la principal crítica que recibió el programa espacial. Pero incluso aquellas voces de la comunidad negra que expresaban admiración por los astronautas, que apoyaban el programa y su misión, criticaban a la NASA por la ausencia de rostros negros. No había comentaristas negros, ni administradores negros, ninguna cara negra en el Centro de Control, pero sobre todo no había astronautas negros. Los negros seguían dolidos por la humillación sufrida por Ed Dwight, un astronauta en prácticas a quien despidieron antes incluso de poder presentarse al servicio.

Aunque grupos como la ACD o Física de Reentrada todavía contrataban a varias de las antiguas computistas del oeste, Katherine y las demás eran las únicas empleadas negras de su sección. Quizá fuesen menos visibles en el trabajo ahora que la segregación había terminado. Pero eran quizá más invisibles profesionalmente en la comunidad negra. Los chicos blancos de la NASA tendían a vivir en barrios cerrados, compartían automóvil, hacían barbacoas juntos, enviaban a sus hijos al colegio juntos. Hablaban del trabajo y adoptaban las jerarquías y los matices de su vida laboral en sus vecindarios.

La gente negra de la NASA se mezclaba con otros profesionales negros, y eran más conocidos como miembros de la hermandad, o participantes en el coro de la iglesia, o exalumnos del Instituto Hampton que nunca se perdían un partido de fútbol. Sus vecinos podían saber que trabajaban en la NASA, pero no tenían idea de qué hacían exactamente, o de lo cerca que estaban de los acontecimientos que acaparaban titulares. Debido a la fachada blanca de cara al público que tenía el programa espacial, los ingenieros, científicos y matemáticos negros que estaban involucrados en la carrera espacial seguían viviendo en la sombra, incluso dentro de la propia comunidad negra.

Katherine percibía esa desconexión. Ella, al igual que Mary Jackson y muchas otras empleadas negras de Langley, había trabajado duramente durante años para cultivar el interés por las matemáticas, la ciencia y el espacio a través de la red de sus hermandades, de las asociaciones de alumnos y de las iglesias, aunque con resultados desiguales. Sin embargo, en 1966, había sucedido algo que parecía que iba a darles un empujón.

Star Trek aterrizó en los hogares estadounidenses el 8 de septiembre de 1966, un programa de la NBC en horario de máxima audiencia. Mientras las NASA y los astronautas del Proyecto Géminis trabajaban en doce misiones a lo largo de la década de los sesenta, en la década ficticia de 2260, la nave Enterprise partía de la Tierra en una misión para mantener la paz y explorar el espacio en profundidad, tripulada por un grupo mixto, multirracial e internacional. La tripulación, guiada por el imperturbable capitán James T. Kirk, incluía nativos de una tierra unificada futura, cuya historia de pobreza y guerra era ya cosa del pasado. Los antaño enemigos trabajaban ahora codo con codo como compañeros y conciudadanos. Chekov, el alférez ruso; Sulu, el timonel japonés americano; y el primer oficial, medio humano, medio vulcaniano, el señor Spock, añadían un toque de diversidad interestelar. Y allí, en el puente de mandos, una mujer con un diminuto vestido rojo abrió la mente de los telespectadores a lo que sería un futuro verdaderamente democrático. La teniente Uhura, una mujer negra y orgullosa ciudadana de los Estados Unidos de América, era la encargada de comunicaciones de la nave Enterprise.

La teniente Uhura, interpretada por la actriz Nichelle Nichols, realizaba sus tareas con aplomo, gestionando la comunicación de la nave con otras naves y planetas. Cuando terminó la primera temporada en 1967, Nichols presentó su dimisión al creador de la serie, Gene Roddenberry, para poder dedicar más tiempo a su carrera en Broadway. El productor, que quería mantener a Nichols en el reparto, rechazó su dimisión y le pidió que se tomara el fin de semana para meditarlo.

Aquel fin de semana, Nichols asistió a una gala benéfica de la NAACP por los derechos civiles en Los Ángeles. Uno de los coordinadores del evento le hizo saber que «su mayor fan», que también había asistido, deseaba conocerla. Nichols esperaba encontrar a un adolescente nervioso y socialmente inadaptado, pero en su lugar se encontró cara a cara con el doctor Martin Luther King: ¡King era un *trekkie*! Era la única serie que él y su esposa, Coretta, permitían ver a sus hijos, y él nunca se perdía un episodio. Nichols le dio las gracias por sus cumplidos antes de mencionar casi de pasadas que había decidido abandonar la serie. Según dijo aquello, el reverendo la frenó en seco.

«No puede abandonar la serie —le dijo King a Nichols—. Estamos ahí porque usted está ahí». Continuó diciéndole que la gente negra aparecía en el futuro y le enfatizó a la actriz lo importante y novedoso que resultaba ese hecho. Es más, le dijo que había estudiado la estructura jerárquica de la tripulación y creía que era un reflejo de la de las Fuerzas Aéreas estadounidenses, lo que convertía a Uhura —¡una mujer negra!— en la cuarta al mando de la nave.«No se trata de un papel negro, no se trata de un papel de mujer», le dijo. «Es un papel único que representa aquello por lo que luchamos: la igualdad». Nichols pasó el resto del fin de semana triste y enfadada: ¿qué derecho tenía el doctor King a alterar sus planes de futuro? Al final recapacitó y se convenció. Regresó al despacho de Gene Roddenberry el lunes por la mañana y le pidió que rompiera su carta de dimisión.

¿Cómo no iba a ser fan Katherine? Todo lo relacionado con el espacio la había fascinado desde siempre, y allí, en la tele, había una mujer negra en el espacio, haciendo su trabajo y haciéndolo bien. Una persona negra y además mujer, pero por otra parte no era más que la teniente Uhura, la persona mejor cualificada para el puesto. De hecho Katherine pensaba que la ciencia —y el espacio— era el lugar ideal para la gente con talento de cualquier origen. Lo importante eran los resultados, les decía a los estudiantes. Los cálculos podían estar bien o mal y, si estaban bien, daba igual el color de la piel.

Star Trek estaba ambientada en 2266, pero fue necesario esperar tres siglos para ver lo que las mentes estadounidenses más brillantes podían hacer si se les daba rienda suelta. La misión Apolo estaba sucediendo ya. En el Hillside Inn, entre el grupo de sus hermanas, Katherine se dejó invadir por el milagro del momento, imaginándose a sí misma en el lugar de los astronautas. ¿Qué emociones experimentarían en sus corazones mientras contemplaban su planeta azul desde el vacío del espacio? ¿Cómo sería estar separado del resto de la humanidad por un vacío casi inimaginable y aun así llevar las esperanzas, los sueños y los temores de toda su especie con ellos en la nave? Casi ninguno de los que Katherine conocía se habría cambiado por los astronautas, ni por todo el oro de Fort Knox. Allí solos en el vacío del espacio, conectados con la Tierra de manera tan tenue, con la posibilidad real de que algo pudiera salir mal. Si hubiera tenido la oportunidad de unirse a los astronautas, Katherine Johnson habría hecho las maletas de inmediato. Incluso sin la presión de la carrera espacial, incluso sin la orden de derrotar al enemigo. Para Katherine Johnson, la curiosidad siempre superaba al miedo.

El Eagle, la sonda lunar, se separó del módulo de control Apolo a las 4:00 p.m. El aterrizaje provocó un escalofrío colectivo. La tripulación estaba cerca, muy cerca. El mundo aguardó a que se abriera la puerta de aquel aparato mecánico en forma de cangrejo. Tardaron cuatro horas. Finalmente, a las 10:38 p.m.: suspiros, aplausos, euforia, silencio, en todos los rincones del planeta, cuando Neil Armstrong puso el pie en la superficie de la Luna. El aterrizaje en sí había sido imposible de ensayar antes del momento decisivo, y el más peligroso. Los astronautas del Apolo 11 le habían dado a la misión solo una oportunidad de éxito: aunque Neil Armstrong elevaba al noventa por ciento las probabilidades de regresar a la Tierra sano y salvo, él creía que solo tenían un cincuenta por ciento de probabilidades de aterrizar en la Luna al primer intento. Katherine Johnson confiaba: sabía que sus cálculos estaban bien y daba por hecho que todos los demás —Marge Hannah y los compañeros de su oficina, Mary Jackson, Thomas Byrdsong y Jim Williams, todos en la NASA, desde el primer escalón hasta el último— habían puesto todo su empeño en la misión.

Además, Katherine siempre había esperado lo mejor, incluso en las situaciones más difíciles. «Hay que confiar en que se realice el progreso», se decía a sí misma y le decía a cualquiera que le preguntara. Había hecho falta más de una década de hojas y procesamientos de datos, de tarjetas perforadas de IBM y largos días y largas noches frente a la calculadora Friden, retrasos y tragedias, pero sobre todo números; llegados a ese punto, había más números de los que ella podía contar. Y todo eso sumado a los años largos y monótonos que había pasado aprendiendo el funcionamiento de la máquina que había dado a luz al programa espacial.

Las trayectorias de muchas personas habían influido en la suya por el camino: Dorothy Vaughan y las mujeres de Computación del oeste. Virginia Tucker y todas las mujeres que habían ayudado a revolucionar la aeronáutica, con su trabajo y con su presencia obstinada en el NACA. El doctor Claytor y su entusiasta preparación. John W. Davis, de la Universidad Estatal de Virginia Occidental. Incluso A. Philip Randolph y Charles Hamilton Houston. Por supuesto, no habría sucedido sin sus padres. Habría dado cualquier cosa por que su padre pudiera verla, ver a su niña, que solía contar estrellas y que ahora enviaba a los hombres a viajar por ellas. Joshua Coleman supo como por clarividencia que Katherine, su hija pequeña, brillante, carismática e inquisitiva —una niña negra de la zona rural de Virginia Occidental, nacida en una época en la que era más probable que muriese sin cumplir los treinta y cinco antes que terminar el instituto— conseguiría algún día unificar su historia con la epopeya estadounidense.

Y épico fue sin duda. Katherine se permitió asimilar el momento, con todas sus consecuencias. Todavía tenían desafíos por delante. Veía a los hombres sobre el polvo lunar y pensaba en el módulo de control, que no aparecía en cámara, y que daba la vuelta a la Luna cada noventa minutos. Neil Armstrong y Buzz Aldrin, sobre la Luna, tendrían una brevísima ventana para volver a la sonda lunar y conectar su vehículo a la nave nodriza. Después tardarían tres largos días en regresar a la Tierra, atravesar el fuego de la atmósfera y caer en el océano terrestre. Cada etapa del viaje llevaba consigo el fantasma de lo desconocido; ella respiraría tranquila solo cuando el aterrizaje coincidiera con los números de sus ecuaciones, cuando los astronautas hubieran caído al océano y estuvieran a salvo en el buque de la armada.

Pero, aun entonces, solo sería un momento. Al Apolo aún le quedaban seis misiones que cumplir. Y no había nada como la emoción del siguiente reto. Katherine y Al Hamer ya habían empezado a pensar en lo que haría falta para trazar el camino hasta Marte; sus compañeros Marge Hannah y John Young irían aún más allá dentro del cosmos, soñaban con hacer un «gran viaje» por los planetas. El proyecto se basaba en la misma idea que los viajes por las órbitas terrestre y lunar; una astronave que realizaba un vuelo de reconocimiento sobre un planeta utilizaba la gravedad de ese planeta como honda para salir disparada hacia el siguiente. Las mentes inquietas del Edificio 1244 ya se imaginaban saltos de Marte a Júpiter y de ahí a Saturno, como piedras lanzadas sobre la superficie de un lago. Algún día tal vez el resto de la humanidad los seguiría. Entonces Katherine Johnson descubriría realmente lo que había ahí fuera. Sería sencillo, pensaba, igual que enviar a un hombre a orbitar alrededor de la Tierra, como llevar a un hombre a la Luna. Una cosa conducía a la siguiente. Katherine Johnson lo sabía bien: cuando dabas el primer paso, todo era posible.

EPÍLOGO

Es la pregunta más frecuente cuando le hablo a la gente de las mujeres negras que trabajaron como matemáticas en la NASA: «¿Por qué nunca había oído hablar de esta historia?» Llegado este punto, más de cinco años después de comenzar a documentarme para lo que sería *Talentos ocultos*, he respondido a esa preguntas más veces de las que puedo recordar. A casi todo el mundo le asombra que una historia tan amplia y profunda, que involucra a tantas mujeres y que está unida directamente a los momentos más significativos del siglo XX, haya pasado inadvertida durante tanto tiempo. Hay algo en esta historia que parece conectar con gente de todas las razas, etnias, géneros, edades y orígenes. Es una historia de esperanza, la esperanza de que, incluso en las realidades más duras de nuestro país —segregación legalizada, discriminación racial—, a veces triunfe la meritocracia, la esperanza de que a cada uno de nosotros se nos permita llegar hasta donde nos lleve nuestro talento y esfuerzo.

El mayor aliento a lo largo del camino ha sido el de las mujeres negras. Con demasiada frecuencia, su papel —nuestro papel— en la historia se ha visto aplastado bajo el imaginario negativo y la vulnerabilidad por el hecho de ser mujeres y negras. Más descorazonadora resulta la frecuencia con la que miramos en el espejo de la nación y no vemos ningún reflejo en absoluto, ninguna huella discernible en lo que se considera historia con mayúsculas. Para mí, y creo que para muchas otras, la historia de las computistas del oeste es tan electrizante porque da fe de algo que creíamos que era cierto, que queremos con todas nuestras fuerzas que sea cierto, pero que no siempre sabemos cómo demostrar: que muchas mujeres negras han sido protagonistas de la epopeya de Estados Unidos.

La pasión de Katherine Johnson por su trabajo fue tan intensa durante los treinta y tres años restantes de su carrera en Langley como lo fue el primer día que llegó a la División de Investigación de Vuelo. «Disfruté cada día —dice ella—. No hubo un solo día que no me levantara emocionada por ir a trabajar». Considera que su trabajo en el aterrizaje lunar, calculando el momento preciso en el que la sonda lunar debía abandonar la superficie de la Luna para coincidir y engancharse con el módulo de servicio, fue su mayor contribución al programa espacial. Pero sus cálculos también estuvieron a mano durante la crisis del Apolo 13 en 1971, cuando el sistema eléctrico de la astronave en la que viajaban los astronautas Jim Lovell, Jack Swigert y Fred Haise falló debido a una explosión a bordo e hizo que fuera imposible manejar el ordenador como estaba programado.

Un astronauta abandonado a cientos de miles de kilómetros de la Tierra es como un marinero de otro tiempo, a la deriva en la zona más remota del océano. ¿Y qué haces cuando se apagan los ordenadores? Esa fue justo la pregunta que hicieron Katherine y su compañero Al Hamer a finales de la década de los sesenta, durante los preparativos para el primer aterrizaje lunar. Y, en 1967, Johnson y Hamer coescribieron el primero de una serie de informes que describían un método para utilizar estrellas visibles que ayudara a recorrer un camino sin el ordenador de dirección y asegurara el regreso del vehículo espacial a la Tierra. Ese fue el método disponible para los astronautas aislados a bordo del Apolo 13.

Sin embargo, antes de que terminara la crisis, incluso los cálculos alternativos de Katherine y de Al necesitarían otra alternativa: desde el interior de la astronave, los escombros brillantes de la cápsula dañada no se distinguían de las estrellas, lo que hacía que el método especificado en el informe de Katherine resultase imposible de utilizar. El astronauta Jim Lovell utilizó un cálculo aún más sencillo para llevar su nave hacia casa, alineando la mira óptica de la nave con el terminador de la Tierra, la línea que divide el lado de la Tierra en el que es de día y el lado en sombra donde es de noche. Fue pura casualidad que Lovell hubiera probado aquella técnica en el Apolo 8 y supiera cómo hacer los cálculos. Lo que parecía una comprobación rutinaria en una misión anterior acabaría salvando la vida de la tripulación. Nadie mejor que Katherine Johnson sabía que la suerte favorecía a quienes estaban preparados.

Katherine Johnson trabajó con Al Hamer y John Young durante el resto de su carrera en Langley, desarrollando aspectos del transbordador espacial y los programas de satélites de la Tierra. Pero fue la relación de Katherine con los días más gloriosos y glamurosos del programa espacial la que llamó la atención del público. Cada año que pasaba desde 1962, cuando John Glenn orbitó alrededor de la tierra, iban creciendo los elogios a los logros de Katherine Johnson. La prensa negra —el *Norfolk Journal and Guide*, el *Pittsburgh Courier*, el *Amsterdam News*, *Jet Magazine*— la aclamaba incluso antes de que John Glenn abandonara la Tierra. De la NASA, el editor del *Amsterdam News* escribió: «Alaban sin cesar a una joven negra de Virginia Occidental que ha elaborado un ensayo científico que no solo fue un documento clave en el vuelo del comandante Shepard hacia el espacio exterior, sino que se convertirá en EL documento clave si alguna vez consiguen poner en órbita a un astronauta». Con el tiempo comenzaron a aparecer artículos en el *Daily Press* y en el *Richmond Times-Dispatch* de la península, y el nombre de Katherine se convirtió en una búsqueda obligada en cualquier libro que versara sobre los logros en ciencia e ingeniería de negros o de mujeres (o de mujeres negras). Desde la década de los sesenta ha sido invitada a muchas clases para inspirar a los estudiantes contándoles cómo las matemáticas marcaron su vida. En los últimos años, su estado de salud le ha impedido hacer viajes para visitar a los estudiantes; el 26 de agosto de 2016 cumplió noventa y ocho años. Ahora, los estudiantes acuden a ella, peregrinando para verla en la residencia donde vive. Sus contribuciones al programa espacial le valieron premios de la NASA por el Proyecto Apolo y el Proyecto Lunar Orbiter. Ha recibido tres doctorados de honor y una distinción del estado de Virginia. Y un instituto de Carolina del Norte ha abierto un instituto de ciencias, tecnología, ingeniería y matemáticas que lleva su nombre. En 2015, el presidente Obama concedió a Katherine Johnson la Medalla Presidencial de la Libertad, un honor que el astronauta John Glenn recibió en 2012.

Katherine Johnson es la más reconocida de todas las computistas de la NASA, negras o blancas. La fuerza de su historia es tal que muchas fuentes la citan equivocadamente como primera mujer negra en trabajar como matemática en la NASA, o la única mujer negra en haber desempeñado ese trabajo. Con frecuencia se dice erróneamente que fue enviada a la División de Investigación de Vuelo «de hombres», un grupo que incluía a otras cuatro mujeres matemáticas, una de las cuales también era negra. Un informe insinuaba que fueron únicamente sus cálculos los que salvaron la misión del Apolo 13.

Que ni siquiera los admirables logros de Katherine Johnson estén a la altura de algunos de los mitos que se han creado a su alrededor da fe del enorme vacío causado por la ausencia de afroamericanos en la historia convencional. Durante demasiado tiempo, la historia ha impuesto una condición binaria a sus ciudadanos negros: o eran anónimos o eran famosos, o eran insignificantes o personas excepcionales, o eran receptores pasivos de la fuerza de la historia o superhéroes que adquieren un estatus mítico no solo por sus hechos, sino por sus circunstancias. El poder de la historia de las computistas negras de la NASA radica en que ni siquiera las primeras fueron las únicas.

Nadie está más de acuerdo con ese punto de vista que Katherine Johnson. Gracias a sus descripciones de la oficina de Computación del oeste durante nuestras entrevistas empecé a darme cuenta de la cantidad de mujeres negras que podían haber trabajado en Langley. La primera vez que oí el nombre de Dorothy Vaughan fue en boca de Katherine, y para ella nadie, ni siquiera los tipos listos, merecía más admiración que Dot Vaughan. De Margery Hannah, la primera supervisora de Computación del oeste, que finalmente se unió a la sección de Katherine, dijo que «Era extremadamente lista y no recibió ni la mitad del reconocimiento que merecía». Disfrutaba alardeando de los logros de Christine Darden más de lo que disfrutaba hablando de su propio trabajo. «Nunca voy a un colegio sin mencionar a Christine», me dijo. Es generosa al apreciar el talento de todas esas personas como lo hace alguien que controla sus propios dones. Tanto como la brillantez técnica de Katherine Johnson, nos atrae su historia personal y su carácter. ¿Qué hay más americano que la historia de una joven talentosa que se abrió paso desde White Sulphur Springs, Virginia Occidental, hasta las estrellas? Que durante el camino igualara la destreza de una computadora electrónica, convirtiéndose en una John Henry mujer y erudita solo sirvió para pulir el mito. Es carismática y tranquila, actúa bien bajo presión, posee un pensamiento independiente, es encantadora y elegante. Su interpretación de la igualdad, aplicándosela a sí misma sin inseguridades y a los demás esperando reciprocidad, es un reflejo de la América que queremos ser. Ella lleva muchos años en el futuro, esperando a que los demás la alcancemos.

Pero quizá lo más importante sea que la historia de Katherine Johnson puede abrir la puerta a las historias de todas las demás mujeres, blancas y negras, cuyas contribuciones han pasado desapercibidas. Al reconocer la aportación de esas mujeres extraordinariamente normales al éxito de la NASA, podemos percibir sus capacidades no como una excepción, sino como una regla. Su objetivo no era resaltar por sus diferencias; era encajar por su talento. Como los hombres para los que trabajaban, y los hombres a quienes enviaron al espacio, solo estaban haciendo su trabajo. Creo que Katherine lo agradecería.

Para Mary Jackson, que se mantuvo firme en su búsqueda de los ideales de la Doble V —para los afroamericanos y para las mujeres—, los años posteriores al aterrizaje en la luna serían una época de cambio y de decisiones. «Cohetes, disparos a la Luna, gástenlo en los que no tienen nada», cantaba Marvin Gaye en su himno *Inner City Blues*, en 1971, refiriéndose al lodazal que era Vietnam, a una economía sitiada por la inflación y, sobre todo, al aislamiento, la rabia y la desesperación económica de los negros que vivían en Detroit, Washington, D.C., Watts y Baltimore. En la década de los 60, parecía posible que el idealismo de Camelot, de la Gran Sociedad y del Movimiento por los Derechos Civiles, herederos de la Doble V, borrara al fin la pobreza y la injusticia que invadía Estados Unidos desde su fundación. A medida que la década se acercaba a su fin, quedó claro que el sueño del doctor King que se había oído por todo el Lincoln Memorial era en realidad el sueño aplazado del poema *Harlem* de Langston Hughes. «¿Qué le ocurre a un sueño aplazado? ¿Se seca como una pasa al sol?»... En Newsome Park, iba menguando cada vez más la esperanza mostrada por Eric Epps al inaugurar el centro comunitario de la urbanización en 1945. La revolución de los vuelos espaciales había solidificado el asentamiento de Katherine Johnson y Dorothy Vaughan en la clase media, pero el vecindario que Eunice Smith y ellas, además de muchas otras, habían dejado atrás se parecía cada vez más a una isla pobre, alejado de los puestos de trabajo y de las escuelas que le ayudarían a dar el mismo salto que habían dado las computistas del oeste.

Y eso era antes de llegar a «la contaminación, el daño ecológico, la escasez energética y la carrera armamentística», los diablos de la revolución tecnológica del siglo. En vez de crear una esperanza unificadora, un programa espacial expansivo era «la sal en las heridas de las preocupaciones más terrenales del país», escribió el historiador de la NASA Robert Ferguson. En 1966, el presidente Johnson, el mayor defensor político del programa espacial, comenzó a mirar a la NASA como un «gran saco de dinero», que podía exprimir para reducir un presupuesto restringido por los programas sociales y por Vietnam. Habiendo logrado el aterrizaje en la Luna, asegurada la victoria sobre la Unión Soviética, no había prisa por seguir desarrollando el Proyecto Apolo, cuyas dos últimas misiones habían estado a punto de ser canceladas.

La prensa que rodeó el final del programa Apolo fue clamorosa, pero la cancelación de otro programa también cosechó titulares. En 1972, Estados Unidos decidió cancelar su programa de transporte supersónico, el SST, que muchos aerodinamistas habían esperado que les otorgara un «momento Apolo», la oportunidad de mostrar toda su tecnología. El carísimo programa enervó a quienes estaban preocupados por el impacto negativo que tendría sobre la capa de ozono, pero lo que alteró de verdad a la opinión pública fue el estruendo sónico que inundaba el paisaje cuando el avión pasaba por encima. Había informes que aseguraban que las ondas expansivas de los aviones comerciales de alta velocidad «asustaban a los residentes, rompían las ventanas, agrietaban la escayola y hacían ladrar a los perros». Algunos afirmaban que la amenaza invisible incluso provocaba la «muerte de mascotas y la locura del ganado». Las autoridades locales recibieron quejas de ventanas rotas y animales traumatizados, y se multiplicaron las llamadas a la policía por parte de ciudadanos que aseguraban haber oído explosiones no identificadas procedentes del cielo.

Las máquinas de transporte supersónico e hipersónico con las que soñaban en los cincuenta y sesenta tendrían que esperar, aunque en los años setenta Langley centró gran parte de su atención en la segunda A de la NASA: la aeronáutica. «Solo en 1969 existían 57 aerolíneas americanas certificadas, lo que suponía aproximadamente 164 millones de pasajeros y unos veinte mil millones de toneladas de mercancías por kilómetro recorrido», reveló la NASA en una publicación de 1971. Las prioridades de los aerodinamistas para la nueva década eran menos glamurosas, pero necesarias para resolver los problemas provocados por una sociedad cada vez con más movilidad. Uno de los problemas en los que se centraron fue la reducción del ruido: los cielos abarrotados solían ser cielos ruidosos, incluso sin el estruendo sónico. Otro tema era la eficacia. Con la subida del precio del carburante, la industria aeronáutica dejó de priorizar el incremento de la velocidad y de la potencia y se centró en aumentar la eficacia en los vuelos subsónicos y supersónicos bajos.

Langley anunció una reorganización generalizada en 1970, reduciendo su mano de obra a 3853, de los 4485 empleados que tenía en 1965. Para los que vivieron la reorganización, anunciada en forma de libro de cuarenta y siete páginas de color verde aguacate que aterrizó en las mesas de los empleados a finales de septiembre de aquel año, fue en muchos aspectos una época más estresante que el periodo de transición del NACA a la NASA. Las reducciones de personal y de calificación sucedían con gran frecuencia en Langley en los años serenta. Los que sobrevivieron a las reducciones se sentían traicionados por aquellas ambiciones tan reducidas de la

NASA. Los cerebritos no solo no iban a viajar a Marte ni a los demás planetas, sino que en diciembre de 1972, parecía que ya habían dado sus últimos pasos sobre la Luna. La cima del conocimiento de la humanidad se estrelló contra la realidad orbital. A la NASA de los setenta le interesaba «el acceso rutinario, rápido y económico al espacio». La agencia nunca regresaría a la gloria de los años del Apolo. Pero, pese a haberlo reducido todo —presupuestos, personal y expectativas— la voluntad de explorar el mundo más allá de la atmósfera terrestre no desaparecería, no podía desaparecer.

Mary Jackson consiguió abrirse paso entre la confusión de Langley, pese a que las secciones, las ramas y las divisiones a su alrededor cambiaban con frecuencia y los grupos de trabajo en la base del organigrama se transformaban como los cristales en el gran caleidoscopio de la NASA. Los nombres cambiaron —Compresibilidad, Aero-termodinámica, Teoría aplicada, Túneles supersónicos superiores, Aerodinámica transónica, Aeronaves de alta velocidad, Transónica-subsónica—, pero su asociación con Kazimierz Czarnecki siguió siendo una constante. Se mantuvo centrada en la investigación que había iniciado desde que se convirtiera en ingeniera en 1958: la investigación sobre el impacto de las asperezas (como remaches o ranuras) en la superficie de un objeto en movimiento en la capa límite, esa fina capa de aire que más se acerca al objeto en movimiento. Mary, que nunca dejaba pasar la oportunidad de continuar con su formación, dio clases de FORTRAN y aprendió a programar. Las computadoras que habían hecho posible el vuelo espacial de larga distancia también estaban revolucionando la investigación aeronáutica, una especialidad conocida como dinámica computacional de fluidos. Los ingenieros ahora realizaban los experimentos en sus adorados túneles de viento y después comparaban los resultados con las simulaciones de las computadoras. Al igual que las máquinas electrónicas habían sustituido a las computistas humanas en la investigación aeronáutica, llegaría el día en que la computadora desplazara al propio túnel de viento.

Mary Jackson defendía incansablemente la ciencia y la ingeniería como una carrera estable y significativa. Pronunció tantos discursos en las escuelas de la localidad que cualquiera habría pensado que estaba en campaña electoral: los institutos de Thorpe y Sprately, los de Carver y Huntington, el Instituto Hampton, la Escuela Metodista de Virginia, una pequeña facultad de Norfolk. En el centro comunitario de King Street, donde había trabajado Mary como secretaria de la USO durante la Segunda Guerra Mundial, fundó un club de ciencias extraescolar para estudiantes de secundaria. Ayudó a los estudiantes a construir un túnel de humo y realizar experimentos, y les enseñó a usar la herramienta que habían creado para observar el flujo de aire sobre diferentes alerones. «Tenemos que hacer algo así para que se interesen por la ciencia», comentaba Mary en un artículo del boletín para empleados *Langley Researcher* en 1976 con motivo de su elección como Voluntaria del Año dentro del centro. «Muchas veces, cuando los niños llegan al colegio, rehúyen las matemáticas y la ciencia durante los años en los que deberían aprender los rudimentos».

En 1979, Mary Jackson organizó la fiesta de jubilación de Kazimierz Czarnecki, que abandonaba el servicio gubernamental después de cuarenta años. Dos años antes, las instalaciones que habían sido los cimientos de casi todo su trabajo —el túnel de presión supersónica de metro veinte, el tercer miembro de la asociación entre Mary y Kaz— habían finalizado también su servicio en Langley. En 1977, el túnel que había sido la tecnología más novedosa al comenzar su actividad en 1947 fue derribado para dejar espacio a las Instalaciones transónicas nacionales, un túnel de Mach 1.2 y 85 millones de dólares que funcionaba con nitrógeno criogénico.

En aquella época, Mary estuvo reflexionando sobre su carrera. Viajaba con regularidad para hacer presentaciones en conferencias de la industria, y a finales de los setenta había escrito y coescrito doce ensayos. Había pasado de computista a matemática y de ahí a ingeniera, y en 1968 había sido ascendida al nivel GS-12. Sin embargo los cortes presupuestarios y las reducciones de personal de los años setenta dificultaron los ascensos, y el siguiente escalón en la escalera de Mary Jackson —GS-13— empezaba a parecer lejano. GS-13 era un umbral muy significativo en el que se encontraban muy pocas mujeres en Langley a mediados de los setenta. Aquello contrastaba con Goddard, donde tanto Dorothy Hoover como Melba Roy habían alcanzado el nivel GS-13 en 1962. En 1972, el objetivo de la NASA dentro de la agencia era «colocar a una mujer en al menos una de cada cinco vacantes entre los niveles GS-13 y GS-15». El número de mujeres, profesionales y administrativas, había crecido junto con el nivel de empleo general de Langley, pero las mujeres aún escaseaban en los puestos técnicos superiores y directivos. Incluso las barreras aparentemente pequeñas evitaban que un gran número de mujeres avanzara: hasta 1967, en el campo de golf de Langley Field —como en otros lugares de trabajo, un buen lugar para hacer contactos— las mujeres solo podían jugar durante la jornada laboral, en vez de jugar al golf junto a los hombres después del trabajo.

En 1979, Mary Jackson tenía cincuenta y ocho años y había llegado a la conclusión de que probablemente había alcanzado el techo de cristal. Le habría resultado fácil recoger los frutos de su experiencia, reducir su carga de trabajo y emprender el largo camino hacia la jubilación. Incluso aunque no lograra el siguiente ascenso, aún gozaba del prestigio de ser ingeniera y de la satisfacción de saber lo mucho que había trabajado por llegar a ese punto. Pero surgió un puesto en la División de Recursos Humanos y se barajó el nombre de Mary para cubrirlo: Directora del Programa Federal de Mujeres, encargada de defender el ascenso de todas las mujeres del centro. Renunciar al título de ingeniera que tanto le había costado ganar, en una organización creada y dirigida por ingenieros, no fue una decisión fácil.

Mary sabía que su frustración laboral no era única. Cuando miraba a su alrededor, veía a muchas otras mujeres y minorías en Langley atrapadas en los pegajosos grados medios, incapaces de ascender al nivel que su capacidad habría merecido. ¿De verdad necesitaba Langley otro ingeniero aeronáutico GS-12, incluso aunque ese puesto estuviera ocupado por una mujer negra? ¿O estaría mejor el centro con alguien que ayudara a dejar paso a legiones de empleados, de todos los niveles y procedencias, libres de dar lo mejor de sí mismos en su trabajo? Mary Jackson no estaba inclinada a tomar el camino fácil o a quedarse satisfecha con el *statu quo*. Si la decisión no era fácil, sí que estaba clara. Salirse del camino de la ingeniería no sería un sacrificio si le permitía actuar siguiendo sus principios. Mary Jackson descendió desde el nivel GS-12 hasta el GS-11 para aceptar el puesto, menos prestigioso, y en 1979 comenzó su papel como directora del Programa Federal de Mujeres en el centro.

Ayudar a las chicas y mujeres a avanzar era la base del espíritu humanitario de Mary, veía las relaciones entre mujeres como una manera natural de salvar las diferencias raciales. Había desempeñado un papel clave para unificar los consejos regionales de Girl Scouts negras y blancas en una organización para todas las chicas al sureste de Virginia. En 1972, Mary se ofreció voluntaria como consejera de empleo en igualdad de oportunidades y en 1973 entró a formar parte del comité asesor del Programa Federal de Mujeres de Langley. Ambos programas habían sido creados en los años sesenta para asegurarse de que el gobierno federal contratara y ascendiera sin diferenciar raza, género o identidad nacional. En Langley, igual que en otros lugares de trabajo federales, los programas tuvieron un efecto secundario beneficioso: otorgaron a las mujeres y a los empleados minoritarios una manera oficial de hacer contactos y potenciar su visibilidad dentro del centro. A Mary siempre se le habían dado bien los contactos, presentaba a personas para que se ayudaran las unas a las otras y para ofrecer su apoyo a las diversas causas que tan importantes eran para ella. Se convirtió en miembro activo de un grupo de mujeres de Langley decididas a impulsar las oportunidades para las mujeres de cualquier color dentro de la NASA, abriendo el camino para que las mujeres ocuparan sus lugares como iguales junto a los hombres en los campos de la ciencia y la ingeniería, y también buscando maneras de ayudar a las secretarias y oficinistas a dar el salto hacia los puestos técnicos y la dirección de programas. Aceptar el puesto como directora del Programa Federal de Mujeres fue una manera de conciliar sus veintiocho años de trabajo en Langley con su compromiso por la igualdad para todos.

Uno de los aspectos más difíciles a la hora de escribir un libro es saber que no hay espacio ni tiempo suficientes para dar voz a todas las personas increíbles que conoces por el camino. El borrador original de este libro tenía una última parte que explicaba con todo detalle cómo Mary Jackson y sus compañeras de viaje se esforzaron en los setenta y los ochenta por extinguir los restos de lo que la historiadora de la NASA Sylvia Fries llamó la «fantasía de que solo los hombres estaban cualificados para ser ingenieros». Al igual que Mary, la narración final se alejó de las rutinas diarias de la investigación para seguir a las mujeres de Langley según iban formando alianzas y utilizando todo su ingenio para cambiar el aspecto de los empleados del centro. Tomar la decisión de recortar esa parte fue difícil; aunque me permitió la oportunidad de pasar más tiempo con Dorothy, Mary y Katherine en la época dorada de la aeronáutica y el espacio, significó terminar el libro antes de que Mary tomara la decisión de dejar la ingeniería por los Recursos Humanos. También significó decir adiós a uno de mis «personajes» favoritos de este drama, que se ha convertido en una amiga en la vida real: Gloria Champine. La relación entre Gloria y Mary, que surgió gracias a la decisión de Mary de sacrificar su carrera como ingeniera por las oportunidades laborales futuras de otras mujeres, es una de las historias más conmovedoras que descubrí mientras me documentaba.

Gloria Champine nació en el Fuerte Monroe de Hampton en 1932, y la casa de su familia estaba muy cerca de la de Mary. Su padre era un aviador en Langley Field que desempeñó un papel importante en el desarrollo del paracaídas. Murió en el accidente de un bombardero Keystone durante un vuelo desde Langley en 1933. Su padrastro fue el jefe de la tripulación del único XB-15 construido, que se encontraba en Langley. Gloria pasó parte de su infancia en la base, donde «los padres de todos tenían un avión». Creció oyendo a su padrastro y a la tripulación contar historias sobre las «locuras» que les hacían pasar los chiflados del NACA para analizar las cualidades de vuelo de su bombardero experimental. Gloria, que es blanca, se graduó en la Escuela Superior de Hampton en 1947, obtuvo un certificado técnico en una facultad de empresariales de la localidad y encontró trabajo como secretaria del director de una imprenta en Newport News. En 1959, Gloria hizo el examen para trabajar en la administración y obtuvo un trabajo como secretaria en la oficina encargada del Mercury, donde ayudó con la logística necesaria para construir la red de seguimiento mundial que debutó con el vuelo orbital de John Glenn.

En 1947, un programa de igualdad de oportunidades le permitió a Gloria la oportunidad de pasar de un puesto de oficina en la División de Cargas Dinámicas a un puesto administrativo en la División Acústica. Después compitió por un puesto superior como ayudante técnica del jefe de la División de Sistemas Espaciales, trabajo que previamente solo habían desempeñado hombres. Pasó por el proceso de entrevistas tres veces y en todas ellas quedó en primer lugar. «No paraban de ponerte a prueba porque no querían darle el puesto a una mujer», le confesó una amiga de Recursos Humanos. Sin embargo, al final el centro se vio obligado a contratar a Gloria: la mejor candidata para el trabajo, la primera mujer en el puesto.

Cuando Mary y Gloria eran jóvenes, a principios del siglo XX, solo un vidente habría podido predecir los cambios que harían que sus caminos se cruzasen. Años más tarde, Mary le describiría a Gloria la segregación que había experimentado durante los primeros años en Langley. Se conocieron en uno de los comités del Programa Federal de Mujeres y se hicieron amigas, colaboradoras y conspiradoras para ayudar a que se reconociera el talento de todas las mujeres. Al igual que Mary, Gloria Champine tenía «la cabeza dura y los hombros fuertes». No podía evitar actuar cuando veía la manera de echarle una mano a alguien. Siempre tenía una chaqueta de mujer extra colgada detrás de la puerta de su despacho, por si acaso alguna candidata necesitaba un retoque para causar mejor impresión. Cuando una joven negra que pasaba el verano haciendo prácticas con ella le mencionó que le interesaban los ordenadores, Gloria la llevó a conocer al director de programación de la División de Sistemas de Negocios y la joven acabó trabajando en un programa de prácticas para programadores.

Los supervisores varones le advirtieron a Gloria que se «mantuviera alejada de las cosas de mujeres», pero las cosas de mujeres eran tan importantes para ella como lo eran para Mary Jackson. Había visto lo mucho que su madre, que era lista, pero valorada por su belleza, dependía de su padre y de su padrastro. Gloria se propuso no estar nunca en la misma situación; nunca contempló la idea de no trabajar, ni siquiera después del nacimiento de sus tres hijos. Fue una decisión que le ayudó a aguantar cuando se separó y después se divorció de su marido a mediados de los años sesenta, quedándose como madre soltera y cabeza de familia en una época en la que la mayoría de mujeres blancas seguía sin trabajar fuera de casa.

En 1981, Langley envió a Mary Jackson a la sede central de la NASA en Washington, D.C., para realizar un año de formación y convertirse en especialista en igualdad de oportunidades. Mary ya había decidido quién la sucedería como directora del Programa Federal de Mujeres en Langley. Aunque Gloria no tenía una formación técnica, su infancia militar y quince años de servicio en la NASA le permitían entender bien el negocio de la ingeniería y las motivaciones de los ingenieros. Sabía más de aviones que muchos de los ingenieros con los que trabajaba. Además, no tardó en aprender informática: Mary Jackson le enseñó a «reprogramar» los ordenadores de la División de Recursos Humanos, entrando en las bases de datos que alimentaban los sistemas para realizar informes estadísticos sobre cualificaciones y ascensos de los empleados. Esos informes revelaron que las mujeres graduadas con los mismos títulos que los hombres seguían siendo contratadas principalmente como «analistas de datos», el término actualizado para las matemáticas del centro, y no como ingenieras. Las empleadas negras con cualificaciones similares iban por detrás de sus homólogas blancas en cuestión de ascensos y solían verse relegadas a papeles de apoyo, como el trabajo en la División de Análisis y Computación, donde Dorothy Vaughan había sido reasignada, en vez de formar parte de los grupos de ingeniería. Mary le mostró a Gloria que no haber estudiado una asignatura concreta en la universidad, como por ejemplo Ecuaciones Diferenciales, podía impedir que una mujer, por lo demás bien cualificada y formada, estuviera a la altura de sus homólogos varones, incluso años después de haber entrado a formar parte de la plantilla.

Durante los cinco años siguientes, Mary Jackson y Gloria Champine formaron un equipo de ingeniería social dentro de las oficinas del Programa Federal de Mujeres y de Igualdad de oportunidades. Durante tres de esos cinco años, trabajaron para mi padre, Robert Benjamin Lee III, un científico de investigación de la División de Ciencias Atmosféricas de Langley. La presencia de mi padre en el programa de igualdad de oportunidades era parte de un programa de desarrollo laboral diseñado para «prepararlo» para la dirección cuando regresara a su división.

Sin embargo Mary pasó el resto de su carrera en la Oficina de Igualdad de Oportunidades y se jubiló en 1985. Su marido, Levi Jackson padre, también había pasado sus últimos años en activo trabajando, todavía como pintor, en Langley, donde llegó desde la base de las fuerzas aéreas en los años ochenta. «Siempre nos pareció genial que la abuela trabajara en los túneles de viento y el abuelo los pintara», recordaba su nieta, Wanda Jackson. Hasta el final de su vida, Levi Jackson adoró a Mary y estuvo orgulloso de sus logros. Mary se mantuvo tan ocupada los veinte años siguientes como lo había estado los sesenta y cuatro anteriores, ocupando sus días con sus nietos y con el trabajo de voluntaria que tanto le satisfacía. Mary Jackson murió en 2005 y Gloria Champine escribió un emotivo obituario que se publicó en la página web de la NASA. «La península ha perdido recientemente a una mujer valiente, a una heroína atenta, Mary Winston Jackson —escribió Gloria—. Fue un modelo a seguir de primera categoría, y con sus esfuerzos discretos y tranquilos ayudó a muchas minorías y mujeres a alcanzar su máximo potencial gracias a ascensos y a la posibilidad de ocupar puestos de supervisión».

Gloria también acabó su carrera de treinta años en Langley en la Oficina de Igualdad de Oportunidades, siguió construyendo el legado de Mary, asegurándose de que el talento en Langley no pasara inadvertido. Una de las personas cuya carrera siguió fue Christine Darden, la joven matemática a quien inspiró el Sputnik en 1957. En los primeros años en Langley, Christine había aprendido a soportar la monotonía. Aunque la sección de Física de Reentrada había sido un lugar emocionante en los años previos al Apolo, los largos tiempos de desarrollo hicieron que, para cuando Christine llegó a la oficina, casi todo el trabajo interesante ya se hubiera completado, y el ritmo había disminuido considerablemente. Aunque la sección de Christine estaba ligada a un grupo de ingeniería, casi todos los días sentía como si hubiese entrado en una máquina del tiempo. Muchas de las mujeres de la Sección de Analistas de Sistemas eran antiguas computistas del oeste y, aunque Christine tenía experiencia de programación con FORTRAN gracias a sus estudios en la escuela de postgrado, en su mesa había una calculadora Friden esperando que ella introdujera los datos, igual que habían hecho las computistas en los años cuarenta. Era «mortal», decía. Trabajaba para la organización que acababa de realizar el viaje a la Luna y, sin embargo, en su rincón de la NASA, Christine sentía que el futuro había pasado de largo.

Hizo falta persistencia, suerte y algo de descaro para lograr dejar atrás algo tan tedioso que Christine pensó varias veces en dimitir. Había sobrevivido a la reducción de personal del libro verde en 1970, pero, justo antes de una segunda oleada en 1972, por casualidad oyó a su jefe hablando con alguien del Departamento de Recursos Humanos: ¡ella estaba en la lista de despedidos! En la compleja partida de ajedrez de la reducción de personal, iba a sacarla del tablero un hombre negro que había sido contratado al mismo tiempo que ella, pero como matemático. A él lo habían enviado a un grupo de ingeniería y había sido ascendido; ella, con igual antigüedad, fue seleccionada para el despido.

Aquella revelación hizo que se pusiera en marcha. En vez de tratar el tema con su jefe, Christine acudió directamente al jefe de la división, el jefe del jefe de su jefe, nada menos que John Becker, una eminencia en Langley, que ahora estaba a punto de jubilarse.

«¿Por qué los hombres tienen puestos en grupos de ingeniería y las mujeres acaban en las salas de computación?», le preguntó Christine. «Bueno, nunca se ha quejado nadie», respondió él. «Las mujeres parecen felices haciendo eso, así que eso es lo que hacen». Becker era un hombre de otra época. Su esposa, Rowena Becker, había sido una «excelente matemática» —ambos se conocieron durante la guerra, en el túnel de dos metros y medio—, pero después de casarse tomó la decisión de abandonar Langley para convertirse en esposa y madre a jornada completa. El marco de referencia que tenía John Becker sobre las mujeres trabajadoras y sus expectativas era el mismo que el de casi todos los hombres de su generación. Pero, igual que Becker había estado dispuesto a admitir que se equivocaba cuando Mary Jackson lo desafió en los años cincuenta, aceptó el reto de Christine Darden veinte años más tarde. Dos semanas después de que Christine entrara en el despacho de John Becker, fue trasladada a un grupo que trabajaba en la investigación del estampido sónico.

El nuevo jefe de Christine, David Fetterman, se denominaba a sí mismo «fanático de las alas» y había decidido quedarse en la aeronáutica incluso mientras los demás se iban al espacio. Le gustaba trabajar en su investigación de forma independiente y daba por hecho que su nueva empleada pensaba igual. De modo que le entregó a Christine un encargo de investigación decisivo: debía tomar el algoritmo estándar que la industria empleaba para minimizar el estampido sónico de la configuración de un avión en concreto (desarrollado por los investigadores de Cornell, Richard Seabass y Albert George) y escribir un programa de FORTRAN basado en él. Era un trabajo en el sector más actual de la aeronáutica, un proyecto de dinámica computacional de fluidos que podría ayudar a mitigar el estampido sónico que había hecho que los vuelos supersónicos comerciales fueran tan desagradables.

Hicieron falta tres años de trabajo, pero los resultados se publicaron en un ensayo de 1975 titulado «Minimización de los parámetros de estampido sónico en atmósferas reales e isotérmicas». Christine fue su única autora. El código que escribió siendo una aspirante a ingeniera sigue siendo el código de los programas de minimización del estampido sónico que los aerodinamistas utilizan hoy en día. Fue una contribución importante y un logro que ayudó a que su carrera despegara, pero aun así el camino hasta convertirse en una experta en estampido sónico internacionalmente reconocida con sesenta publicaciones y presentaciones técnicas en su haber y miembro del Servicio Ejecutivo de la NASA no fue fácil.

En 1973, Christine hizo un curso de programación informática gracias al acuerdo de Langley con la Universidad George Washington. Había sobresalido en el Instituto Hampton, había superado su máster en la Universidad Estatal de Virginia y había acabado trabajando con un grupo de ingeniería en la NASA, pero aquella clase de ocho estudiantes —siete blancos y un negro, siete hombres y una mujer— supuso su primera vez en un entorno académico integrado. Al principio se sentía intimidada, pero las buenas calificaciones en la clase le hicieron decidirse por hacer un doctorado. Tardó en conseguir la aprobación para inscribirse en el programa. Un supervisor de un nivel superior rechazó su petición inicial. Incluso después de lograr la aprobación, seguía «compaginando su labor como madre de Girl Scouts, profesora de la escuela dominical, los trayectos a las clases de música y su papel de ama de casa» para sus dos hijas, además de su trabajo a jornada completa en Langley.

El doctorado en Ingeniería Mecánica le llevó diez años. Lo logró en 1983, cuarenta años después de que las primeras computistas del oeste llegaran a Langley. El éxito de Christine se apoyaba sobre el trabajo de las mujeres que vinieron antes que ella, su investigación se basaba en los incontables números que habían pasado por sus manos y por sus mentes. Incluso con dos de las mejores credenciales en su haber —un doctorado y una importante contribución a la investigación—, le haría falta un último empujón antes de que Langley le concediera a Christine Darden el ascenso que sus logros merecían.

Gloria Champine admiraba la inteligencia de Christine Darden y su testarudez a la hora de conseguir su doctorado. Desde su posición en la Oficina de Igualdad de Oportunidades, sabía que las mujeres del centro —incluso en los niveles superiores— seguían siendo superadas por los hombres, y Christine era una de ellas. A mediados de los años ochenta, Christine había ascendido a un nivel GS-13, pero incluso con el doctorado le costaba trabajo alcanzar el GS-14. Por otra parte, un ingeniero blanco que había empezado al mismo tiempo, con referencias similares a las suyas, ya había alcanzado el GS-15. Gloria sabía cómo funcionaba Langley: «Presenta tu caso, constrúyelo, véndelo para que se lo crean». Elaboró un gráfico de barras y se lo mostró al director de su junta directiva —un directivo que estaba un nivel por debajo del máximo en Langley—, que se sorprendió al ver esa disparidad. Con los esfuerzos de Gloria se produjo el ascenso de Christine y, después, el reconocimiento y la movilidad de los que debería gozar cualquiera con esas capacidades sobresalientes. Fue uno de los momentos de mayor orgullo de Gloria. Christine ya había realizado el trabajo; Langley solo necesitaba a alguien que le ayudara a ver los números ocultos.

«Cambié lo que pude; lo que no pude lo soporté», le dijo Dorothy Vaughan a la historiadora Beverly Golemba en 1992. Dorothy se jubiló en 1971 después de veintiocho años de carrera. El mundo se había transformado mucho desde que tomara el autobús en Farmville para irse a la ciudad que prosperaba con la guerra, pero no lo suficiente como para cumplir sus últimas ambiciones laborales. El libro verde aterrizó en la mesa de Dorothy tan solo dos días después de su sesenta cumpleaños. Su nombre estaba en el libro, pero no donde ella esperaba que estuviera.

«Suponía un ascenso», me dijo Ann Vaughan Hammond, la hija de Dorothy, aunque su madre nunca le explicó en qué consistía exactamente el ascenso. Dorothy fue discreta y solo informó vagamente a su familia de aquella última decepción. Con toda probabilidad, había esperado desempeñar sus últimos años como jefa de sección, recuperando el título que había ostentado desde 1951 hasta 1958. Habría sido un triunfo regresar a la dirección, pero como directora de una sección que contratara a hombres y a mujeres, blancos y negros. El puesto de director de sección fue a parar a Roger Butler, un hombre blanco que también ocupaba el cargo de jefe de sección. Sara Bullock la computista del este al cargo del grupo de programación de la computadora Bell en 1947, fue nombrada jefa de una de las cuatro secciones de la rama. Bullock fue una de las pocas mujeres supervisoras, particularmente fuera de la administración. En 1971, seguía sin haber mujeres jefas de sección, ni de división, ni directoras en Langley.

Y, por primera vez en casi tres décadas, Dorothy Vaughan no estaba allí. Su época como supervisora en los años cincuenta fue relativamente breve, pero durante esos años había ayudado a forjar muchas carreras. Su nombre nunca apareció en un solo informe de investigación, pero había contribuido, directa o indirectamente, en muchos de ellos. Accedió a regañadientes a celebrar una fiesta de jubilación; nunca le había gustado que la gente montara mucho escándalo. Disuadió a su familia de asistir y consiguió que otros la llevaran (pese a todos sus años en Virginia, donde el auto era imprescindible, nunca aprendió a conducir). Muchos de sus nuevos compañeros fueron a celebrarlo con ella, incluido su jefe, Roger Butler. Por supuesto, muchas de sus antiguas compañeras acudieron también. En otro tiempo fueron chicas que habían acudido a Langley esperando un trabajo de seis meses durante la guerra; ahora eran mujeres mayores con décadas de experiencia en un club científico de élite. En un momento dado de la velada, Lessie Hunter, Willianna Smith y otras computistas del oeste se reunieron en torno a su antigua supervisora para hacerse una foto, que apareció publicada a la semana siguiente en el *Langley Researcher*. Fue quizá la única prueba fotográfica de una historia que comenzó en mayo de 1943 con el grupo de hermanas del Edificio del almacén. Aunque Langley guardaba un meticuloso registro de sus empleados, individualmente y en grupos, todavía no me he encontrado otra foto de Langley donde aparezca la Sección de Computación del oeste.

A Dorothy Vaughan siempre le había encantado viajar, y durante la jubilación se dio ese capricho y viajó por placer a lo largo y ancho de Estados Unidos y también por Europa. Con ochenta y tantos años viajó a Ámsterdam con su familia. En su casa, seguía siendo tan frugal como durante la Depresión y la guerra y jamás gastaba cuando podía ahorrar, ni desechaba cuando podía reutilizar.

Un día, cuando llevaba años jubilada, una mujer llamó a su puerta para intentar que participara en una demanda colectiva por la discriminación en el sueldo de las mujeres que habían trabajado en Langley. Dorothy se sentó en su sofá y escuchó a la mujer educadamente, después dijo: «Me pagaron lo que dijeron que iban a pagarme», y eso fue todo. Nunca le había gustado recrearse en el pasado. Tras su fiesta de jubilación, Dorothy Vaughan jamás regresó a Langley. El álbum de fotos, los premios y los regalos de la jubilación, todo eso lo guardó en su caja de recuerdos del fondo del armario. La mayor parte de su legado —Christine Darden y la generación de mujeres más jóvenes que se alzaban sobre los hombros de las computistas del oeste— seguía en la oficina.

AGRADECIMIENTOS

El título de este libro quizá no sea muy apropiado. La historia que he contado en estas páginas es más invisible que oculta, fragmentos que esperan pacientemente en las notas a pie de página, en las anécdotas familiares y en las carpetas polvorientas el momento de volver a la luz. Quiero dar las gracias en primer lugar a los historiadores y documentalistas que me han ayudado a reconstruir esta historia mediante sus documentos: a Colin Fries, de la Oficina de la Historia de la NASA en Washington, D.C., a Patrick Connelly, de la Asociación de archivos nacionales (NARA) de Filadelfia, a Meg Hacker, de Fort Worth, a Kimberly Gentile, del Centro Nacional de Archivos de Personal, y a Tab Lewis, del NARA College Park. Gracias también a Donzella Maupin y a Andreese Scott, de los Archivos de la Universidad de Hampton, y a Ellen Hassig Ressmeyer y Janice Young, de la biblioteca Drain-Jordan de la Universidad Estatal de Virginia Occidental.

Me ha animado mucho el entusiasmo de David Bearinger y Jeanne Siler, de la Fundación para las Humanidades de Virginia, desde el día que entré en su despacho sin avisar, en mitad de una nevada de primavera en 2014. Gracias a su apoyo, el Proyecto Computistas Humanas, que surgió de mi documentación para el libro, podrá tomar el testigo de *Talentos ocultos* creando una base de datos de todas las mujeres matemáticas que trabajaron en el NACA y en la NASA durante la época dorada de la agencia. Gracias a Doron Weber, de la Fundación Sloan, que estuvo dispuesto a apostar por una autora novel; el apoyo de la Fundación Sloan hizo que me resultara posible dedicarme en exclusiva a recuperar esta importante historia.

No podría haber contado con un equipo mejor con el que trabajar en William Morrow. Trish Daly, aunque estás inmersa en nuevas aventuras, siempre agradeceré tu perseverancia para colocar *Talentos ocultos* al principio de tu lista. Rachel Kahan, gracias por tus consejos para dar forma a este libro. Que te publiquen un libro ya es de por sí emocionante; que lo conviertan en película al mismo tiempo es una oportunidad única en la vida. Gracias a mi agente en la película, Jason Richman, de la Agencia United Talent, a mi abogado, Kirk Schroeder, y especialmente a Donna Gigliotti, productora de *Talentos ocultos*, que fue capaz de ver una película en una propuesta de publicación de cincuenta y cinco páginas. Es una de las profesionales más cualificadas que he conocido, en cualquier industria.

Talentos ocultos ha tenido una acogida especialmente cariñosa en mi pueblo natal, Hampton, Virginia. Todo mi agradecimiento a Audrey Williams, presidenta de la filial en Hampton Roads de la Asociación para el Estudio de la Vida y la Historia Afroamericana (ASALH), que fue mecenas de la fase inicial del Proyecto Computistas Humanas. Gracias a Mike Cobb y a Luci Coltrane, del Museo de Historia de Hampton, por invitarme a formar parte del ciclo de conferencias del museo, y a Wythe Holt y Chauncey Brown por sus vívidos recuerdos de los primeros días de vida en Hampton, lo cual añadió detalles maravillosos y textura a la narrativa del libro.

Los empleados actuales y pasados del Centro de Investigación de Langley, gente demasiado numerosa para mencionarla en un espacio tan limitado, han apoyado este proyecto de muchas maneras a lo largo de los últimos años, incluida Gail Langevin, intermediaria de historia de Langley. Andrew Bynum me invitó a presentar mi investigación en curso en la celebración del Mes de la Historia de las Mujeres de Langley en marzo de 2014 y ha defendido incansablemente el libro desde entonces. Mary Gainer Hurst, la recientemente jubilada jefa de preservación histórica de Langley, es una historiadora pública heroica; gracias a ella, miles de entrevistas, diarios de pruebas de los túneles de viento, fotos, documentos de personal, organigramas, artículos y demás materiales de gran importancia que dan fe de la extraordinaria historia de Langley están disponibles para el público en la página web de recursos culturales de Langley y en su canal de YouTube. Gran parte del tejido conectivo de esta historia surgió de las innumerables horas que pasé consultando la información que ella recuperó y me proporcionó.

Belinda Adams, Jane Hess, Janet Mackenzie, Sharon Stack y Donna Speller Turner compartieron sus recuerdos del trabajo técnico en el que participaron y de las oportunidades de cambio para las mujeres de Langley durante los años. Harold Beck y Jerry Woodfill respondieron a mis preguntas técnicas relativas a los meses previos al vuelo orbital de John Glenn y a la crisis del Apolo 13 respectivamente. Mi entrevista con el ingeniero Thomas Byrdsong, que habló sobre lo que supuso ser uno de los primeros ingenieros negros de Langley, es un recuerdo agridulce porque sucedió menos de un mes antes de su muerte.

Este libro no habría sido posible sin la cooperación y el apoyo de las mujeres que vivieron la historia, y sus amigos, familiares y compañeros. Bonnie Kathaleen Land, mi antigua maestra de escuela dominical, tiene el honor de haber sido la primera persona a la que entrevisté para este libro, en 2010; murió en 2012 a los noventa y seis años. Gracias a Ellen Strother, a Wanda Jackson y a Janice «Jay» Johnson por las maravillosas historias sobre la vida de Mary Jackson fuera de la oficina.

Aunque la historia de Gloria Rhodes Champine aparece solo en el epílogo, hay muchos capítulos del libro que llevan sus huellas. Sus conocimientos sobre los aviones de Langley, su cultura y su gente han sido indispensables para ayudarme a contar esta historia. Christine Darden es una mujer tremendamente talentosa y sorprendentemente modesta, y me siento orgullosa de haber aprendido lo suficiente de aerodinámica durante la documentación como para apreciar el alcance de sus logros. Gracias a las dos por la sabiduría y el aliento que me han dado desde el comienzo de *Talentos ocultos*.

Ann Vaughan Hammond, Leonard Vaughan y Kenneth Vaughan fueron fundamentales para ayudarme a reconstruir los detalles de los primeros años de su madre, Dorothy Vaughan, y de la trayectoria que la llevó hasta Langley. Les doy las gracias por permitirme llegar a conocerla mejor a través de sus ojos.

Jim Johnson y sus historias de la guerra de Corea daban fe en primera persona del poder de la Doble V. Joylette Goble Hylick y Katherine Goble Moore tienen toda mi admiración por todo lo que han hecho por preservar el legado de su madre y de las demás mujeres cuyo talento supuso la base del trabajo más gratificante que he realizado jamás.

Todo lo que he aprendido de Katherine Coleman Goble Johnson daría para escribir otro libro. Su generosidad al compartir la historia de su vida conmigo ha cambiado mi vida, y siempre le estaré agradecida por ello.

La mayor parte de este libro fue escrita en Valle de Bravo, México; gracias a todos los amigos que me ofrecieron su apoyo y su ánimo cada día. Estoy en deuda con mi «gabinete de cocina», las personas que, durante los últimos seis años, me han ayudado a llevar este proyecto hasta el final, especialmente Marcela Díaz, Jim Duncan, Larry Peterson y Sabine Persicke. Mención especial para Margot López, que me prestó su estudio siempre que necesitaba un lugar tranquilo para cumplir con un plazo de entrega. Melanie Adams, Jeffrey Harris, Regina Oliver, Chadra Pittman y Danielle Wynn han sido mis aliados en mi pueblo natal, compartiendo contactos, sugerencias o escuchándome sin más. Susan Hand Shetterly, Robert Shetterly, Gail Page y Caitlin Shetterly siempre me ofrecieron sus opiniones, unas comidas deliciosas y lugares tranquilos para escribir. Mis hermanos Ben Lee, Lauren Lee Colley y Jocelyn Lee han sido una fuente constante de inspiración, recuerdos y aliento.

Desde nuestra primera conversación, mi agente literaria, Mackenzie Brady Watson, ha sido una de las mayores defensoras de *Talentos ocultos*. Su amplia visión y su instinto empresarial han ayudado a darle a esta historia un impulso que yo jamás habría imaginado.

Siendo hija de una profesora de inglés de la Universidad de Hampton y de un científico de investigación de la NASA, probablemente era inevitable que acabase escribiendo un libro sobre científicos. Los doctores Margaret G. Lee y Robert B. Lee III han hecho llamadas telefónicas en mi nombre, han concertado entrevistas, han organizado reuniones, han buscado nombres y eventos en su memoria, han ofrecido un contexto y sugerencias para contar la historia, han asistido a mis presentaciones, han ido a buscarme al aeropuerto a primera hora de la mañana o a última de la noche, han recibido paquetes, me han permitido convertir su casa en una oficina y me han apoyado de muchas maneras. Mamá, papá, os quiero más de lo que puedo expresar con palabras.

Por último, nadie ha aportado más a este proyecto que mi marido, Aran Shetterly. Ha leído cada versión de *Talentos ocultos*, comenzando por el primer borrador de la propuesta, mejorándolo a cada paso con su inteligencia y su pericia editorial. Su experiencia como escritor e investigador ha sido inestimable para ayudarme a buscar en los archivos los detalles que convierten la historia en narración y dan vida a una historia no contada. Durante los últimos doce años, ha sido mi salvavidas, mi confidente, mi consejero más cercano y mi compañero para todo, y *Talentos ocultos* no habría existido sin su apoyo. Por todo eso, Aran: todo mi respeto, mi gratitud y mi amor infinito.

NOTAS

PRÓLOGO

15 «científica investigadora del GS-9»: W. Kemble Johnson al NACA, «Empleo justo», 14 diciembre 1951. Archivos Nacionales de Filadelfia (de ahora en adelante NARA Phil).

15 dos computistas jefas blancas: Archivo de personal de Blanche S. Fitchett. Comisión de Servicio Civil de Estados Unidos. Centro Nacional de Registro de Personal (de ahora en adelante NPRC).

16 «es un científico, es un ingeniero»: *Women Computers*, vídeo grabado en el centro de la NASA en Langley, 13 diciembre 1990. https://www.youtube.com/watch?v=o-MN3Cp2Cpc.

16 «di por hecho que eran todas secretarias»: Ibíd.

16 Cinco mujeres blancas: «¿Cómo me llamo?», *Air Scoop*, 14 junio 1946.

16 «varios cientos»: Beverly Golemba, «Computistas humanas: Las mujeres de la investigación aeronáutica», tesis

doctoral. Facultad St. Leo, 1994. Disponible en los Recursos Culturales de la NASA, http://crgis.ndc.nasa.gov/crgis/images/c/c7/Golemba.pdf.

18 «Pueblo espacial de EE. UU.»: James R. Hansen, *Spaceflight Revolution: NASA Langley Research Center from Sputnik to Apollo* (Washington, DC: Administración Nacional de la Aeronáutica y del Espacio, 1995). El pueblo fue apodado «Pueblo espacial de EE. UU.» en el desfile de astronautas del 5 de octubre de 1962 para celebrar el Proyecto Mercurio. El libro de Hansen tiene unas fotos maravillosas de aquel día (pp. 78-79).

CAPÍTULO 1: UNA PUERTA SE ABRE

21 «Este establecimiento necesita urgentemente»: Melvin Butler al jefe de operaciones de campo, telegrama, Comisión de Servicio Civil de Estados Unidos, 13 mayo 1943, NARA Phil.

21 Cada mañana a las siete en punto: M. J. McAuliffe a los representantes de contratación, Cuarta oficina regional. «Contratación de trabajadores para el Comité Asesor Nacional de Aeronáutica (Laboratorio Aeronáutico de Langley)», 28 enero 1944, NARA Phil.

21 enviaban la furgoneta del laboratorio: Ibíd.

21 *con la ayuda de Dios*: Este es el juramento que hacían todos los funcionarios federales. El texto completo está disponible en https://www.law.cornell.edu/uscode/text/5/3331.

22 un asiento reclinable: W. Kemble Johnson, entrevista con Michael D. Keller, 27 junio 1967, Colección de Archivos de Langley (de ahora en adelante LAC).

22 quinientos y pico empleados: James Hansen, *Engineer in Charge: A History of the Langley Aeronautical Laboratory, 1917-1958,*Washington, DC: Administración Nacional de

la Aeronáutica y del Espacio, 1987. (Estadísticas tomadas del Apéndice B, «Crecimiento del personal de Langley, 1918-1958»), p. 413.

23 cincuenta mil al año: Franklin D. Roosevelt, mensaje al Congreso sobre Apropiación en Defensa Nacional, 16 mayo 1940, http://www.presidency.ucsb.edu/ws/?pid=15954

23 noventa aviones al mes: Arthur Herman, *Freedom's Forge: How American Business Produced Victory in World War II*, (Nueva York: Random House Grupo Editorial, 2012), p. 11.

23 la mayor industria del mundo: Judy A. Rumerman, «La industria americana aeroespacial durante la Segunda Guerra Mundial», página web del Centenario de la Comisión de Vuelo de Estados Unidos, http://www.centennialofflight.net/essay/Aerospace/WWII_Industry/Aero7.htm. Estadísticas comparativas sobre la producción de aviones de Wikipedia: https://en.wikipedia.org/wiki/World_War_II_aircraft_production.

25 fundada en 1935: «¿Cómo me llamo?».

25 Invertir quinientos dólares: R. H. Cramer a R. A. Darby, «Organización y práctica de los grupos de computistas en el NACA», 27 abril 1942. http://crgis.ndc.nasa.gov/crgis/images/7/76/ComputingGroupOrg1942.pdf.

25 admitir a regañadientes: Ibíd.

26 un empujón para el balance del laboratorio: Ibíd.

26 «¡Reduzca sus tareas del hogar!»: 3 febrero 1942, LAC.

26 «¿Hay miembros en su familia?»: «Mensaje especial a los empleados», *Air Scoop*, 19 septiembre 1944.

27 «¿Quién diablos es ese tal Randolph?»: Jervis Anderson, *A. Philip Randolph: A Biographical Portrait* (Berkeley: California University Press, 1986), p. 259.

27 la mirada de un águila: Ibíd.

28 El grupo de su hermano Sherwood ya se había trasladado allí: NARA Phil.

29 El propio Melvin Butler era de Portsmouth: Jennifer Van-
hoorebeck, «Muere T. M. Butler, líder de Hampton»,
Daily Press, 11 mayo 1996.

29 soluciones prácticas: En el acta constitutiva del NACA aparecía la obligación de «supervisar y dirigir el estudio científico de los problemas de vuelo con vistas a su solución
práctica». El enfoque pragmático y empírico de la investigación aeronáutica era una de las características distinti-
vas de la agencia e impregnó todos los aspectos de su
trabajo. Para saber más sobre la primera época del NACA,
consultar Hansen, *Engineer in Charge*, capítulo uno.

30 con las palabras CHICAS DE COLOR: Miriam Mann Harris,
«Miriam Daniel Mann», 12 septiembre 2011, LAC.

CAPÍTULO 2: MOVILIZACIÓN

31 más de treinta y siete grados: «El clima en 1943 en Estados
Unidos», Informe mensual sobre el clima, diciembre
1943, (consultado 23 julio 2015), http://docs.lib.noaa.gov/
rescue/mwr/071/mwr-071-12 -0198.pdf.

31 dieciocho mil fardos de colada a la semana: «Breve historia del Campamento Pickett», Oficina de Información
Pública del Campamento Pickett, abril, 1951, p. 6.

31 se encontraba en la zona de clasificación: Archivo de personal de Dorothy J. Vaughan, Funcionariado de EE. UU.,
NPRC.

32 puerto de Newport News: «Una breve historia del Campamento Pickett», p. 3.

32 en fábricas de tabaco: W.E.B. Du Bois, «Los negros en
Farmville, Virginia: Un estudio sociológico», *Bulletin of
the Department of Labor 14* (enero 1898): pp. 1-38,
https://fraser.stlouisfed.org/docs/publications/bls/bls_
v03_0014_1898.pdf.

32 mantenía a tres de sus trabajadores: Kathryn Blood, «Mujeres negras trabajadoras de la guerra»; Boletín 205 (Washington, D.C.: Departamento de Trabajo de EE. UU., Oficina de Mujeres, 1945), p. 8, http://digitalcollections. smu.edu/cdm/ref/collection/hgp/id/431.

32 40 centavos la hora: Archivo de personal de Vaughan.

32 Solo había pasado una semana: Ibíd.

33 «el nivel superior de formación e inteligencia de la raza»: Fred McCuistion, «La fuerza de la enseñanza negra en el Sur», *Journal of Negro Education*, abril 1932, p. 18.

33 «dirigirían sus ideas y sus movimientos sociales»: Ibíd.

33 una barbería, unos billares y una estación de servicio: Ann Vaughan Hammond, entrevista personal, 2 abril 2014.

33 casa victoriana en South Main Street: Ibíd.

33 en el cuarto inferior: Robert Margo, *Race and Schooling in the South, 1880-1950: An Economic History* (Chicago: Chicago University Press, 1950), p. 53.

33 casi un cincuenta por ciento menos: Ibíd.

34 eran más de lo que ganaba como profesora: Archivo de personal de Vaughan.

35 murió cuando ella tenía solo dos años: Dewey W. Fox, *A Brief Sketch of the Life of Miss Dorothy L. Johnson* (Convención de la Escuela Dominical Metodista Episcopal Africana de Virginia Occidental, 1 enero 1926), p. 3.

35 trabajaba como limpiadora: Censo de EE. UU. en 1910, 1910; Lugar del censo: Kansas Ward 8, Jackson, Misuri; Rollo: T624_787; Página: 16ª; Distrito de enumeración: 0099; FHL microfilm: 1374800, Ancestry.com.

35 antes incluso de entrar en el colegio: Fox, *A Brief Sketch*, p. 3.

35 le hizo avanzar dos cursos: Ibíd.

35 llevándola a clases de piano: Ibíd.

35 un exitoso restaurador negro: Connie Park Rick, *Our Monongalia* (Terra Alta, WV Headline Books, 1999), p. 106 y p. 142. John Hunt conoció a Leonard Johnson en un

viaje de negocios a Kansas City y le impresionó tanto que le invitó a trabajar para él en Morgantown. El padre de Dorothy se ganó el apodo de «Kansas City» Johnson y acabó abriendo su propio restaurante.

35 escuela Beechhurst: Fox, *A Brief Sketch*, p. 6.

35 con las mejores notas: Ibíd., p. 6.

35 «Estamos ante el despertar de una vida»: Ibíd., p. 8.

35 «calificaciones espléndidas»: Ibíd., p. 5.

36 la recomendó para un postgrado: Ann Vaughan Hammond, entrevista personal, 30 junio 2014.

36 la clase inaugural de un máster: «Matemáticas de la diáspora africana: Dudley Weldon Woodard», Universidad de Búfalo, Departamento de Matemáticas de la Universidad Estatal de Nueva York, http://www.math.buffalo.edu/mad/PEEPS/woodard_dudleyw.html

36 los dos primeros hombres negros en conseguir doctorados en Matemáticas: Johnny L. Houston, «Elbert Frank Cox», *National Mathematical Association Newsletter,* primavera 1995, p. 4.

36 como un tercio de los estadounidenses: Robert A. Margo, «Empleo y desempleo en la década de 1930», *Journal of Economic Perspectives* 7, n.º 2 (primavera 1993), p. 42.

36 consideró que era responsabilidad suya: Entrevista a Hammond, 30 junio 2014.

37 Tamms, un pueblo rural de Illinois: Archivo de personal de Vaughan.

37 la escuela se quedó sin dinero: Ibíd.

37 como botones itinerante: Entrevista a Hammond, 2 abril 2014.

37 en el Greenbrier: Ibíd.

38 Dorothy vio la oferta: Ibíd.

38 «Esta organización está planeando»: W. Kemble Johnson a Grace Lawrence, 5 febrero 1942, y Mary W. Watkins a W. Kemble Johnson, 9 febrero 1942, NARA Phil.

39 «Se espera que las estudiantes más sobresalientes»: Ibíd.

39 «desde la Proclamación de Emancipación»: Jervis Anderson, *A. Philip Randolph: A Biographical Portrait* (Berkeley: California University Press, 1986), p. 259.

39 la propia cuñada de Dorothy se había trasladado a Washington: Archivo de personal de Vaughan.

39 «Abriendo el camino para las mujeres ingenieras»: «Abriendo el camino para las mujeres ingenieras», *Norfolk Journal and Guide*, 8 mayo 1943.

40 dirigía una escuela de enfermería: «La dirección del Colegio Hampton insta a las estudiantes a seguir en clase», *Norfolk Journal and Guide*, 4 septiembre 1943.

40 Mary Cherry: «Abriendo el camino para las mujeres ingenieras».

40 instructor de mecánica: Miriam Mann Harris, entrevista personal, 6 mayo 2014.

41 expuso detalladamente sus cualificaciones: Archivo de personal de Vaughan.

41 48 horas: Ibíd.

CAPÍTULO 3: EL PASADO ES UN PRÓLOGO

43 para albergar a 180 estudiantes: «Nombramiento de lugares históricos nacionales», Jarl K. Jackson y Julie L. Vosmik: Instituto Robert Russa Moton, Servicio Parques Nacionales, diciembre 1994, https://www.nps.gov/nhl/find/statelists/va/Moton.pdf.

43 llegaron 167 estudiantes para recibir clases: Ibíd.

43 sección de Farmville de la NAACP: «Nuevas filiales de la NAACP formadas en dos condados», *Norfolk Journal and Guide*, 14 enero 1939.

44 un auditorio equipado con sillas plegables: Bob Smith, *They Closed Their Schools: Prince Edward County,*

Virginia, 1951-1964 (Chapel Hill: Universidad de Carolina del Norte, 1965), p. 60.

44 varios cuartetos vocales de Moton salieron victoriosos: «500 estudiantes en el Festival Estatal Musical de Virginia», *Norfolk Journal and Guide*, 20 abril 1935.

44 «la directora más trabajadora»: Ibíd.

44 «The Light Still Shines»: Eloise Barker, «Farmville», *Norfolk Journal and Guide*, 11 diciembre 1943.

44 el club escolar del instituto preparaba cajas de comida: «Farmville», *Norfolk Journal and Guide*, 28 noviembre 1942.

44 «¿Qué podemos hacer para ganar la guerra?»: Ibíd.

44 puso al a venta sellos de guerra: Ibíd.

44 organizaba fiestas de despedida: Patrick Louis Cooney y Henry W. Powell, «Vagabond: 1933-1937», *The Life and Times of the Prophet Vernon Johns: Father of the Civil Rights Movement* (Sociedad Vernon Johns), http://www.vernonjohns.org/tcal001/vjvagbnd.html.

45 una unidad llamada «Matemáticas en tiempos de guerra»: Archivo de personal de Vaughan; Alan W. Garrett, «Las matemáticas se van a la guerra: Desafíos y oportunidades durante la Segunda Guerra Mundial», artículo presentado en la Reunión anual del Consejo Nacional de Profesores de Matemáticas, 21 abril 1999.

45 «salario de 2000 dólares al año»: Archivo de personal de Vaughan.

46 850 dólares anuales que ganaba: Ibíd.

46 «profesora de matemáticas»: Barker, «Farmville», 11 diciembre 1943.

46 solo hasta que sonó el timbre de la puerta: Entrevista a Hammond, 30 junio 2014.

47 cuando se casó en 1932: Entrevista a Hammond, 4 abril 2014.

48 para ampliar sus conocimientos en educación: Archivo de personal de Vaughan.

48 acompañó a Howard a White Sulphur Springs: Entrevista a Hammond, 30 junio 2014.

48 poner un pie en los terrenos del hotel: Ibíd.

48 se asomaban por entre la verja de hierro cubierta de arbustos: Ibíd.

48 los detenidos alemanes y japoneses: Robert S. Conte, *The History of the Greenbrier: America's Resort* (Parkersburg, Virginia Occidental: Trans Allegheny Books, 1989), p. 133.

48 una anciana pareja de negros: Katherine Johnson, entrevista personal, 17 septiembre 2011.

49 se graduó en el instituto con catorce años: Katherine Johnson, entrevista personal, 6 marzo 2011.

49 todas las asignaturas de matemáticas del catálogo: Ibíd.

53 creó clases de matemáticas avanzadas: Katherine Johnson, entrevista personal, 27 septiembre 2013.

49 el tercer negro del país: «Historia universitaria: matemáticos pioneros afroamericanos», Universidad de Pensilvania, http://www.archives.upenn.edu/histy/features/aframer/math.html.

49 en 1929: Ibíd.

49 *summa cum laude* en Matemáticas y Francés: Heather S. Deiss, «Katherine Johnson: una vida de matemáticas y ciencia», NASA, 6 noviembre 2013, http://www.nasa.gov/audience/foreducators/a-lifetime-of-stem.html.

50 se le negó la admisión: «Mujeres de Virginia en la historia: Alice Jackson Stuart1, Biblioteca de Virginia, http://www.lva.virginia.gov/public/vawomen/2012/?bio=stuart.

50 se prolongó hasta 1950: Ibíd.

50 «inusualmente cualificados»: Albert P. Kalme, «Desegregación racial e integración en la educación americana: La historia de la Universidad Estatal de Virginia Occidental, 1891-1973», tesis doctoral, (Universidad de Ottawa, 1976), p. 149.

50 decidió abandonar el programa de postgrado de la Universidad: Entrevista a Johnson, 6 marzo 2011.

CAPÍTULO 4: LA DOBLE V

53 a miles: Charles F. Marsh, ed., *The Hampton Roads Communities in World War II* (Chapel Hill: Universidad de Carolina del Norte, 1951/2011), p. 77.

54 las melodías de cientos de corazones y ciudades diferentes: «Embarque en Hampton Roads, 1942-1946», colección fotográfica del Cuerpo de Señales del Ejército de EE. UU., archivo digital de la Biblioteca de Virginia; http://www.lva.virginia.gov/exhibits/treasures/arts/art-m12.htm. Todas las descripciones de este párrafo están sacadas de fotografías de la colección.

54 mujeres con overol: «¿Cómo son las ciudades de la guerra?», *Business Week,* 6 junio 1942, p. 24.

54 contrataba a mujeres para que posaran como maniquís: Ibíd.

55 pasó de 393 000 a 576 000: Marsh, *The Hampton Roads Communities,* p. 77.

55 de 15 000 a más de 150 000: Ibíd.

55 POR FAVOR, LAVEN EN CASA: «¿Cómo son las ciudades de la guerra?», p. 28.

55 proyectaba películas desde las once de la mañana hasta la medianoche: Ibíd.

55 *Victory Through Air Power:* Walt Disney Productions, 1943.

55 aun así tenían listas de espera: «¿Cómo son las ciudades de la guerra?»; Marsh, *The Hampton Roads Communities;* William Reginald, *The Road to Victory: A History of Hampton Roads Port of Embarkation in World War II* (Newport News, VA: Ciudad de Newport News, 1946).

55 5200 viviendas prefabricadas desmontables: «Trabajadores de las casas de Newsome Park», *Norfolk Journal and Guide,* 6 marzo 1943.

56 llegó a Newport News un jueves: Archivo de personal de Vaughan.

56 «evitar el bochorno»: W. Kemble Johnson al personal, «Alojamiento para nuevos empleados», 1 septiembre 1942, NARA Phil.

56 cinco dólares a la semana: «Alojamiento disponible para empleados del NACA», enero 1944, NARA Phil.

56 Frederick y Annie Lucy: Ann Vaughan Hammond, entrevista personal, 30 junio 2014; Censo de EE. UU. 1940, Ancestry.com.

56 poseían una tienda de comestibles: Ibíd.

56 planeaba abrir la primera farmacia para negros de la ciudad: «Farmacia Smith», formulario de inscripción del Registro Nacional de Lugares Históricos, Servicio de Parques Nacionales, 18 abril 2002, http://www.dhr.virginia.gov/registers/Cities/NewportNews/121-5066_Smiths_Pharmacy_2002_Final_Nomination.pdf

56 Whittaker Memorial, abierto a principios de 1943: «Hospital Whittaker Memorial», Formulario de inscripción del Registro Nacional de Lugares Históricos, Servicio de Parques Nacionales, 19 agosto 2009, http://www.dhr.virginia.gov/registers/Cities/NewportNews/121-5072_Whittaker_Memorial_Hospital_2009_FINAL_NR.pdf.

57 los blancos entraban y salían: Virginius Dabney, «Para suavizar la fricción racial», *Richmond Times Dispatch*, 13 noviembre 1943.

58 escribieron una carta a la compañía de autobuses: Theresa Holloman y Evelyn Fauntleroy, «Mujeres de la localidad se quejan de la descortesía de los conductores de autobús», *Norfolk Journal and Guide*, 5 junio 1943.

58 negar la entrada a hombres negros: «Aquí se recomienda una investigación», *Norfolk Journal and Guide*, 17 marzo 1945.

58 «Los hombres de cualquier credo»: Franklin Delano Roosevelt, *The Four Freedoms: Message to the 77th Congress*, 6 enero 1941, http://www.fdrlibrary.marist.edu/pdfs/fftext.pdf.

59 «Cuatro libertades»: Ibíd.

59 «Miles de sus hijos están en los campamentos»: Herbert Aptheker, «Revelado el estado de los negros en tiempos de guerra», *Norfolk Journal and Guide*, 26 abril 1941.

60 «Me alegré mucho»: Genna Rae McNeil, *Groundwork: Charles Hamilton Houston and the Struggle for Civil Rights* (Filadelfia: Universidad de Pensilvania, 1983), p. 1283.

60 Una norma de 1915 que pedía una fotografía: Samuel Krislov, *The Negro in Federal Employment* (Nueva Orleans: Quid Pro Quo, 2012).

60 purgaban las filas de los más altos rangos para que no hubiera oficiales negros: John A. Davis and Cornelius Golightly, «Empleo negro en el gobierno federal», *Phylon*, 1942, p. 338.

61 «No existe ningún poder en el mundo»: John Temple Graves, «Los negros del Sur y la crisis de la guerra», *Virginia Quarterly Review*, otoño 1942.

61 dividía a los negros: W. E. B. Du Bois, *The Souls of Black Folk*, 1903, Universidad de Virginia, 1903, http://web.archive.org/web/20081004090243/http://etext.lib.virginia.edu/toc/modeng/public/DubSoul.html.

61 «Cualquier tipo de brutalidad perpetrada por los alemanes»: Cooney y Powell, *The Life and Times of the Prophet Vernon Johns*. http://www.vernonjohns.org/tcal001/vjthelgy.html.

61 «brillante y erudito predicador»: Taylor Branch, *Parting the Waters: America in the King Years* (Nueva York: Simon & Schuster, 2007), p. 6.

62 «Ayúdennos primero a conseguir algunos de los beneficios de la democracia»: P. B. Young, «¿Servicio o traición?», *Norfolk Journal and Guide*, 25 abril 1942.

64 «Como estadounidense de tez oscura»: James G. Thompson, «¿Debería sacrificarme para ser un estadounidenses "a medias"?», *Pittsburgh Courier*, 31 enero 1942.

64 «igual que las fuerzas del eje»: Ibíd.

CAPÍTULO 5: DESTINO MANIFIESTO

65 «Si el jefe de colocación ve oportuno»: «La primera epístola de los NACAítas», *Air Scoop*, 19 enero 1945.

66 el desproporcionado número de habitantes de Hampton: F. R. Burgess, «El águila del Tío Sam salvó a Hampton», *Richmond Times Dispatch*, 13 enero 1935.

66 «El futuro de esta afortunada región de Virginia»: Hansen, *Engineer in Charge*, p. 16.

66 «energía revitalizante»: Ibíd.

68 el dos por ciento de todas las mujeres negras: Blood, *Negro Women War Workers*, pp. 19-23.

68 Absolutamente ninguna de esas licenciadas: Ibíd.

68 el 10 por ciento de las mujeres blancas: encuesta de la población de 1940 realizada por el Censo de EE. UU.

69 «complejo de investigación aeronáutica más grande y avanzado del mundo»: Hansen, *Engineer in Charge*, p. 188.

69 tras licenciarse en la Universidad Estatal de Idaho: Archivo de personal de Margery E. Hannah, Administración pública de EE. UU., NPRC.

69 la «crítica de inglés»: Edward Sharp al personal, «Cambio del número telefónico de las computistas», 31 julio 1935, NARA Phil.

71 «Vosotros, hombres y mujeres que trabajáis aquí»: «Frank Knox elogia al NACA», *Air Scoop*, 6-12 noviembre 1943.

71 La multitud de empleados se extendía de un lado a otro de la estancia: Todas las descripciones son del archivo fotográfico de Langley L-35045, Recursos culturales de la NASA, 4 noviembre 1943, http://crgis.ndc.nasa.gov/historic/File:L-35045.jpg.

72 se fueron a la cafetería: «Knox visitará Langley el 4 de noviembre», *Air Scoop*, 30 octubre-4 noviembre 1943. El laboratorio modificó los horarios habituales de comidas de los empleados aquel día para ajustarlos al discurso de Knox.

72 COMPUTISTAS DE COLOR: Miriam Mann Harris, entrevista personal, 6 mayo 2014; Miriam Mann Harris, «Biografía de Miriam Daniel Mann», Recursos Culturales de la NASA, 12 septiembre 2011, http://crgis.ndc.nasa.gov/crgis/images/d/d3/MannBio.pdf.

73 Anne Wythe Hall: «Las chicas se preparan para trasladarse a Wythe Hall», *Air Scoop,* 20-26 noviembre 1943.

74 «Ahí está mi cartel de hoy»: Entrevista a Harris.

74 se lo guardaba en el bolso: Ibíd.

74 Irene Morgan: Derek C. Catsam y Brendan Wolfe, «*Morgan contra Virginia* (1946)», *Encyclopedia Virginia,* 20 octubre 2014.

74 El departamento legal de la NAACP: «Muere a los 90 años Irene Morgan Kirkaldy, pionera de los derechos», *New York Times,* 13 agosto 2007.

75 «Al final te despedirán»: Entrevista a Harris.

75 una antigua plantación llamada Shellbanks Farm: Sharon Loury, «Notas de *The Beverley Family of Virginia*», Recursos Culturales de la NASA, 1956, http://crgis.ndc.nasa.gov/crgis/images/9/90/BeverleyFamily.pdf.

75 la venta de la propiedad, de más de 300 hectáreas: «El Instituto Hampton vende una granja al Departamento de Guerra», *Baltimore Afro-American,* 4 enero 1941.

75 una de las bases aéreas más grandes del mundo: Ibíd.

75 mil reclutas negros: S. A. Haynes, «Oficiales de la Armada alaban el trabajo en la Estación de Entrenamiento Naval de Hampton, la primera de su clase», *Norfolk Journal and Guide,* 11 septiembre 1943.

76 Estación aeronaval de Patuxent River: James A. Johnson, entrevista personal, 11 junio 2011.

76 «la mayor brecha en la historia»: «Conferencia sobre los trabajadores de la industria de la guerra», *Norfolk Journal and Guide,* 4 julio 1942.

76 instaba a las facultades blancas: «Facultades blancas instadas

a contratar a profesores de color», *Baltimore Afro-American*, 24 mayo 1941.

76 bailar con una alumna de Hampton: «La junta de Hampton acepta la dimisión del doctor MacLean», *Baltimore Afro-American*, 6 febrero 1943.

76 escribirse con Orville Wright: La correspondencia de H. J. E. Reid es a la vez un interesante registro de todo lo que ocurría en la zona y una crónica de las operaciones en el laboratorio. NARA Phil.

77 alta sociedad del Club Kiwanis: «La junta Hampton acepta la dimisión del doctor MacLean».

77 Ninguno de los dos dejó huella: Después de seis años de investigación, no he logrado encontrar un documento oficial que abriera el camino a la fundación de las oficinas de computación del oeste. Dada la necesidad de establecer una oficina segregada y baños segregados para las mujeres negras, y dadas las costumbres de aquella época y aquel lugar, este parece ser el tipo de decisión que habría requerido cierto conocimiento y una firma (de arriba). Pero, tras revisar los papeles de MacLean en el Instituto Hampton, los documentos del Comité de Prácticas de Empleo Justo de su época como director, tras examinar los archivos de la NASA y de Langley en el Centro de Investigación de Langley y la sede central de la NASA, tras inspeccionar la correspondencia de Reid y los documentos de Empleo Justo de NARA Phil, así como los archivos de la época de la guerra del Departamento de Educación y los archivos de la Administración pública y del Comité de Mano de Obra de Guerra (en NARA College Park y NARA Phil, respectivamente), he llegado a la conclusión de que sellaron el trato con un apretón de manos.

77 el mundo llegaba a su fin: *Women Computers.*

77 Marge se convirtió en una paria: Katherine Johnson, entrevista con Aaron Gillette, 17 septiembre 1992, sede central de la NASA.

78 acosando a un hombre negro: Dave Lawrence, «Conme-
morado ingeniero de Langley por formar parte de la historia», *Daily Press,* 21 agosto 1999.

78 Arthur Kantrowitz, lo sacó de allí: Ibíd.

79 compra de bonos de guerra: Cada número semanal de *Air
Scoop,* desde 1942 hasta 1945, llevaba la cuenta de la com-
pra de bonos de guerra según cada grupo; el grupo de
Computación del oeste solía estar a la cabeza de esa lista.

CAPÍTULO 6: PÁJAROS DE GUERRA

81 «¡Los aviadores ayudan a machacar a los nazis!»: *Norfolk
Journal and Guide,* 27 mayo 1944.

81 Los «Tan Yanks»: John Jordan, «Pilotos negros hunden
buque de guerra nazi», *Norfolk Journal and Guide,* 8 julio
1944.

82 manejaba los Mustang North American P-51: Ibíd.

82 «esta guerra que entra en una etapa decisiva»: «Las misiones llevan a los aviadores a cinco países», *Norfolk Journal
and Guide,* 15 julio 1944.

82 «un "avión para el piloto"»: «El nuevo Mustang de EE. UU.
declarado mejor avión de combate de 1943», *Washington
Post,* 27 noviembre 1942.

82 «Te llevaré por los aires»: «Aviador de Tuskegee se reúne
con el "Mejor avión del mundo"», NASA, 10 junio 2004,
http://www.nasa.gov/vision/earth/improvingflight/tuske-
gee.html.

82 «¡Laboratorios en la guerra!»: «Mención a la importancia
de la investigación durante la guerra», *Air Scoop,* pp. 25-
31 marzo 1944.

83 «Se lo dices a alguien»: *Air Scoop,* pp. 25-31 marzo 1944.

83 estuvo a punto de perder su abrigo de piel de mapache:
Hansen, *Engineer in Charge,* p. 254.

84 «judíos de Nueva York»: Pearl I. Young, entrevista con Michael D. Keller, 10 enero 1966, LAC.

84 «bichos raros»: Parke Rouse, «La primera época de Langley fue colorida», *Daily Press,* 25 marzo 1990.

84 desmontar una tostadora: Milton A. Silveire, entrevista con Sandra Johnson, JSC (Johnson Space Center), 5 octubre 2005.

84 con libros en el volante: *Women Computers.*

84 como pista de despegue: «Computistas humanas», p. 37.

84 las mejores prácticas de postgrado en ingeniería: Alex Roland, *Model Research: The National Advisory Committee for Aeronautics 1915-1958* (Washington, DC: NASA, 1985), p. 275.

85 para las nuevas computistas: «Computistas asisten a clases de física», *LMAL Bulletin,* 28 junio 1943.

85 sesión semanal de dos horas en el laboratorio: Ibíd.

85 cuatro horas de deberes: Ibíd.

85 hombres como Arthur Kantrowitz: Ibíd.

86 El Mustang P-51 fue el primer avión: Hansen, *Engineer in Charge,* p. 116.

86 Ann Baumgartner Carl: «Muere Ann G. B. Carl, primera mujer estadounidense en pilotar un avión a reacción», *Richmond Times-Dispatch,* 22 marzo 2008.

86 «el trabajo del tonto»: «Transporte: el trabajo del tonto», *Time,* 1 abril 1935.

88 Ninguna organización rivalizaba con Langley: *Engineer in Charge,* p. 46.

88 División de Investigación de Vuelo del laboratorio: Archivo de personal de Fitchett.

89 las recomendaciones del NACA: «Respaldamos el ataque», *LMAL Bulletin,* 24-30 junio 1944.

90 «por encima de aquellos»: Sugenia M. Johnson, entrevista con Rebecca Wright, JSC, 2 abril 2014.

90 «Pobre de ti»: «Segunda epístola de los NACAitas», *Air Scoop,* 26 enero 1945.

91 «bombardeo definitivo de Japón»: «Respaldamos el ataque».

CAPÍTULO 7: MIENTRAS DURE

94 Firmó el alquiler: K. Elizabeth Paige, «Ecos de Newsome Park», *Norfolk Journal and Guide,* 8 julio 1944.

94 Los suelos estaban cubiertos por un papel protector: *Newsome Parke Reunion: The Legacy of a Village,* programa de eventos, 6 septiembre 2006 (en posesión de la autora).

94 visitas de sus hijos durante las vacaciones escolares: Entrevista a Hammond, 30 junio 2014.

94 Aberdeen Gardens, una subdivisión de la época de la Depresión: «Aberdeen Gardens», Formulario de inscripción del Registro Nacional de Lugares Históricos, Servicio de Parques Nacionales, 7 marzo 1944, http://www.dhr.virginia.gov/registers/Cities/Hampton/114-0146_Aberdeen_Gardens_HD_1994_Final_Nomination.pdf.

94 180 hectáreas: Ibíd.

94 «una elegante comunidad suburbana para familias negras»: W. R. Walker hijo, «Iniciado Mimosa Crescent, proyecto urbanístico de posguerra», *Norfolk Journal and Guide,* 15 julio 1944.

95 ofrecían sus mercancías a los vecinos: Catherine R. Weaver, «Memorias del pueblo», *Newsome Park Reunion,* programa de eventos, 3 septiembre 2005, p. 6 (en posesión de la autora).

97 arrastradas por una «marea de felicidad»: C. I. Wiliams, «La ciudad recibe la victoria con una marea de felicidad».

97 «herramientas indescriptibles que hacían ruido»: Ibíd.

98 «Parece imposible ignorar la conclusión»: «La zona de Hampton Road se enfrenta a un drástico corte en las contrataciones», *Washington Post,* 21 octubre 1945.

99 sus políticas de contratación de blancos y gentiles: «Trabajos disponibles solo para los blancos», *Norfolk Journal and Guide*, 1 septiembre 1945.

99 «la idea más peligrosa que jamás se haya tenido en cuenta»: Glenn Feldman, *The Great Melding: War, the Dixiecrat Rebellion, and the Southern Model for America's New Conservatism* (Tuscaloosa: Alabama University Press, 2015), p. 211.

99 «seguir a los comunistas»: Ibíd., p. 299.

99 «la dictadura más urbana y gentil de Estados Unidos»: John Gunther, *Inside USA.* (Nueva York: Harper and Brothers, 1947), p. 705.

99 ayudado a su paisano Woodrow Wilson a llegar a la Casa Blanca en 1912: Ronald L. Heinmann, «El legado de Byrd: Integridad, honestidad, falta de imaginación, resistencia masiva», *Richmond Times-Dispatch*, 25 agosto 2013.

100 «las poblaciones europeas devastadas por la guerra»: «Las inmobiliarias aúnan esfuerzos para librarse de las urbanizaciones federales», *Norfolk Journal and Guide,* 30 junio 1945.

100 «no permanente en su ubicación actual»: Ibíd.

101 ofreció techo y comida a un militar: Entrevista a Hammond, 30 junio 2014.

101 celebró una fiesta para casi veinte personas: K. Elizabeth Paige, «Ecos de Newsome Park», *Norfolk Journal and Guide,* 30 septiembre 1944.

CAPÍTULO 8: LAS QUE SIGUEN HACIA DELANTE

103 al menos a ocho personas en el condado de Smyth: Katherine Johnson, entrevista personal, 13 marzo 2011.

103 mantenido actualizado su certificado de enseñanza: Ibíd.

103 «Si sabe tocar el piano»: Ibíd.

104 tuvieron que trasladarse a la parte trasera: «Katherine Johnson, visionaria nacional», Proyecto de Liderazgo de Visionarios Nacionales, http://www.visionaryproject.org/
johnsonkatherine/.

104 echó a los pasajeros negros: Ibíd.

104 Katherine ganaba cincuenta dólares al mes: Entrevista a
Johnson, 13 marzo 2011.

104 menos dinero que el conserje blanco de la escuela: «No es
un viaje fácil», *Daily Press,* 1 mayo 2004.

104 cuando le ofrecieron un trabajo por 110 dólares: Entrevista a Johnson, 13 marzo 2011.

105 «y nadie es mejor que vosotros»: Entrevista a Johnson, 13
marzo 2011.

105 cuántos leños saldrían de un árbol: «Lo que importa. Katherine Johnson: Pionera de la NASA y "computista"»,
emisión de la televisión WHRO, 25 febrero 2011, https://
www.youtube.com/watch?v=r8gJqKyIGhE.

106 Joseph y Rose Kennedy: Conte, *The History of the Greenbrier,* p. 113.

106 Bing Crosby, el duque de Windsor: Ibíd., pp. 148-49.

106 segmentaba a sus empleados: Robert S. Comte, entrevista
personal, 12 septiembre 2012.

107 «Tu m'entends tout, n'est-ce pas?»: Entrevista a Johnson,
27 diciembre 2010.

107 el chef parisino del Greenbrier: Ibíd.

107 le enseñó los números romanos: Ibíd.

107 trabajó como decano de la facultad: Lorenzo J. Greene y
Arvarh E. Strickland, *Selling Black History for Carter G.
Woodson: A Diary* (Columbia: Missouri University Press,
1996), p. 194.

108 ayudante civil en el Departamento de Guerra: «Noticias
universitarias», *The Crisis,* enero 1944; «Muere James C.
Evans», *Washington Post,* 17 abril 1988.

108 jugaba al tenis con poca destreza: Entrevista a Johnson,
6 marzo 2011.

108 voló tan bajo sobre la casa del director de la escuela: Margaret Claytor Woodbury y Ruth C. Marsh, *Virginia Kaleidoscope: The Claytor Family of Roanoke, and Some of Its Kinships, from First Families of Virginia and Their Former Slaves* (Ruth C. Marsh, 1994), p. 202.

108 su acento «de campo»: Ibíd.

108 escribía fórmulas matemáticas en la pizarra: Ibíd.

108 «Serías una buena matemática de investigación»: Entrevista a Johnson, 11 marzo 2011.

108 recibido la oferta de participar en la clase inaugural: Entrevista a Hammond, 30 junio 2014.

109 un avance significativo en la materia: «Matemáticos afroamericanos pioneros», Universidad de Pensilvania, http://www.archives.upenn.edu/histy/features/aframer/math.html.

109 «Si los jóvenes de color reciben formación científica»: W. E. B. Du Bois, «El científico negro», *The American Scholar* 8, n. 3 (verano 1939): p. 316.

109 «Las bibliotecas»: Ibíd.

109 «ni oportunidad de asistir a las reuniones científicas»: Jacqueline Giles-Girron, «Pioneros negros en matemáticas: Brown [*sic.*], Granville, Cox, Claytor y Blackwell», *Focus: the Newsletter of the Mathematical Association of America* 11, n.º 1 (enero-febrero 1991): p. 18.

109 poco más de cien mujeres: Margaret Rossiter, *Women Scientists in America: Before Affirmative Action 1940-1972* (Baltimore: Universidad Johns Hopkins, 1995), p. 137.

109 mujeres irlandesas y judías con títulos en matemáticas: David Alan Grier, *When Computers Were Human* (Princeton, NJ: Princeton University Press, 1997), pp. 208-9.

110 «Pero ¿dónde encontraré trabajo?»: Entrevista a Johnson, 27 diciembre 2010.

110 se casaron sin decírselo a nadie: Entrevista a Johnson, 13 marzo 2011.

110 esperando frente a su clase: Entrevista a Johnson, 27 septiembre 2013.

110 rechazado una oferta de cuatro millones de dólares: Albert P. Kalme, «Desegregación racial e integración en la educación americana: El caso de la Facultad Estatal de Virginia Occidental, 1891-1973», tesis doctoral, Universidad de Ottawa, 1973, p. 173.

111 «Así que te he elegido a ti»: Entrevista a Johnson, 27 septiembre 2013.

111 le ofreció una serie de libros de matemáticas de consulta: Ibíd.

111 estaban esperando su primer hijo: Ibíd.

CAPÍTULO 9: ROMPIENDO BARRERAS

114 lo tenían claro: Leonard Vaughan, entrevista persona, 3 abril 2014.

114 la cuñada de Howard Vaughan: entrevista a Hammond, 2 abril 2014; Joanne Cavanaugh Simpson, «Razonamiento sensato,» *Johns Hopkins Magazine*, septiembre 2003.

114 «para miembros de la raza»: «Nueva playa en la península inaugura el Día de los Caídos», *Norfolk Journal and Guide,* 27 mayo 1944.

114 pasaban semanas organizando el menú: Entrevista a Harris.

114 tostando malvaviscos al fuego: Ibíd.

115 fundaran el complejo en 1898: Mark St. John Erickson, «Recuerdos de uno de los primeros complejos costeros para negros en el Sur», *Daily Press*, 21 agosto 2013.

115 2000 dólares al año: Archivo de personal de Vaughan.

115 solo de 96 dólares: Martha J. Bailey y William J. Collins, «Las subidas de sueldo de las mujeres afroamericanas en los años 40», *Journal of Economic History* 66, n.º 3 (septiembre 2006): pp. 737-77.

115 dar un paseo alrededor de la manzana: Michelle Webb, entrevista personal, 10 febrero 2016.

116 cuartel general de su Mando Aéreo Táctico: «El general Devers asume el mando del Fuerte Monroe, nueva base militar», *Washington Post*, 2 octubre 1946.

116 «complejo de la industria militar»: Dwight D. Eisenhower, «Discurso de despedida», 17 enero 1961, https://www.ourdocuments.gov/doc.php?doc=90&page=transcript.

117 superaba los tres mil empleados: Hansen, *Engineer in Charge*, p. 413.

117 presentaban su dimisión: Golemba, «Computistas humanas», p. 90.

117 directivos superiores: Ibíd., pp. 90-91.

118 «excelentes» críticas: Ibíd.

118 habían sido nombradas supervisoras de turno: Archivo de personal de Fitchett.

118 había ascendido hasta veinticinco mujeres: Ibíd.

118 trabajaba con frecuencia el turno desde las 15 h hasta las 23 h: Golemba, «Computistas humanas», p. 87.

118 «dos espaciosas oficinas»: «Llega Blanche Sponsler», *Air Scoop*, 24 agosto 1945.

118 plazas vacantes en el laboratorio: «Plazas vacantes en el laboratorio», *Air Scoop*, 9 agosto 1946.

119 «cadetes»: Las cadetes se formaron después de que el laboratorio de Langley recomendara al laboratorio de Curtiss Wright que adoptara su organización de salas de computación femeninas, como aparecía detallado en la circular de R. H. Cramer «Organización y práctica de los grupos de computación del NACA» 27 abril 1942 (ver LAC). El libro de Natalia Holt *Rise of the Rocket Girls: The Women Who Propelled Us, from Missiles to the Moon to Mars* (Nueva York: Little, Brown, 2016), *When Computers Were Human* de David Alan Grier (Princeton, NJ: Princeton University Press, 2005), y *Women Scientists in America: Before*

Affirmative Action 1940-1972 de Margaret Rossiter (Baltimore: Johns Hopkins University Press, 1995) ofrecen interesantes relatos sobre las computistas que trabajaban en otras instalaciones además del NACA.

120 ayudante científico no profesional: Walter T. Vicenti, *Robert Thomas Jones 1910-1999: A Biographical Memoir* (Washington, DC: National Academies Press, 2005).

120 conspiraron para subirlo a un P-2: William R. Sears, «Presentación,» *Collected Works of R. T. Jones* (Moffett Field, CA: Administración Nacional de la Aeronáutica y del Espacio, 1976), p. ix.

120 conversaciones en la comida: John V. Becker, *The High Speed Frontier: Case Histories of Four NACA Programs, 1920-1950* (Washington, DC: NASA, 1980), p. 14.

120 salas de fumadores para hombres: Edward R. Sharp, circular «Sala de fumadores solo para hombres,» circular para directores de sección y jefes de división, 26 noviembre 1935, NARA Phil.

122 incluidas a dos antiguas computistas del este: Sheryll Goecke Powers, *Women in Flight Research at NASA Dryden Flight Research Center from 1946 to 1995* (Washington, D.C.: NASA, 1997), p. 3.

123 corroborado por las computistas que analizaban en tierra: Ibíd., p. 12.

123 única autora femenina del NACA: Tras una búsqueda exhaustiva en el Servidor de Informes Técnicos de la NASA (NTRS) y una revisión de las referencias en otros informes del NACA publicados en los años 30, 40 y 50, el de Doris Cohen fue el único nombre de mujer que pude encontrar hasta mediados de los años 40, cuando comenzaron a aparecer otros nombres de mujer en las publicaciones. Su nombre apareció por primera vez junto al de Robert T. Jones en «Un análisis de la estabilidad de un avión con controles libres», Laboratorio Aeronáutico de Langley, enero 1941, NTRS.

123 Doris Cohen publicó nueve informes: Ibíd.

123 (con quien acabaría casándose): David F. Salisbury, «Muere R. T. Jones, pionero en la aerodinámica y antiguo profesor consultor», *Stanford University News Service,* 21 agosto 1999. Su colaboración personal-profesional fue fructífera y culminó con la publicación del clásico texto de aerodinámica *High Speed Wing Theory* (Princeton, NJ: Princeton University Press, 1960).

124 cuatrocientas computistas de Langley recibieron formación bajo la supervisión de Tucker: «¿Cómo me llamo?».

125 En 1947, el laboratorio disolvió la Sección de Computación del este: Floyd L. Thompson a todos los interesados, «Disolución de la Sección de Computación de la zona este», 17 septiembre 1947, NASA Phil.

125 aceptó un trabajo en Northrup Corporation: «Primeras alumnas de matemáticas e ingeniería: Virginia Tucker», colecciones especiales y archivos universitarios de la Universidad de Carolina del Norte en Greensboro, 14 octubre 2014, http://uncgarchives.tumblr.com/post/100014384990/early-alumni-and-stem-fields-virginia-tucker.

125 cuando tres computistas del oeste dieron el salto: *Women Computers.*

125 ni siquiera sabían: «Computistas humanas», p. 14.

126 Arkansas, Georgia y Tennessee: Liza Frazier, «Buscando a Dorothy», *Washington Post,* 7 mayo 2000.

126 matemática de grado P-1: Archivo de personal de Dorothy Hoover, Administración Pública de Estados Unidos, NPRC.

126 comenzaba el proceso de introducir valores: Entrevista a Sugenia Johnson.

126 dos de los analistas más respetados: Becker, *The High Speed Frontier,* p. 14.

126 escuchando música clásica y hablando de política: Robert A. Bell, circular «Antiguos "Grupos de discusión" en el

Laboratorio Aeronáutico de Langley, NACA» circular para el encargado de seguridad, NACA, julio 1954, FBI, https://vault.fbi.gov/rosenberg-case/julius-rosenberg/julius-rosenberg-part-72-of-1.

127 directamente para él: Archivo de personal de Hoover.

127 publicaría un estudio con Katzoff: S. Katzoff y Margery E. Hannah, «Cálculo de la velocidad de ascendencia, simulada en túnel, con alas en flecha», Laboratorio Aeronáutico de Langley, 1948, NTRS.

127 tenía treinta y cinco años: *Air Scoop,* 24 octubre 1947.

128 solicitó el traslado al laboratorio de Ames: Archivo de personal de Fitchett.

129 un mes por enfermedad: Ibíd.

129 julio y agosto 1948: Ibíd.

129 hizo una llamada de emergencia a Eldridge Derring: Ibíd.

129 Blanche había estado actuando de manera extraña: Ibíd.

129 «comportándose de forma irracional»: Ibíd.

129 encargado de salud del laboratorio: Ibíd.

129 esperando nerviosas en el vestíbulo: Ibíd.

129 «palabras y símbolos sin sentido»: Ibíd.

129 «Intento explicar cómo ir»: Ibíd.

129 «0 ±1 hasta tres cifras significativas»: Ibíd.

129 «un P-75 000»: Ibíd.

129 «dado que algunos estudiantes universitarios»: Ibíd.

130 «al menos cuatro hombres fuertes»: Ibíd.

130 fue trasladada al Sanatorio Tucker: Ibíd.

130 «Parece que seguirá enferma indefinidamente»: Ibíd.

130 necrológica en el *Daily Press*: Necrológica de Blanche Sponsler Fitchett, *Daily Press*, 31 mayo 1949.

130 «demencia precoz»: Certificado de defunción de Blanche Sponsler Fitchett, Estado de Virginia, 29 mayo 1949, Ancestry.com.

131 nombró a Dorothy Vaughan directora en funciones de Computación del oeste: Eldridge H. Derring a todos los

interesados, «Cambio en la organización del control y los servicios de investigación», 12 abril 1949, NARA Phil.

132 dos años en ganarse el título completo de directora de sección: Eldridge H. Derring a todos los interesados, «Nombramiento de directora de la Unidad de Computación de la zona oeste», 8 enero 1951, NARA Phil.

132 «A partir de hoy»: Ibíd.

CAPÍTULO 10: LA VIDA JUNTO AL MAR

133 cantar a las mujeres negras: Chauncey E. Brown, entrevista personal, 19 julio 2014; *Virginia Traditions, Virginia Work Songs* (Ferrum, VA: Instituto Blue Ridge de la Facultad Ferrum, 1983).

134 «incendio provocado por los confederados»: Mark St. John Erickson, «La noche que quemaron la ciudad vieja de Hampton», Daily Press, 7 agosto 2013.

134 «unos jóvenes educados»: Robert F. Engs, *Freedom's First Generation: Black Hampton*, Virginia 1861-1890 (Nueva York: Fordham University Press, 2004), p. 158.

135 Mary se graduó en 1938 con honores: «Mary W. Jackson coordinadora del Programa Federal de Mujeres», LHA, octubre 1979, http://crgis.ndc.nasa.gov/crgis/images/9/96/MaryJackson1.pdf.

135 matemáticas y ciencias físicas: Ibíd.

136 dos de sus hermanas: «Computistas humanas», p. 40.

136 curso de mecanografía que realizó en la universidad: Archivo de personal de Mary W. Jackson, Administración Pública de Estados Unidos, NPRC.

136 recibía a los invitados en la entrada del club: Ibíd.

136 tocaba el piano: «Actividades del club USO de Hampton», *Norfolk Journal and Guide*, 30 mayo 1942.

136 «compartir y cuidar»: Programa del funeral de Mary Winston Jackson, 2005, en posesión de la autora.

136 «un pilar»: «Habitante de Hampton cumple 75 años», *Norfolk Journal and Guide*, 7 septiembre 1946.

137 mil horas de servicio: «Ceremonia de la Iglesia Episcopal para Emily Winston», *Norfolk Journal and Guide*, 29 diciembre 1962.

137 blanco, pero con lentejuelas negras: «Secretaria de la USO se casa con un soldado de la marina», *Norfolk Journal and Guide*, 25 noviembre 1944.

138 hijas de empleadas domésticas, cangrejeros, obreros: Janice Johnson, entrevista personal, 3 abril 2014.

138 orientándolas hacia la universidad: Ibíd.

138 excursión «al campo» y paseaban durante cinco kilómetros: «Acontecimientos de Hampton», *Norfolk Journal and Guide*, 29 octubre 1949.

138 viajes a la fábrica de cangrejos: Entrevista a Janice Johnson.

138 tomar el té una tarde en Mansion House: «Anfitriona de un grupo de Girl Scouts», *Norfolk Journal and Guide*, 14 marzo 1953; entrevista a Janice Johnson.

138 estudiantes del Departamento de Economía Doméstica: Entrevista a Janice Johnson.

139 Mary acompañaba a sus chicas: Ibíd.

139 Sin embargo, aquel día la letra: Ibíd.

139 «¡Esperad un momento!»: Ibíd.

139 «No volveremos a cantar esto»: Ibíd.

140 le pidieron una autorización de seguridad secreta: Archivo de personal de Jackson.

140 ataque atómico: A. B. Chatham, «Diseminada información de combate», jefe de la Oficina de las Fuerzas Armadas, Fuerte Monroe, Virginia, 29 agosto 1952, http://koreanwar-educator.org/topics/reports/after_action/combat_information_bulletins/combat_information_bulletins_520829_350_05_56.pdf.

140 «demasiado rápidos para ser identificados»: Stephen Joiner, «El avión que sorprendió a Occidente», *Air and Space Magazine*, diciembre 2013.

140 «Se rumorea que Rusia tiene aviones de combate más rápidos»: Leon Schloss, en el *Norfolk Journal and Guide*, 18 febrero 1950.

141 Edificio 1244, el más grande de su clase: Pie de foto, *Air Scoop*, 16 marzo 1951.

141 les valió un trofeo Collier: «Ganadores del Collier 1940-1949», Asociación Nacional de Aeronáutica, https://naa.aero/awards/awards-and-trophies/collier-trophy/collier-1940-1949-winners.

142 Proyecto 506: Robert C. Moyer y Mary E. Gainer, «Persiguiendo la teoría hasta el borde del espacio: Desarrollo del X-15 en el Laboratorio Aeronáutico Langley del NACA», *Quest: The History of Spaceflight Quarterly 19*, n.º 2 (2012): p. 5.

142 cercanas al Mach 7: Ibíd.

142 Laboratorio de Dinámicas de Gas: «Complejo 1247 de instalaciones hipersónicas», Recursos Culturales de la NASA, http://crgis.ndc.nasa.gov/historic/1247_Hypersonic_Facilities_Complex. Completado en 1952, el nombre del laboratorio pasó a ser Complejo de Instalaciones Hipersónicas.

142 velocidad Mach 18: Ibíd.

143 condenaba a muerte a Ethel y Julius Rosenberg: William R. Conklin, «Condenada a muerte la pareja del espionaje atómico», *New York Times*, 6 abril 1951.

143 «no enseñan su verdadera naturaleza»: *How to Spot a Communist*, película informativa de las Fuerzas Armadas n.º 5, 1950.

143 acusado de robar documentos clasificados del NACA: Ronald Radosh y Joyce Milton, *The Rosenberg File* (New Haven, CT: Yale University Press, 1997) p. 300.

143 avión de reacción nuclear: Ibíd.

143 alerón de alta velocidad del NACA: Ibíd., p. 299.

143 se basaban en diseños del NACA: Ibíd.

144 llamando al timbre por las noches: Entrevista a Sugenia Johnson. Joanne Cavanaugh Simpson, «Razonamiento sensato», *Hopkins Magazine*, septiembre 2003.

144 Eastman Jacobs, conocido por sus inclinaciones izquierdistas.

144 horas interrogando a Pearl Young: Entrevista a Pearl Young.

144 «comunistas de Nueva York»: Ibíd.

144 «judíos neoyorquinos casi insoportables»: Ibíd.

144 provocó un escándalo: Ibíd.

144 una «computista negra»: Entrevista a Sugenia Johnson.

144 *Air Scoop* publicó una larga lista de organizaciones: «Lista de grupos reunidos en relación con el Programa de Lealtad de los Trabajadores», *Air Scoop*, 26 octubre 1951.

146 negó el servicio al secretario haitiano de Agricultura: Mary Dudziak, *Cold War Civil Rights: Race and the Image of American Democracy* (Princeton, NJ: Princeton University Press, 2007), p. 871.

146 médico personal del líder independentista indio Mahatma Gandhi: Ibíd., p. 878.

146 «Intocabilidad desterrada en India y adorada en Estados Unidos»: Ibíd., p. 755.

147 Al comienzo de la guerra de Corea: «El comienzo de una nueva era para los afroamericanos en las Fuerzas Armadas», estado de Nueva Jersey, http://www.nj.gov/military/korea/factsheets/afroamer.html.

147 fueron reclutados: «Los Tan Yanks entran en acción en Corea», *Norfolk Journal and Guide*, 8 julio 1950.

147 «El laboratorio tiene una unidad de trabajo compuesta enteramente por mujeres negras»: Johnson, «Empleo justo».

148 «los libros de texto de ciencias y la armonía racial»: Walter McDougall, *The Heavens and the Earth: A Political History of the Space Age* (Baltimore: Johns Hopkins University Press, 1997), p. 8.

148 Christine Richie: Christine Richie, entrevista personal, 20 julio 2014.

148 el boca a boca de la universidad: Elizabeth Kittrell Taylor, entrevista personal, 12 julio 2014.

CAPÍTULO 11: LA REGLA DEL ÁREA

150 junto a varias computistas blancas: Richard Stradling, «Ingeniero retirado recuerda el Langley segregado», *Daily Press*, 8 febrero 1998.

150 «¿Podríais indicarme dónde está el baño?»: Ibíd.

151 nativo de New Bedford: «14 personas reciben emblemas por su servicio», *Air Scoop*, 3 diciembre 1954.

151 mantenía una oficina en el Edificio de Cargas Aéreas: Guía telefónica del Laboratorio Aeronáutico de Langley, LHA, 1949.

152 «peso muerto de la degradación social»: W. E. B. Du Bois, *The Souls of Black Folk* (Chicago: A. C. McClurg and Co., 1903).

152 dilema americano: En 1944, la Fundación Carnegie financió un informe pionera sobre el estado de la América negra, titulado *An American Dilemma: The Negro Problem and Modern Democracy* (Nueva York: The MacMillan Company, 1946). Su autor, el economista sueco Gunnar Myrdal, señaló la circularidad brutal de un sistema que discriminaba a los negros prácticamente en todos los aspectos de sus vidas, después los vituperaba por no alcanzar los objetivos impuestos por los blancos.

152 respondió al saludo de Czarnecki con un torrente de potencia Mach 2: Stradling, «Ingeniero retirado recuerda el Langley segregado».

152 «¿Por qué no vienes a trabajar para mí?»: Ibíd.

153 Ray Wright tuvo la idea: Donald D. Baals y William R.

Corliss, *Wind Tunnels of NASA* (Washington, DC: Oficina de Historia de la NASA, 1981), p. 61.

153 «logro técnico perseguido durante mucho tiempo»: Ibíd., p. 61.

154 hasta un veinticinco por ciento: El descubrimiento de Richard Whitcomb: *Richard Whitcomb's Discovery: The Story of the Area Rule*, video, NASA Langley CRGIS, https://www.youtube.com/watch?v=xZWBVgL8I54.

154 «cintura de avispa»: «Citado el científico aeronáutico Whitcomb por la teoría de la "Cintura de avispa"», Richmond News Leader, 29 noviembre 1955.

154 entrevistado por el presentador de la CBS Walter Cronkite: «Cronkite entrevistará a Whitcomb», *Daily Press*, 15 octubre 1955.

154 «Ingeniero de Hampton asediado por el público»: *Daily Press*, 9 octubre 1955.

155 «refinería petrolera bajo techo»: Baals y Corliss, *Wind Tunnels of NASA*, p. 71.

155 científica en investigación aeronáutica, con un grado GS-9: Archivo de personal de Hoover.

155 publicación de dos informes: Frank Malvestuto hijo y Dorothy M. Hoover, «Elevación supersónica y momento de inercia de las alas afiladas orientadas hacia atrás producido por una aceleración vertical constante», Laboratorio Aeronáutico de Langley, marzo 1951, http://ntrs.nasa.gov/archive/nasa/casi.ntrs.nasa.gov/19930082993.pdf; y Frank Malvestuto hijo y Dorothy M. Hoover, «Elevación y derivadas de la inercia de las alas afiladas orientadas hacia atrás con bordes delanteros subsónicos a velocidades supersónicas», Laboratorio Aeronáutico de Langley, febrero 1951, http://ntrs.nasa.gov/archive/nasa/casi.ntrs.nasa.gov/19930082953.pdf.

156 Mary había hecho desde que se graduara: «Mary W. Jackson, directora del programa federal para mujeres», octubre 1979.

156 Mary Jackson había conocido a James Williams: Julia G. Williams, entrevista personal, 20 julio 2014.

156 receloso de mudarse: Ibíd.

157 Williams no era el primer ingeniero negro: Ibíd.

157 Varios supervisores blancos le negaron: Norman Tippens, «El aviador de Tuskegee James L. "Jim" Williams cumple 77 años», *Daily Press*, 23 enero 2004; entrevista a Williams.

157 levantó la mano de inmediato: Entrevista a Williams.

157 «"Jaybird" era el más justo que había»: Ibíd.

157 «¿Cuánto tiempo crees que serás capaz de aguantar?»: Ibíd.

158 recibió un encargo de parte de John Becker: Golemba, «Computistas humanas», p. 64; Guía telefónica del Laboratorio de Langley Memorial, 1952.

158 insistiendo en que estaban mal: Ibíd.

158 el problema no estaba en los resultados de Mary: Ibíd.

159 John Becker se disculpó con Mary Jackson: Ibíd.

159 Fue motivo de celebración discreta: Ibíd.

CAPÍTULO 12: CASUALIDAD

161 Patricia, la hermana pequeña: Katherine Johnson: *Becoming a NASA Mathematician*, Proyecto de liderazgo, 8 marzo 2010, https://www.youtube.com/watch?list=PLCw E4GdJdVRLOEyW4PhypNnZIJbYLRTVd&v=jUsyYvrz2 qQ http://www.visionaryproject.org/johnsonkatherine/.

161 alegre reina de belleza universitaria: «La señorita Goble se casa con el cabo Kane hijo», *Norfolk Journal and Guide*, 30 agosto 1952. Todos los detalles del atuendo de los novios, de la decoración de la boda y de los planes de la luna de miel proceden de este artículo.

161 aún vivían en Marion: «Una pareja de Marion, VA, celebra sus bodas de oro», *Norfolk Journal and Guide*, 19 septiembre 1953.

162 «¿Por qué no vienen todos a casa con nosotros también?»: «Katherine Johnson: Ser matemática en la NASA».

162 «Puedo conseguirle un trabajo a Snook en el astillero»: Ibíd.

162 el director del centro comunitario de Newsome Park: «Katherine Johnson: Ser matemática en la NASA».

162 coordinado diversas actividades: «Celebrada ceremonia conmemorativa en el Centro comunitario de Newsome Park», *Norfolk Journal and Guide*, 21 julio 1945.

163 se quedaba levantada hasta tarde cosiendo vestidos: Entrevista a Johnson, 6 marzo 2011.

163 ayuda doméstica interna: Joylette Hylick Goble, entrevista personal, 10 octubre 2011.

164 pintor en el astillero de Newport News: Entrevista a Johnson, 17 septiembre 2011.

165 directora adjunta: «Se suma al personal de la USO», *Norfolk Journal and Guide*, 9 mayo 1953.

165 veterana de la Sección de Computación del oeste: «El foco en la península», *Norfolk Journal and Guide*, 5 febrero 1949.

165 una rutina que duraría las próximas tres décadas: Entrevista a Johnson, 27 agosto 2013.

166 trabajo modesto clasificado como SP-3: Katherine Johnson, entrevista con Aaron Gillette, 17 septiembre 1992.

166 «No me vengas aquí en dos semanas»: Ibíd.

166 «muy afortunada»: Ibíd.

166 ganaba tres veces más: Entrevista a Johnson, 17 septiembre 2011.

167 comenzaron una conversación: Entrevista a Johnson, 27 septiembre 2013.

167 «La División de Investigación de Vuelo necesita dos computistas más»: Ibíd.

167 sus nuevos compañeros, John Mayer, Carl Huss y Harold Hamer: «Investigación del uso de controles durante los

vuelos de servicio de los aviones de combate», Conferencia del NACA sobre cargas, vibración y estructuras en aeronaves, 2-4 marzo 1953, Laboratorio Aeronáutico de Langley.

167 «recogió y se fue directa»: Entrevista a Johnson, 27 septiembre 2013.

168 jefe de la división, Henry Pearson: Entrevista a Johnson, 17 septiembre 1992; Guía telefónica del Laboratorio Aeronáutico de Langley, 1952.

168 se levantó y se marchó: Entrevista a Johnson, 17 septiembre 1992.

169 o decidía: Ibíd.

170 se hicieron amigos: Ibíd.

CAPÍTULO 13: TURBULENCIAS

171 del nivel SP-3 al SP-5: Entrevista a Johnson, 17 septiembre 1992.

172 Dorothy participó como consultora: «Computistas ayudan a redactar un manual», *Air Scoop*, 17 agosto 1951.

173 «ciclón humano de pelo corto y negro y cara de cuero»: *LMAL Bulletin,* 30 noviembre 1942.

174 La Sección de Cargas de Maniobra investigaba: Puede encontrarse mucha información sobre el trabajo realizado por estos grupos en el libro de W. Hewitt Phillips, *Journey in Aeronautical Research: A Career at NASA Langley Research Center* (Washington, DC NASA, 1998).

174 Uno de los primeros encargos: Katherine Johnson: *Becoming a NASA Mathematician.*

175 detrás de un avión más grande: Ibíd.

175 quedaron fascinados: Ibíd.

175 hasta media hora: Christopher C. Kraft hijo, «Medidas de la distribución de velocidad y persistencia de los vórtices

de estela de un avión», Laboratorio Aeronáutico de Langley, marzo 1955, NTRS.

175 una de las cosas más interesantes que había leído jamás»: Katherine Johnson: *Becoming a NASA Mathematician.*

176 Las «Skychicks»: Women Computers.

176 ni siquiera se dio cuenta de que los baños estaban segregados: Entrevista a Johnson, 17 septiembre 1992.

177 se negó incluso a entrar en los baños de color: Entrevista a Johnson, 17 septiembre 1992.

177 llevarse la fiambrera y comer en su mesa: Entrevista a Johnson, 6 marzo 2011.

177 la tentación de los helados: Ibíd.

177 «al dedillo»: Entrevista a Johnson, 27 septiembre 2013.

177 Ojeaba *Aviation Week*: Ibíd.

178 algunos de los empleados negros: Este tema salió más de una vez durante las entrevistas con personas que la conocieron.

178 una compañera de habitación negra o blanca: Katherine Goble Moore, entrevista personal, 31 julio 2014.

178 antes de responder con un sí: Entrevista a Johnson, 15 septiembre 2015.

178 «Quiero sacar de aquí a nuestras hijas»: Entrevista a Moore.

179 la Agencia de Federal de Vivienda: «El gobierno suspende la demolición», *Norfolk Journal and Guide*, 26 agosto 1950.

179 Gayle Street: Colita Nichols Fairfax, Hampton, Virginia (Charleston, VA: Arcadia Publishing, 2005), p. 69. Esto proporciona bastante información sobre los muchos barrios negros de Hampton.

179 Mimosa Crescent había pasado: «Se expande el proyecto de Mimosa Crescent», *Norfolk Journal and Guide*, 23 marzo 1946.

180 podría tener su propia habitación: Entrevista a Moore.

180 situado en la base del cráneo: Entrevista a Johnson, 13 marzo 2011.

181 James Francis Goble murió: «Funeral por James F. Goble», *Norfolk Journal and Guide*, 29 diciembre 1956.

181 «Es muy importante»: Entrevista a Moore.

182 «Tendréis mi ropa planchada»: Ibíd.

182 La tradición familiar decía: Entrevista a Hylick.

183 recordarían a su abuelo decir: Ibíd.

183 tuvieron una larga conversación al respecto: Entrevista a Johnson, 27 diciembre 2010.

CAPÍTULO 14: ÁNGULO DE ATAQUE

185 Siglo Americano: Henry R. Luce, «El Siglo Americano», *Life*, 17 febrero 1941, pp. 61-65. Luce, el editor y fundador de las revistas *Time* y *Life*, firmó este influyente editorial en febrero de 1941, instando a una América dividida a posicionarse sobre la Segunda Guerra Mundial y a exigir un lugar predominante en el escenario internacional. «El mundo del siglo XX, si queremos que cobre vida con salud y vigor, debe ser en cierto sentido un Siglo Americano».

185 compró una «calculadora electrónica»: «Nueva herramienta de investigación», *Air Scoop*, 28 marzo 1947.

186 hasta treinta y cinco variables: Ibíd.

186 provocaría un error en todas: Ibíd.

186 podía llevar fácilmente un mes: Ibíd.

186 unas pocas horas: Ibíd.

186 dos segundos por operación: Ibíd.

186 El edificio entero vibraba: Eldon Kordes, entrevista con Rebecca Wright, JSC (Centro Espacial Johnson), 19 febrero 2015.

186 después una IBM 650: «Mamá e IBM», blog personal, 15 febrero 2014.

186 Destinadas originalmente al Departamento de Finanzas: Entrevista a Kordes.

187   «¡Vamos a hacerlo otra vez!»: Ibíd.

188   Dorothy no tardó en apuntarse: Ann Vaughan Hammond, resumen biográfico sin título de Dorothy Vaughan (en posesión de la autora).

189   (los estudiantes los llamaban «gallineros«): Teri Kanefield, *The Girl from the Tar Paper Shacks School: Barbara Rose Johns and the Advent of the Civil Rights Movement* (Nueva York: Harry L. Abrams, 2014).

190   «No están dispuestos a esperar»: «No están dispuestos a esperar: los líderes de la NAACP quieren la integración "¡Ya!"», *Norfolk Journal and Guide*, 29 mayo 1954.

190   «Si podemos organizar a los estados del Sur para realizar resistencias masivas»: Benjamin Muse, *Virginia's Massive Resistance* (Bloomington: Indiana University Press, 1956), p. 22.

190   acudieron algunos de los empleados negros: «Empleo justo».

191   contabilidad y teoría de la mecánica: «Ofertan cursos de educación para adultos», *Air Scoop*, 17 febrero 1956.

192   después de hacerle la oferta: Stradling, «Ingeniero retirado recuerda el Langley segregado».

192   se subiera a la pasarela: Golemba, «Computistas humanas», p. 102.

193   publicado en septiembre 1958: K. R. Czarnecki y Mary W. Jackson, «Efectos sobre el ángulo frontal 515 y el número Mach en conos a velocidades supersónicas», Laboratorio Aeronáutico de Langley, 1958.

193   sugerirle que se apuntara: Stradling, «Ingeniero retirado recuerda el Langley segregado».

194   demandar a la Universidad de Virginia: «Kitty O'Brien Joyner», LAC.

194   solo dos mujeres estudiantes de ingeniería: «Una mujer ingeniera consigue trabajo en la empresa RCA Victor», *Norfolk Journal and Guide*, 15 noviembre 1952.

194   para entrar en la Escuela Superior de Hampton: Stradling, «Ingeniero retirado recuerda el Langley segregado».

194 «permiso especial»: Ibíd.

195 primavera 1956: Archivo de personal de Jackson.

195 edificio viejo, dilapidado: Stradling, «Ingeniero retirado recuerda el Langley segregado».

197 En general, los hombres negros de Langley: Thomas Byrdsong, entrevista personal, 4 octubre 2014.

197 los mecánicos, los modelistas y los técnicos: Ibíd.

197 se acercaban al restaurante regentado por un hombre negro: Entrevista a Williams.

CAPÍTULO 15: JOVEN, NEGRA Y CON TALENTO

199 su trabajo diario: Christine Darden, entrevista personal, 3 mayo 2012.

200 ojeaba los periódicos: Ibíd.

201 «Satélite de los rojos sobre Estados Unidos»: *Daily Press*, 5 octubre 1957.

201 «Esfera localizada en 4 ocasiones cruzando Estados Unidos»: New York Times, 5 octubre 1957.

202 «Proyecto Isla Griega»: «El búnker secreto que el Congreso nunca utilizó», Radio Pública Nacional, 26 marzo 2011, http://www.npr.org/2011/03/26/134379296/the-secret-bunker-congress-never-used.

202 en 1992 una exclusiva: Ted Gup, «El escondite definitivo del Congreso», *Washington Post*, 31 mayo 1992.

202 «pelotita voladora»: David S. F. Potree, «Una pelotita voladora: 4 octubre-3 noviembre 1957», *NASA's Origins and the Dawn of the Space Age, Monographs in Aerospace History 10*, NASA, septiembre 1998.

203 muchos de ellos, tal vez cientos: Solo años más tarde Estados Unidos descubriría que el tamaño y la capacidad del arsenal soviético había sido considerablemente exagerado. Ver McDougall, *The Heavens and the Earth*, pp. 250-53.

204 No podemos dejar que nos venzan: Entrevista a Darden.

204 Radio Moscú sumó una ciudad: «Los rojos anuncian la hora del Sputnik para Little Rock», *Washington Post*, 10 octubre 1957.

205 «Vengo a deciros»: Christine Darden, «Crecer en el Sur durante el caso *Brown contra la Junta*», *Unbound Magazine*, 5 marzo 2015.

205 hijo de un antiguo jefe de bomberos: Steven A. Holmes, «Muere Jesse Helms a los 86 años; fuerza conservadora en el Senado», *New York Times*, 5 julio 2008.

205 pobres laboratorios de ciencias: Darden, «Crecer en el Sur».

206 no fueran lo suficientemente buenos: Ibíd.

206 «educación, honestidad, trabajo duro y personalidad»: Wini Warren, *Black Women Scientists in the United States*, p. 75.

206 Pontiac Hydramatic: Christine Darden, (Bloomington: Indiana University Press, 2000), The History Makers, 6 febrero 2013, http://www.thehistorymakers.com/biography/christine-darden.

206 «¿Qué has aprendido hoy?»: Ibíd.

207 preparar el carburador: Ibíd.

207 desgarrándolas: Ibíd.

207 hectáreas de campos de algodón: Ibíd.

207 antes de irse a cosechar: Ibíd.

207 estudiante de segundo curso: Ibíd.

207 «Los padres de Julia han dicho que podía ir»: Ibíd.

208 una de las escuelas superiores negras más prestigiosas: Rob Neufeld, «Viaje a nuestro pasado: La Escuela Allen de Asheville», *Asheville Citizen-Times*, 27 abril 2014.

208 sobrina del cantante Cab Calloway: Ibíd.

208 Una graduada de 1950 llamada Eunice Waymon: Martha Rose Brown, «"Para chicas de color": Un profesor realiza investigación sobre antigua escuela para alumnas afroamericanas», *Times and Democrat*, 11 marzo 2011.

208 sintió la nostalgia: Christine Darden, entrevista personal, 10 octubre 2012.

209 Bettye Tillman y JoAnne Smart: «Declaración de intenciones», *UNCG Magazine*, primavera 2010, http://www. uncg.edu/ure/alumni_magazineT2/2010_spring/feature_ lettersofintent.htm.

209 «Tras deliberarlo cuidadosamente»: Benjamin Lee Smith, «Informe del superintendente a la Junta Educativa de la ciudad de Greensboro sobre el caso *Brown contra la Junta Educativa*», 1956. http://libcdm1.uncg.edu/cdm/ref/ collection/CivilRights/id/547.

210 «Me han aceptado en Hampton»: Christine Darden, *The History Makers*.

210 «escuelas rojas de ingeniería»: *Washington Post*, 23 febrero 1958.

210 graduados soviéticos en ingeniería eran mujeres: Ibíd. El artículo decía que, en la misma época, solo el uno por ciento de los graduados estadounidenses en ingeniería eran mujeres.

211 «ejército civil de la Guerra Fría»: Sylvia Fries, «La historia de las mujeres en la NASA», discurso del Día de la Igualdad de las Mujeres, Centro Marshall de Vuelos Espaciales, 23 agosto 1991.

211 la dejó sin respiración: Christine Darden, *The History Makers*.

CAPÍTULO 16:
UN DÍA PUEDE MARCAR LA DIFERENCIA

213 ese punto brillante en el cielo: Katherine G. Johnson, *The History Makers*, 6 febrero 2013, http://www.thehistory-makers.com/biography/katherine-g-johnson-42.

213 «Uno puede imaginarse la consternación»: *Reference Papers Relating to a Satellite Study, RA-15032* (Santa Monica,

CA: RAND Corp., 1947); F. H. Clauser, *Preliminary Design of a World Circling Spaceship* (Santa Monica, CA: RAND Corp., 1947).

214 algo demasiado lejano: *Spaceflight Revolution*, p. 17.

214 «simples campesinos»: Roland, *Model Research*, p. 262.

214 «Ser los primeros en el espacio significa ser los primeros, punto»: McDougall, *The Heavens and the Earth*.

214 los estadounidenses iban por delante de los rusos: Ibíd., p. 131.

215 «revolucionarios avances en aeronaves atmosféricas»: W. Hewitt Phillips, *A Journey into Space Research: Continuation of a Career at NASA Langley Research Center* (Washington, DC: Archivo Histórico de la NASA, 2005), p. 1.

215 terminaron oficialmente en 1958: Ibíd.

215 «palabra malsonante»: Hansen, *Spaceflight Revolution*, p. 17.

216 les costaba trabajo encontrar libros sobre vuelos espaciales: Chris Kraft, Flight: *My Life in Mission Control* (Nueva York: Plume, 2002), p. 63.

216 versión avanzada del avión cohete X-15: Hansen, *Spaceflight Revolution*, pp. 356-361.

217 «libres pensadores»: Hansen, *Spaceflight Revolution*, p. 197.

218 se hizo realidad en 1955: Roger Launius, «NACA-NASA y el Plan Nacional Unitario de Túneles de viento, 1945-1965», 40.º Encuentro de Ciencias Aeroespaciales del AIAA, Reno, Nevada, http://crgis.ndc.nasa.gov/crgis/images/d/de/A02-14248.pdf.

218 «casi cualquier avión supersónico»: Launius, «NACA-NASA y el Plan Nacional Unitario de Túneles Viento».

218 una nueva oficina más pequeña en el 1251: Guía telefónica del Laboratorio Aeronáutico de Langley, 1956.

221 le regaló a la hija de Miriam Mann un penique nuevo: Entrevista a Harris.

222 Eunice Smith se ofreció voluntaria: «La asociación da las gracias a los ayudantes de la fiesta», *Air Scoop*, 2 enero 1953.

222 los hijos de Dorothy Vaughan contaban los días: Kenneth Vaughan, entrevista personal, 4 abril 2014.

222 La Base de las Fuerzas Aéreas de Langley: Mark St. John Erickson, «Espada sin prejuicios raciales: El ejército se ha convertido en modelo de la reforma racial, según los expertos», *Daily Press*, 28 julio 1998.

223 «La integración en cualquier parte significa la destrucción en todas partes»: Donald Lambro, «Muere Mary Lou Forbes, periodista ganadora del Pulitzer, a los 83 años», *Washington Times*, 29 junio 2009. Pueden verse partes del discurso inaugural de Almond en 1958 en https://vimeo.com/131577357.

223 «¿Cómo es posible que el senador Byrd?»: John B. Henderson, «Declaraciones de Henderson: Cerrar las escuelas no es manera de enfrentarse al Sputnik», *Norfolk Journal and Guide*, 23 noviembre 1957.

223 obligar a esos distritos escolares de Virginia a integrar: Smith, *They Closed Their School*, p. 144.

223 «la educación de los negros "separados, pero iguales" se prolonga en el tiempo»: James Rorty, «La lenta desegregación de Virginia: La fuerza de lo inevitable», *Commentary Magazine*, julio 1956. El artículo de Rorty ofrece una fascinante visión de la lucha de Virginia con la desegregación en los años posteriores al caso *Brown contra la Junta Educativa*.

224 «El ochenta por ciento de la población mundial es de color»: Paul Dembling al archivo, 7 julio 1956.

225 NASA: Durante años, las personas que trabajaban para Langley desde antes de 1958 se distinguían por seguir diciendo el nombre de la nueva agencia como antiguamente, pronunciando cada letra por separado: «la N-A-S-A».

225 «para atender a la amplia dimensión»: El Acta Espacial de 1958, http://www.hq.nasa.gov/office/pao/History/spaceact.html.

226 «la portadora de un mito»: McDougall, *The Heavens and the Earth*, p. 376.

226 «queda disuelta la Unidad de computación de la zona oeste»: Floyd L. Thompson a todos los interesados: «Cambio en la organización de la investigación», 5 mayo 1958, NARA Phil.

228 «Era la más lista de todas las chicas»: Entrevista a Johnson, 17 septiembre 2011.

CAPÍTULO 17: EL ESPACIO EXTERIOR

231 «Esto no es ciencia ficción»: *Introduction to Outer Space: An Explanatory Statement Prepared by the President's Science Advisory Committee*, 1 enero 1958. Las palabras del panfleto «la inercia de la curiosidad que lleva a los hombres a intentar llegar donde nadie ha llegado antes» inspiraron la conocida introducción de la serie de televisión *Star Trek*.

231 «Como todo el mundo sabe»: Ibíd.

233 La única referencia real: Forest Ray Moulton, *Introduction to Celestial Mechanics* (Nueva York: Macmillan, 1914).

235 «Presenta tu caso, constrúyelo, véndelo para que se lo crean»: Claiborne R. Hicks, entrevista con Kevin M. Rusnak, JSC, 11 abril 2000.

235 Podía tardarse meses, incluso años: Este largo periodo de tiempo se enfatizaba cada vez que leía un informe de investigación del NACA o de la NASA: en la portada aparece la fecha de publicación, pero la fecha en la que los investigadores lo completaron y lo sometieron al Comité de Revisión está incluida al final del informe.

235 Katherine se sentaba con los ingenieros para repasar: Entrevista a Johnson, 15 septiembre 2015.

236 «¿Por qué yo no puedo ir a las reuniones editoriales?»: Entrevista a Johnson, 27 septiembre 2013.

236 «Las chicas no van a las reuniones»: Ibíd.

236 «¿Hay alguna ley que lo prohíba?»: Ibíd.

236 leyes que restringían su capacidad para solicitar una tarjeta de crédito: Diana Pearl, «Derechos que las mujeres no tenían antes», *Marie Claire*, 18 agosto 2014, http://www.marieclaire.com/politics/news/a10569/things-women-couldnt-do-1920/.

237 «Mujeres científicas»: Esta fotografía de 1959 de archivo de Langley llevaba por título «Mujeres científicas». Se publicó en el libro de James Hansen de 1995 *Spaceflight Revolution*, p. 105, pero sin nombres. La página de Recursos Culturales de la NASA seleccionó la foto para su «Archivo misterioso» de julio 2013. Ver http://crgis.ndc.nasa.gov/historic/Mystery_Archives_2013.

237 Cinco de las seis mujeres […] trabajaban en la PARD: Guía telefónica del Centro de Investigación de Langley, 1959, LAC.

237 en 1948, nada más salir de la Facultad: Dorothy B. Lee, entrevista con Rebecca Wright, JSC, 10 noviembre 1999.

237 le ofreció un puesto permanente: Ibíd.

237 escrito un informe, coescrito siete más: Dorothy B. Lee, «Rendimiento de vuelo de un motor de cohete Cajun 2,8 KS 8100 de combustible sólido». Laboratorio Aeronáutico de Langley, 21 enero 1957, NTRS.

237 «¿Cree usted?»: Entrevista a Lee.

238 «habituales del túnel de viento»: Becker, *The High Speed Frontier*, p. 19.

238 «ingenieros incapaces de hacer nada»: Gloria R. Champine, entrevista personal, 2 abril 2014.

239 «todos eran iguales»: Entrevista a Johnson, 27 diciembre 2010.

239 «Dejen que vaya»: Entrevista a Johnson, 27 septiembre 2013.

CAPÍTULO 18:
A UNA VELOCIDAD PREDETERMINADA

241 de ser eruditos y desconocidos a ser evidentes y espectaculares: Yanek Mieczkowski, *Eisenhower's Sputnik Moment: The Race for Space and World Prestige*, (Ithaca: Cornell University Press, 2013), p. 235.

242 «un puñado de edificios grises»: Charles Murray y Catherine Bly Cox, *Apollo* (Burkittsville, MD: South Mountain Books, 2004), p. 322.

242 «Hasta donde puede anticiparse hoy en día»: Lenoir Chambers, «El año que Virginia cerró las escuelas», *The Virginian-Pilot*, 1 enero 1959. El *Virginian-Pilot* era el único periódico blanco de Virginia que publicó un editorial a favor de la desegregación de las escuelas.

243 Un total de diez mil de esos alumnos: Kristen Green, *Something Must Be Done About Prince Edward County: A Family, a Virginia Town, a Civil Rights Battle* (Nueva York: HarperCollins, 2015), pp. 1347-1349.

244 discurso de graduación de la clase de 1958 del Instituto Carver: «Torbellino social en la península», *Norfolk Journal and Guide*, 14 junio 1958.

244 hacia los márgenes de la sociedad: Katherine Goble Moore, entrevista personal, 7 febrero 2015.

245 Mary Jackson había sido una de sus profesoras: James A. Johnson, entrevista personal, 11 junio 2011.

245 «Chicas, está soltero»: Entrevista a Johnson, 13 marzo 2011.

246 llegaban juntos a la iglesia: James A. Johnson.

248 les pasó parte del exceso de trabajo: Cox y Murray, *Apollo*, cap. 1.

249 «procesos de computación»: Ibíd.

249 «algo divertidísimo»: Ibíd.

249 miles de horas computando tablas de trayectorias de

balística: El documental de LeAnn Erickson *Top Secret Rosies* ofrece una visión detallada de la Universidad de Pensilvania. Ver https://www.facebook.com/topsecretrosies.

250 «Déjame hacerlo a mí»: Katherine Johnson, *The History Makers.*

251 «Katherine debería terminar el informe»: Warren, *Black Women Scientists in the United States*, p. 143.

252 realizado por una mujer: Ted Skopinski y Katherine G. Johnson, «Cálculo del ángulo acimut para colocar un satélite en una posición terrestre seleccionada», Centro de Investigación de Langley, 1960.

CAPÍTULO 19: COMPORTAMIENTO MODÉLICO

253 El listón lo había puesto el año anterior: «Enhorabuena...», *Air Scoop*, 1 julio 1960.

254 «El auto y el conductor»: *Soapbox Derby Rules*, 1960.

254 Levi y sus competidores: «Los jóvenes de Hampton compiten en el derbi de la localidad», *Norfolk Journal and Guide*, 2 julio 1960.

254 pista de carreras de 270 metros: Ibíd.

255 a las niñas no se les permitió competir: Paul Dickson, «El derbi de autos de madera», *Smithsonian Magazine*, mayo 1995. Las chicas no compitieron en el derbi hasta los años setenta.

255 uno de los cincuenta mil chicos: «¡El día del derbi es tu día!», *Boys's Life*, febrero 1960, p. 12.

256 «Estudio sobre el flujo de aire en dimensiones a escala»: «Feria de Ciencias celebrada en el Colegio Y. H. Thomas», *Norfolk Journal and Guide*, 31 marzo 1962.

256 «¿Automóviles de qué?»: Entrevista a Janice Johnson.

258 Emma Jean había sido la estudiante con mejores notas: Golemba, «Computistas humanas», p. 39.

258 había realizado varios informes de investigación: «Lista de informes desde diciembre de 1949 hasta octubre de 1981», «Túneles hipersónicos unitario y de flujo continuo», LAC, http://crgis.ndc.nasa.gov/crgis/images/a/aa/1251-001.pdf.

259 Consejo Nacional de Mujeres Negras: «Grupo de chicas asiste a una charla de dos mujeres ingenieras», *Norfolk Journal and Guide*, 16 febrero 1963.

259 «Aspectos de la ingeniería para mujeres»: Ibíd.

259 uno de los mayores grupos minoritarios de la península: «Honran a las pioneras Girl Scouts en un tributo en Hampton», *Norfolk Journal and Guide*, 6 noviembre 1985.

259 su joven ayudante: Entrevista a Janice Johnson.

260 le pidió ayuda a Helen Mulcahy: Ibíd.

260 llevara a Janice de excursión: Ibíd.

260 una entusiasta multitud de cuatro mil personas: «Los jóvenes de Hampton compiten en el derbi de la localidad».

261 despejado, cálido, con la brisa suficiente: Newport News, Virginia, «Climatología en la historia», Almanac.com, 3 julio 1962.

261 Los oficiales pesaron e inspeccionaron cada vehículo: «Los jóvenes de Hampton compiten en el derbi de la localidad».

261 «una gota de aceite en cada rueda»: Ibíd.

261 a veintisiete kilómetros por hora: Ibíd.

262 la delgadez de su máquina: Ibíd.

262 «Quiero ser ingeniero como mi madre»: «Los jóvenes de Hampton compiten en el derbi de la localidad».

262 y un puesto en el Derbi Nacional Americano de Automóviles de Madera: Ibíd.

262 frente a setenta y cinco mil admiradores: «¡El día del derbi es tu día!».

262 «primer chico de color en la historia»: «Los jóvenes de Hampton compiten en el derbi de la localidad».

262 comenzaron a llegar los donativos: «Los residentes de la localidad honran el derbi de autos de madera», *Norfolk Journal and Guide*, 27 agosto 1960.

CAPÍTULO 20: GRADOS DE LIBERTAD

265 pruebas de fiabilidad en la cápsula Mercury: Loyd S. Swenson hijo, James M. Grimwood y Charles C. Alexander, *This New Ocean: A History of Project Mercury* (Washington, DC: NASA, 1989), p. 256.

265 trescientos se habían unido ya a la manifestación: «La sentada de Greensboro», *History*, http://www.history.com/topics/black-history/the-greensboro-sit-in.

266 «Queridos papá y mamá»: John «Rover» Jordan, «Esto es Portsmouth», *Norfolk Journal and Guide*, 8 junio 1963.

266 le ofreció un trabajo como anfitriona: Dr. William R. Harvey, «La Universidad de Hampton y la Sra. Rosa Parks», *Daily Press*, 23 febrero 2013.

266 700 personas: Arriana McLymore, «La historia silenciada; el legado de Hampton de protestas estudiantiles», *Hampton Script*, 6 noviembre 2015.

267 hasta que los dueños cerraban los establecimientos: «"Sentada" en Hampton: Los estudiantes quieren que les sirvan; cierra el mostrador 5 y 10». *Norfolk Journal and Guide*, 20 febrero 1960.

267 500 estudiantes organizaron una protesta pacífica: Jimmy Knight, «Votan los hamptonianos: la cárcel no detendrá las protestas estudiantiles», *Norfolk Journal and Guide*, 5 marzo 1960.

267 Ibíd.

267 yendo de puerta en puerta por los vecindarios negros: Christine Darden, entrevista personal, 30 abril 2012.

267 estaba vivo, activo: Entrevista a Hammond.

267 los astronautas estaban contribuyendo a las actividades organizativas de los estudiantes: Ibíd. Aunque no logré encontrar documentos que demostraran esto, muchas personas del círculo de amigos de Ann Vaughan Hammond habían oído el rumor; era vívido su recuerdo del rumor y del entusiasmo que generó entre los estudiantes.

268 reabrió las escuelas de Norfolk, Charlottesville y Front Royal: Lenoir Chambers, «El año que Virginia abrió las escuelas», *Virginian-Pilot*, 31 diciembre 1959. Chambers, editor jefe del *Virginian-Pilot*, fue galardonado con el premio Pulitzer por este y otros once editoriales que escribió a lo largo de 1959.

269 «Los únicos lugares de la tierra conocidos por no proporcionar educación pública gratuita»: Smith, *They Closed Their Schools*, p. 190. El libro de Smith es quizá el mejor documento histórico sobre la situación escolar del condado Prince Edward.

269 Marjorie Peddrew e Isabelle Mann: Thompson, «Cambio en la organización de la investigación».

273 pruebas aerodinámicas, estructurales, de materiales y de componentes: Hansen, *Spaceflight Revolution*, p. 60.

273 «Podríamos haberlos vencido»: Kraft, *Flight*, p. 132. Ver también Robert Gilruth, entrevista con David DeVorkin y John Mauer, Museo Nacional del Aire y del Espacio, 2 marzo 1987, parte 6, http://airandspace.si.edu/research/projects/oral-histories/TRANSCPT/GILRUTH6.HTM.

274 1,2 millones de pruebas, simulaciones, investigaciones: «Webb recibe premio a la seguridad», *Air Scoop*, 30 junio 1961.

274 Ham el chimpancé: Swenson, Grimwood y Alexander, *This New Ocean*, p. 317.

274 Cuarenta y cinco millones de estadounidenses: Ibíd.

275 187 kilómetros sobre la Tierra: Ibíd., p. 355.

275 quince minutos y veintidós segundos: Ibíd.

275 «Creo que esta nación debería comprometerse»: John F. Kennedy, «Necesidades nacionales urgentes: Mensaje espacial del presidente Kennedy al Congreso», 25 mayo 1961, http://www.presidency.ucsb.edu/ws/?pid=8151.

275 requería un equipo de dieciocho mil personas: Swenson, Grimwood y Alexander, *This New Ocean*, p. 508.

276 nueve localizaciones llegaron a la lista final:

277 «estuviese muy escasa de personal»: Harold Beck, «La historia la misión del vuelo espacial tripulado« (documento inédito en posesión de la autora).

277 pedido que se trasladara a Houston: Katherine Johnson, entrevista personal, 27 septiembre 2013.

277 «cinco jóvenes cualificadas»: Beck, «Historia».

CAPÍTULO 21:
DESPUÉS DEL PASADO, EL FUTURO

279 3,5 millones de caballos de potencia y veintinueve metros de alto: Colin Burgess, *Friendship 7: The Epic Orbital Flight of John H. Glenn Jr.* (Nueva York: Springer Praxis Books, 2015).

280 «una máquina de Rube Goldberg encima de la pesadilla de un fontanero»: Swenson, Grimwood y Alexander, *This New Ocean*, p. 411.

280 corría varios kilómetros todos los días: Tom Wolfe, *The Right Stuff*, p. 128.

280 salida de la cápsula dentro del agua: «Entrenamiento de los astronautas en Langley», http://crgis.ndc.nasa.gov/historic/Astronaut_Training.

281 cientos de misiones simuladas: Kraft, *Flight*.

281 hicieron que la fecha se retrasara: Swenson, Grimwood y Alexander, This New Ocean, pp. 273-83.

282 desconfiaban de las computadoras: David A. Mindell, *Digital Apollo* (Cambridge, MA: The MIT Press, 2008), p. 175.

284 un científico negro llamado Dudley McConnell: Sylvia
     Doughty Fries, *NASA Engineers in the Age of Apollo*,
     Washington, DC: NASA, 1992.

285 en el Proyecto Centauro: Annie Easley, entrevista con
     Sandra Johnson, JSC, 21 agosto 2001.

285 graduada de la Universidad Howard llamada Melba Roy:
     Alice Dunnigan, «Dos mujeres ayudan a marcar el cami-
     no de los astronautas», *Norfolk Journal and Guide*, 6 julio
     1963.

285 Hoover había trabajado en el Departamento de Meteoro-
     logía: Ibíd.

286 cálculos utilizados en el Proyecto Scout: Golemba, «Com-
     putistas humanas», p. 121.

287 «científicos locos»: Hansen, *Spaceflight Revolution*, p. 345.

289 un kilovatio por segundo: Saul Gass, «Sistema computa-
     cional y de flujo de datos en tiempo real en el Proyecto
     Mercury», IBM, 1961.

290 proponía echar la culpa a los cubanos: James Bamford,
     Body of Secrets, (Nueva York: Anchor Books, 2001, ed.
     Kindle), p. 1525.

291 rodeada de pilas de hojas de datos: Entrevista a Johnson,
     27 septiembre 2013.

291 misión de tres órbitas: Swenson, Grimwood y Alexander,
     This New Ocean.

291 pasó un día y medio: Entrevista a Johnson, 27 septiembre
     2013.

292 El 20 de febrero amaneció con cielos despejados: Burgess,
     Friendship 7.

292 Ciento treinta y cinco millones de personas: Ibíd.

292 las temperaturas de 1600 grados: Ibíd.

293 sesenta y cuatro kilómetros más allá: Ibíd.

293 «nuestro As del espacio»: Izzy Rowe, «El cuaderno de Izzy
     Rowe», *Pittsburgh Courier*, 10 marzo 1962.

293 Treinta mil residentes: Hansen, *Spaceflight Revolution*, p. 77.

294 un desfile de cincuenta: Ibíd.

294 recorrió un camino de treinta y cinco kilómetros: Ibíd.

294 la hija de Katherine Johnson, y Kenneth, el hijo de Dorothy Vaughan: Entrevistas con Joylette Goble Hylick, Kenneth Vaughan y Christine Mann Darden.

294 PUEBLO ESPACIAL DE EE. UU.: Hansen, *Spaceflight Revolution*, p. 80.

295 «Katherine Johnson: ¡madre, esposa y profesional!»: «La mujer matemática que desempeñó un papel fundamental en el vuelo espacial de Glenn», *Pittsburgh Courier*, 10 marzo 1962.

295 «¿Por qué no hay astronautas negros?»: *Pittsburgh Courier*, 10 marzo 1962.

CAPÍTULO 22: AMÉRICA ES PARA TODOS

297 «América es para todos»: Departamento de Trabajo de Estados Unidos, abril 1963.

297 aterrizó en la mesa de Katherine Johnson en mayo 1963: John P. Scheldrup a Edward Maher, 15 mayo 1963, NARA Phil.

297 «ocupaban cargos de responsabilidad»: Ibíd.

298 «analizando trayectorias lunares»: «América es para todos».

298 en la Norteamérica inglesa de 1619: Robert Brauchle, «Virginia cambia el lugar donde llegaron los primeros africanos en 1619», *Daily Press*, 19 agosto 2015. Durante años, Jamestown se consideró el primer lugar donde veintitantos africanos habían llegado como esclavos a la zona angloparlante de Norteamérica, pero una investigación reciente ha revelado que desembarcaron en Old Point Comfort, en Hampton, lugar donde en la actualidad se encuentra el Fuerte Monroe.

298 en 1963 con un vuelo de veintidós órbitas: Swenson, Grimwood y Alexander, *This New Ocean*, p. 494.

299 Dorothy Height, John Lewis, Daisy Bates y Roy Wilkins: Aunque las mujeres desempeñaron un papel fundamental entre bambalinas ayudando a organizar los acontecimientos del día, a ninguna se le dio un papel público prominente aquel día.

299 trescientas mil personas: Branch, *Parting the Waters*, p. 878.

299 *He's Got the Whole World in His Hands:* Marian Anderson en el escenario durante la Marcha de Washington de 1963, https://www.youtube.com/watch?v=2HfNovwcaX8.

299 W. E. B. Du Bois había muerto esa mañana: Branch, *Parting the Waters*, p. 878.

300 «Querida señora Vaughan»: Floyd L. Thompson a Dorothy J. Vaughan, 8 julio 1963, archivo de personal de Vaughan.

300 una insignia esmaltada y dorada: Ibíd.

300 «muy pocos negros»: Floyd L. Thompson a James E. Webb, 29 diciembre 1961, NARA Phil.

301 «movilidad social y económica»: Fries, *NASA Engineers in the Age of Apollo*, p. 1385.

301 «sueños de trabajar en la NASA»: Ibíd.

306 se quedó literalmente dormida al volante: Warren, *Black Women Scientists in the United States*, p. 144.

CAPÍTULO 23:
DONDE NADIE HA PODIDO LLEGAR

307 unas cien mujeres negras: Entrevista a Johnson, 27 septiembre 2013.

308 algunas permanecían frente a la pantalla: Ibíd.

308 un total de 600 millones de personas: Scott Christianson, «Cómo el plan de vuelo de la NASA describió el aterrizaje

en la Luna del Apolo 11», *Smithsonian*, 24 noviembre 2015, http://www.smithsonianmag.com/us-history/apollo-11-flight-plan-180957225/?no-ist.

308 cuatrocientos mil: «Contribuciones del Centro de Investigación de la NASA en Langley al Programa Apolo», http://www.nasa.gov/centers/langley/news/factsheets/Apollo.html.

309 la conferencia de fin de semana: «39.ª Conferencia Regional del Medio Oeste de las Alfa Kappa Alfa en LU», *Langston University Gazette*, julio 1969.

309 treinta y cinco grados en Hampton: «Historial climático de Hampton», Virginia, Almanac.com.

309 un auto lleno de mujeres: Entrevista a Johnson, 15 septiembre 2015.

310 vestidas de rosa y verde: El rosa y el verde son los colores oficiales de Alfa Kappa Alfa.

310 las jóvenes más prometedoras:

310 centro de formación laboral: Ibíd.

310 treinta y tres habitaciones: Matt Birkberk, *Deconstructing Sammy: Music, Money and Madness* (Nueva York: HarperCollins, 2008), p. 162.

310 había comprado el terreno con su socio judío: Wendy Beech, *Against All Odds: Ten Entrepreneurs Who Followed Their Hearts and Found Success* (Nueva York: Wiley, 2002), p. 204.

310 El Hillside salía anunciado: El Hillside era un pilar de estas publicaciones negras y su pequeño anuncio en blanco y negro aparecía con regularidad. «HILLSIDE INN, famoso hotel de Pensilvania en el corazón de las montañas Pocono, con habitaciones climatizadas, piscina, televisión en color…».

311 pastel de batata y la tarta de melocotón del postre: Lawrence Louis Squeri, *Better in the Poconos: The Story of Pennsylvania's Vacationland* (University Park, PA: Pennsylvania State Press, 2002), p. 182.

311 estudiantes en facultades negras del sur: Ibíd.

312 encendió la mecha a las 9:37 a.m.: Cobertura informativa de la CBS del lanzamiento del Apolo 11, 17 julio 1969, https://www.youtube.com/watch?v=yDhcYhrCPmc.

312 Walter Cronkite, de la CBS, emplearan términos: Ibíd.

313 el todopoderoso cohete Saturno V consumía: Ibíd.

313 24 000 millones de dólares: Ibíd.

315 la humillación sufrida por Ed Dwight: Richard Paul y Steven Moss, *We Could Not Fail: The First African Americans in the Space Program* (Austin: University of Texas Press, 2015), p. 1902.

317 una gala benéfica de la NAACP por los derechos civiles: Entrevista a Nichelle Nichols con Neil deGrasse Tyson, StarTalk Radio, 11 julio 2011, http://startalkradio.net/show/a-conversation-with-nichelle-nichols/.

317 «su mayor fan»: Ibíd.

317 cara a cara con el doctor Martin Luther King: Ibíd.

317 la cuarta al mando de la nave: Ibíd.

317 le pidió que rompiera su carta de dimisión: Ibíd.

318 la curiosidad siempre superaba al miedo: Entrevista a Moore.

318 Finalmente, a las 10:38 p.m.: Cobertura informativa de la CBS del aterrizaje lunar del Apolo 11, https://www.youtube.com/watch?v=E96EPhqT-ds.

318 Neil Armstrong elevaba al 90 por ciento: Neil Armstrong, entrevista con Alex Malley, 2011, https://www.youtube.com/watch?v=jfj2jqpst_Q.

319 «Hay que confiar en que se realice el progreso»: Entrevista a Johnson, 27 diciembre 2010.

319 nacida en una época en la que era más probable: «Censo estadounidense de 1920», estadística de la población.

320 daba la vuelta a la Luna cada noventa minutos: Richard Orloff, *Apollo by The Numbers: A Statistical Reference*, Washington, DC: NASA, 2005, http://histry.nasa.gov/SP-4029/Apollo_18-01_General_Background.htm.

320 trazar el camino hasta Marte: Entrevista a Johnson, 3 enero 2011; Harold A. Hamer y Katherine G. Johnson, «Procedimientos simplificados de viaje interplanetario utilizando mediciones ópticas a bordo», Centro de Investigación de Langley, mayo 1972, NTRS.

320 «gran viaje»: J. W. Young y M. E. Hannah, «Misiones alternativas en múltiples planetas utilizando una secuencia de vuelo de Saturno a Júpiter», Centro de Investigación de Langley, diciembre 1973, NTRS. Marge Hannah y John Young recibieron premios de logros en la NASA por este trabajo. Ver «El Comité del premio Reid selecciona los mejores ensayos para las menciones de honor», (Langley Researcher, noviembre de 1974), p. 5; obituario de John Worth, http://www.memorialsolutions.com/sitemaker/memsol_data/2061/1292572/1292572_2061.pdf.

EPÍLOGO

322 «Disfruté cada día»: Entrevista a Johnson, 27 diciembre 2010.

322 su mayor contribución al programa espacial: Entrevista a Johnson, 27 septiembre 2013.

322 ¿Y qué haces cuando se apagan los ordenadores?: Warren, *Black Women Scientists in the United States*, p. 144.

322 el primero de una serie de informes: Harold A. Hamer y Katherine G. Johnson, «Un método de guía utilizando una única medición óptica a bordo», Centro de Investigación de Langley, octubre 1970.

323 con el terminador de la Tierra: Nancy Atkinson, «13 cosas que salvaron al Apolo 13, sexta parte: Guiarse por el terminador de la Tierra», UniverseToday.com, 16 abril 2010.

323 «Alaban sin cesar»: James L. Hicks, «Negros con papeles

clave en la carrera espacial de Estados Unidos», New York Amsterdam News, 8 febrero 1958.

324 un instituto de ciencias, tecnología, ingeniería y matemáticas que lleva su nombre: La Academia Alfa de Fayetteville, Carolina del Norte, quiere inaugurar su Instituto Katherine G. Johnson de ciencias en 2016.

326 «Cohetes, disparos a la Luna, gástenlo en los que no tienen nada»: James Nyx hijo y Marvin Gaye, «Inner City Blues,» en *What's Going On*, New York: Sony/ATV Music Publishing, 1971.

327 «la contaminación, el daño ecológico, la escasez energética y la carrera armamentística»: Robert Ferguson, *NASA's First A: Aeronautics from 1958 to 2008*, Washington, DC: NASA, 2012.

327 «la sal en las heridas»: Ibíd.

327 «gran saco de dinero»: Alan Wasser, «La carrera espacial de Lyndon Johnson: Lo que no sabíamos entonces, segunda parte», *Space Settlement Institute*, 27 junio 2005, http://www.thespacereview.com/article/401/1.

327 cancelar su programa de transporte supersónico: Christine M. Darden, «Transporte supersónico asequible: ¿Está cerca?». Conferencia de la Sociedad Japonesa de la Aeronáutica y las Ciencias Espaciales, Yokohama, Japón, 9-11 octubre 2002.

327 un «momento Apolo»: Hansen, *Spaceflight Revolution*, 102.

327 «hacían ladrar a los perros»: Lawrence R. Benson, *Quieting the Boom: The Shaped Sonic Boom Demonstrator and the Quest for Quiet Supersonic Flight* (Washington, DC: NASA, 2013), p. 8.

328 «muerte de mascotas y la locura del ganado»: Ibíd., p. 7.

328 164 millones: «Exploración aeronáutica: Introducción a las ciencias aeronáuticas desarrollada en el Centro de investigación Lewis de la NASA», Centro de Investigación Lewis, 1971, p. 1.

328 Langley anunció una reorganización: Edgar M. Cortright, «Reorganización del Centro de investigación de Langley», 24 septiembre 1970.

328 a 3853, de los 4485 empleados: Hansen, *Spaceflight Revolution*, p. 102.

329 «el acceso rutinario, rápido y económico al espacio»: «Décimo aniversario del vuelo espacial de John Glenn», *Langley Researcher*, 3 marzo 1972.

329 dio clases de FORTRAN: Archivo de personal de Jackson.

330 Pronunció tantos discursos: «Departamento de Oradores», *Langley Researcher*, 20 febrero 1976.

330 «Tenemos que hacer algo así»: «Perfiles personales», *Langley Researcher*, 2 abril 1976.

330 organizó la fiesta de jubilación de Kazimierz Czarnecki: «Fiestas de jubilación», *Langley Researcher*, 15 diciembre 1978.

331 había escrito y coescrito doce ensayos: Mary Jackson, «Mary W. Jackson, Coordinadora del Programa Federal de Mujeres», LHA, octubre 1979.

331 Aquello contrastaba con Goddard: Dunnigan, «Dos mujeres ayudan a marcar el camino de los astronautas».

331 «colocar a una mujer en al menos una»: Edgar Cortright a Grove Webster, «La NASA planea atraer a más mujeres cualificadas para puestos del gobierno», 11 junio 1971, NARA Phil.

331 las mujeres solo podían jugar durante la jornada: Sharon H. Stack, entrevista personal, 22 abril 2014.

331 había alcanzado el techo de cristal: Entrevista a Champine.

332 desempeñado un papel clave para unificar: Programa del obituario de Mary Winston Jackson, 17 febrero 2005, en posesión de la autora.

332 consejera de empleo en igualdad de oportunidades: «Conoce a los asesores de empleo: Mary Jackson», *Langley Researcher*, 23 junio 1972.

332 Comité asesor del Programa Federal de Mujeres de Langley: «Comité asesor», *Langley Researcher*, 11 mayo 1973.

333 «fantasía de que solo los hombres estaban cualificados: Fries, «La historia de las mujeres en la NASA».

334 «los padres de todos tenían un avión»: Gloria Champine, entrevista personal, 23 julio 2014.

334 las «locuras»: Gloria Champine, «XB-15: El primero de los grandes bombarderos de la Segunda Guerra Mundial», página web de la historia de la NASA, http://crgis.ndc.nasa.gov/historic/XB-15. La tripulación del padre de Gloria trabajó con el jefe de pilotos de prueba de la NASA, Melvin Gough, y con un joven Robert Gilruth para redactar el informe «Características a mejorar en el avión Boeing XB-15 (Cuerpo del aire n.º 35-277), de M. N. Gough y R. R. Gilruth».

335 «No paraban de ponerte a prueba»: Entrevista a Champine.

335 «la cabeza dura y los hombros fuertes»: Gloria Champine, entrevista con Sandra Johnson, JSC, 1 mayo 2008.

335 Gloria la llevó a conocer: «La mejor igualdad de empleo», *Langley Researcher*, 20 julio 1973.

335 «mantuviera alejada de las cosas de mujeres»: Entrevista a Champine, 1 mayo 2008.

335 Fue una decisión que le ayudó: Claudia Goldin, «La mano de obra femenina y el crecimiento económico americano, 1890-1980», en *Long-Term Factors in American Economic Growth*, de Stanley L. Engerman y Robert E. Gallman (Chicago: University of Chicago Press, 1986), pp. 557-604.

337 «Siempre nos pareció genial»: Wanda Jackson, entrevista telefónica, 15 febrero 2016.

337 «La península ha perdido recientemente a una mujer valiente»: Gloria Champine, «Mary Jackson», página web de la NASA, febrero 2005, http://crgis.ndc.nasa.gov/crgis/images/4/4a/MaryJackson.pdf.

338 Era «mortal»: Fries, *NASA Engineers in the Age of Apollo*, p. 1741.

338 sacarla del tablero un hombre negro: Christine Darden, *The History Makers*.

339 «¿Por qué los hombres tienen puestos en grupos de inge-
     niería?»: Entrevista a Darden.

339 «Bueno, nunca se ha quejado nadie»: Ibíd.

339 una «excelente matemática»: John Becker, entrevista perso-
     nal, 10 agosto 2014; Golemba, «Computistas humanas», p. 4.

339 se denominaba a sí mismo «fanático de las alas»: «David
     Earl Fetterman hijo», *Daily Press*, 5 marzo 2003.

340 Hicieron falta tres años de trabajo: Christine M. Darden,
     «Minimización de los parámetros de estampido sónico en
     atmósferas reales e isotérmicas», Centro de Investigación
     de Langley, 1975.

340 con sesenta publicaciones y presentaciones técnicas:
     Warren, *Black Women Scientists in the United States*,
     p. 78.

340 siete hombres y una mujer: Christine Darden, entrevista
     personal, 12 febrero 2012; Christine Darden, «Crecer en
     el Sur durante el caso Brown contra la Junta», Discurso
     de inauguración de la Universidad Old Dominion, 15
     diciembre 2012, http://justiceunbound.org/carousel/
     growing-up-in-the-south-during-brown-v-board/.

340 «compaginando su labor como madre de Girl Scouts»:
     Warren, *Black Women Scientists in the United States*,
     p. 77.

341 Gloria Champine admiraba la inteligencia de Christine Dar-
     den: Gloria Champine, entrevista personal, 23 julio 2014.

342 «Suponía un ascenso»: Entrevista a Hammond, 4 abril
     2014.

342 fue a parar a Roger Butler: Cortright, «Reorganización del
     Centro de Investigación de Langley».

342 Sara Bullock la computista del este: Ibíd.

342 En 1971, seguía sin haber mujeres: Ibíd.

342 Accedió a regañadientes: Entrevista a Hammond, 3 abril
     2014.

BIBLIOGRAFÍA

FUENTES

Fuentes de archivos

Los archivos del Centro de Investigación de Langley, Hampton, Virginia.

Los archivos del *Daily Press*, Biblioteca de Newport News, Sucursal Main Street, Newport News, Virginia. Disponibles solo en microficha.

Los archivos del *Farmville Herald*, Longwood College, Farmville, Virginia. Disponibles solo en microficha.

Los archivos Nacionales y Administración de Documentos de los Estados Unidos (NARA), Instalaciones regionales:

College Park, Maryland: Registros de la Administración Nacional de Aeronáutica y del Espacio; Registros del Departamento de Educación de los Estados Unidos; Registros de la Fair Employment Practices Commission.

Filadelfia, Pensilvania: Registros de la Administración Nacional de Aeronáutica y el Espacio (RG 255); Registros de la US Civil Service Commission (RG 146); Registros de la War Manpower Commission (RG 211).

Fort Worth, Texas: Registros de la Administración Nacional de Aeronáutica y el Espacio (RG 255), Serie de los informes de trabajo Project Mercury, núm. 104, 106, 191, 207, 212 y 217.

St. Louis, Missouri: National Personnel Records Center (NPRC). Los documentos del NPRC de los empleados difuntos del Servicio Civil están disponibles mediante petición escrita. Todos los registros de personal citados en este texto vienen de este archivo.

Los archivos de la Universidad de Hampton, Hampton, Virginia.

Los archivos de la Universidad de West Virginia State, Instituto, Virginia Occidental.

La oficina de Historia de la Administración Nacional de Aeronáutica y el Espacio, Washington, DC (Ubicada en la sede de la NASA). http://history.nasa.gov/hqinventory.pdf.

Fuentes en línea

Ancestry.com. Ancestry.com era la fuente de datos de la Oficina del Censo; los registros de casamiento, nacimiento y defunción; y directorios locales de teléfono.

Baltimore Afro-American. Archivo accedido por Google Books.

Canal de Youtube NASA Langley. Videos consultados en este canal incluyen entrevistas con Christine Darden, W. Hewitt Philipps, Richard Whitcomb y entrevistas en grupos con excomputistas (*When Computers Were Human* y *Panel Discussion with Women Computers*, moderado por James R. Hansen).

«Hampton Roads Embarkation Series, 1942–1946», US Army Signal Corps Photograph Collection Signal Corps Photograph Collection, Biblioteca de Virginia (HRE), http://www.lva.virginia.gov/exhibits/treasures/arts/art-m12.htm.

Johnson Space Center Oral History Project (JSC), http://www.
jsc.nasa.gov/history/oral_histories/oral_histories.htm. Las
historias orales consultadas en esta colección incluyen
Harold Beck, John Becker, Jerry Bostick, Stefan Cavallo,
Gloria Champine, Beverly Swanson Cothren, Annie Easley,
John H. Glenn, Jane Hess, Claiborne Hicks, Shirley H.
Hinson, Eleanor Jaehnig, Harriet Jenkins, Eldon Kordes,
Christopher Kraft, Mary Ann Johnson, Dorothy B. Lee, Glynn
Lunney, Charles Matthews, Catherine T. Osgood, Emil
Schiesser, Alan Shepard, Milton Silveira y Ruth Hoover
Smull.

NASA History Series publications (NH). El surtido de publicaciones de la historia de NASA es impresionante. La mayoría, incluyendo cada publicación en la lista de libros abajo,
están disponibles gratis en formato PDF y libro digital en
http://history.nasa.gov/series95.html.

NASA Langley Archives Collection (LAC), http://crgis.ndc.
nasa.gov/historic/Langley_Archives_Collection. Se consul-
taron los siguientes recursos: Langley Employee Newsletters
(*LMAL Bulletin* (1942–1944); *Air Scoop* (1945–1962); *Langley Researcher* (1963–el presente); directorios de teléfono
de Langley; Historias orales y entrevistas (historias orales y
entrevistas consultadas para el libro incluyen Ira Abbott,
John Becker Butler, T. Melvin Butler, Mary Jackson, W.
Kemble Johnson, Arthur Kantrowitz y Pearl Young); P-51
Mustang Archives Collection; y las páginas de Langley His-
toric Site and Building.

NASA Technical Reports Server (NTRS), http://ntrs.nasa.gov/.
Esta base de datos que permite búsquedas extensas contiene la mayor parte de los informes de investigación producidos por NACA y NASA desde su incepción hasta el día
de hoy.

National Visionary Leadership Project (NVLN). Este archivo de videos contiene entrevistas con afroamericanos prominentes de más de setenta años. Entrevistas consultadas incluyen las de Oliver Hill y Katherine Johnson.

New York Age. Archivos accedidos por Newspapers.com.

Norfolk Journal and Guide. Archivos accedidos por el sitio de la web de la Biblioteca de Virginia, http://www.lva.virginia.gov/.

Pittsburgh Courier. Archivos accedidos por Newspapers.com.

The History Makers. Este archivo de video que permite búsquedas se dedica a las historias orales de afroamericanos contemporáneos prominentes. Entrevistas consultadas para el libro incluyen Christine Darden, Katherine Johnson, Woodrow Wilson y James E. West; http://www.the-historymakers.com/taxonomy/term/7298.

ENTREVISTAS PERSONALES

John Becker, Lynchburg, VA.

George M. Brooks, Newport News, VA.

Thomas Byrdsong, Newport News, VA; 4 octubre 2014.

Gloria R. Champine, Newport News, VA; 24 enero 2014; 2 abril 2014.

Robert S. Conte, White Sulphur Springs, WV.

Christine M. Darden, Hampton, VA; 3 mayo 2012.

Joylette Hylick Goble, Mount Laurel, NJ.

Ann Vaughan Hammond, Hampton, VA; 2 abril 2014; 30 junio 2014.

Miriam Mann Harris, Winston-Salem, NC.

Jane Hess, Newport News, VA.

Wythe Holt, Hampton, VA: 20 julio 2014.

Wanda Jackson, Hampton; VA.

Eleanor Jaehnig.

James A. Johnson, Newport News, VA; 11 junio 2011.

Janice Johnson, Hampton, VA; 3 abril 2014.

Katherine G. Johnson, Newport News, VA; 27 diciembre 2010; 6 marzo 2011; 11 marzo 2011; 17 septiembre 2011; 27 septiembre 2011; 27 septiembre 2013.

Edwin Kilgore, Newport News, VA; 3 abril 2014.

Elizabeth Kittrell, Yorktown, VA.

Kathaleen Land, Hampton, VA; 19 diciembre 2010.

Janet Mackenzie, 9 octubre 2015, Newport News, VA.

Katherine Goble Moore, Greensboro, NC: 13 abril 2014; 7 julio 2014; 7 febrero 2015.

Christine Richie, Newport News, VA.

Debbie Schwarz Simpson; 12 septiembre 2012.

Sharon Stack, Gloucester, VA; 22 abril 2014.

Elizabeth Kittrell Taylor, Yorktown, VA; 12 julio 2014.

Donna Speller Turner, 8 marzo 2014.

Kenneth Vaughan, Hampton, VA; 2 abril 2014.

Leonard Vaughan, Hampton, VA; 23 abril 2014.

Michelle Webb, Hampton, VA; 19 febrero 2016.

Barbara Weigel, Newport News, VA.

Jerry Woodfill, Houston, TX.

TRANSCRIPCIONES DE HISTORIAS ORALES

Documentos inéditos

Beck, Harold. «Project Mercury Planning Activities from 1958 through 1962», mayo 2016. Documentos inéditos en posesión del autor.

—. «Organization Timeline», mayo 2016.

Champine, Gloria. *He's Got the Right Stuff*, 2014.

Fox, Dewey W. *A Brief Sketch of the Life of Miss Dorothy L. Johnson*. West Virginia African Methodist Episcopal Sunday School Convention, 1926. Folleto en posesión del autor.

Jackson, Mary. Obituario.

Newsome Park Reunion, 12 septiembre 2005.

Newsome Park Reunion: The Legacy of a Village, 6 septiembre 2006.

«Notes on Space Technology», Langley Research Center, 1958, NTRS, http://ntrs.nasa.gov/archive/nasa/casi.ntrs.nasa.gov/19740074640.pdf.

Vaughan, Dorothy. Biografía, sin fecha.

LIBROS PRINCIPALES Y MONOGRAFÍAS

Anderson, Jervis. *A. Philip Randolph: A Biographical Portrait*. Berkeley: University of California Press, 1986.

Anderson, Karen. *Wartime Women: Sex Roles, Family Relations, and the Status of Women During World War II*. Westport, CT: Greenwood Press, 1981.

Baals, Donald D. y William R. Corliss. *Wind Tunnels of NASA*. Washington, DC: La Oficina de Historia de la NASA, 1981.

Becker, John V. *The High Speed Frontier: Case Histories of Four NACA Programs, 1920–1950*. Washington, DC: Administración Nacional de Aeronáutica y el Espacio, 1980.

Bilstein, Roger. *Orders of Magnitude: A History of the NACA and NASA, 1915–1990*. Washington, DC: Administración Nacional de Aeronáutica y el Espacio, 1989.

Blood, Kathryn. *Negro Women War Workers*. Washington, DC: Departamento de Trabajo de Estados Unidos, 1945.

Branch, Taylor. *Parting the Waters: America in the King Years 1954–63*. Nueva York: Simon & Schuster, 2007.

Burgess, Colin. *Friendship 7: The Epic Orbital Flight of John H. Glenn, Jr.* Nueva York: Springer Praxis Books, 2015.

Carpenter, M. Scott, Cooper, Gordon L. et al. *We Seven by the Astronauts Themselves*. Nueva York: Simon & Schuster, 1962.

Chambers, Joseph R. *The Cave of the Winds: The Remarkable Story of the Langley Full-Scale Wind Tunnel*. Washington, DC: Administración Nacional de Aeronáutica y el Espacio, 2014.

Clauser, F. H. *Preliminary Design of a World Circling Spaceship.* Santa Monica, CA: RAND Corp., 1947.

Conte, Robert S. *The History of the Greenbrier: America's Resort.* Parkersburg, PA: Trans Allegheny Books, 1989.

Cooper, Henry S. F. Jr. *Thirteen: The Apollo Flight That Failed.* Baltimore: Johns Hopkins University Press, 1995.

Davis, Thulani. *1959.* Nueva York: Grove Press, 1992.

Deighton, Len. *Goodbye Mickey Mouse.* Nueva York: Knopf, 1982.

Dudziak, Mary L. *Cold War Civil Rights: Race and the Image of American Democracy.* Princeton, NJ: Princeton University Press, 2007.

Engs, Robert Francis. *Freedom's First Generation: Black Hampton, Virginia, 1861–1890.* Filadelfia: Universidad de Pensilvania, 1979.

Fairfax, Colita Nichols. *Hampton, Virginia.* Charleston, SC: Arcadia Publishing, 2005.

Fries, Sylvia Doughty. *NASA Engineers in the Age of Apollo.* Washington, DC: Administración Nacional de Aeronáutica y el Espacio, 1992.

Gass, Saul I. «Project Mercury Real-Time Computation and Data Flow System». Washington DC: International Business Machines Corporation, 1961. https://www.computer.org/csdl/proceedings/afips/1961/5059/00/50590033.pdf.

Golemba, Beverly E. «Human Computers: The Women in Aeronautical Research». Tesis doctoral, St. Leo College, 1994, disponible en NASA Cultural Resources, http://crgis.ndc.nasa.gov/crgis/images/c/c7/Golemba.pdf.

Grier, David Alan. *When Computers Were Human.* Princeton, NJ: Princeton University Press, 2005.

Grimwood, J. M., C. C. Alexander y L. S. Swenson Jr. *This New Ocean: A History of Project Mercury.* Washington DC Administración Nacional de Aeronáutica y el Espacio, 1966.

Hansen, James R. *Engineer in Charge: A History of the Langley Aeronautical Laboratory, 1917–1958*. Washington, DC: Administración Nacional de Aeronáutica y el Espacio, 1987.

Hansen, James R. *Spaceflight Revolution: NASA Langley Research Center from Sputnik to Apollo*. Washington, DC: Administración Nacional de Aeronáutica y el Espacio, 1995.

Harris, Ruth Bates. *Harlem Princess: The Story of Harry Delanay's Daughter*. Nueva York: Vantage Press, 1991.

Herman, Arthur. *Freedom's Forge: How American Business Produced Victory in World War II*. Nueva York: Random House Publishing Group, 2012.

Holt, Natalia. *Rise of the Rocket Girls: The Women Who Propelled Us, from Missiles to the Moon to Mars*. Nueva York: Little, Brown, 2016.

Hoover, Dorothy. *A Layman Looks With Love at Her Church*. Filadelfia: Dorrance, 1970.

Kalme, Albert P. «Racial Desegregation and Integration in American Education: The Case History of West Virginia State College, 1891–1973». Tesis doctoral, Universidad de Ottawa, 1976.

Kessler, James H. et al. *Distinguished African American Scientists of the 20th Century*. Westport, CT: Greenwood Publishing, 1996.

Kraft, Christopher C. *Flight: My Life in Mission Control*. Nueva York: Dutton, 2001.

Kranz, Gene. *Failure Is Not an Option*. Nueva York: Simon & Schuster, 2001.

Krislov, Samuel. *The Negro in Federal Employment: The Quest for Equal Opportunity*. Nueva Orleans: Quid Pro Quo Books, 2012.

Lewis, Earl. *In Their Own Interests: Race, Class and Power in Twentieth-Century Norfolk, Virginia*. Berkeley: University of California Press, 1991.

Margo, Robert. *Race and Schooling in the South, 1880–1950: An Economic History*. Chicago: University of Chicago Press, 1950.

Marsh, Charles F., ed. *The Hampton Roads Communities in World War II*. Chapel Hill: University of North Carolina Press, 1951/2011.

McDougall, Walter A. *The Heavens and the Earth: A Political History of the Space Age*. Baltimore: Johns Hopkins University Press, 1997.

McNeil, Genna Rae. *Groundwork: Charles Hamilton Houston and the Struggle for Civil Rights*. Filadelfia: University of Pennsylvania Press, 1983.

Michener, James A. *Space: A Novel*. Nueva York: Random House, 1982 [*Espacio/Space*. Cincinnati: AIMS International Books Corp, 1983].

Moulton, Forest Ray. *Celestial Mechanics*. Nueva York: The Macmillan Company, 1914.

Muse, Benjamin. *Virginia's Massive Resistance*. Bloomington: Indiana University Press, 1956.

Myrdal, Gunnar. *An American Dilemma: The Negro Problem and Modern Democracy*. Nueva York: Harper, 1944.

Pearcy, Arthur. *Flying the Frontiers: NACA and NASA Experimental Aircraft*. Annapolis, MD: Naval Institute Press, 1993.

Phillipps, William Hewitt. *Journey in Aeronautical Research: A Career at NASA Langley Research Center*. Washington, DC: Administración Nacional de Aeronáutica y el Espacio, 1998.

—. *Journey into Space Research: Continuation of a Career at NASA Langley Research Center*. Washington, DC: Administración Nacional de Aeronáutica y el Espacio, 2005.

Powers, Sheryll Goecke. *Women in Flight Research at NASA Dryden Flight Research Center from 1946 through 1995*. Washington, DC: Administración Nacional de Aeronáutica y el Espacio, 1997.

Reginald, William. *The Road to Victory: A History of Hampton Roads Port of Embarkation in World War II*. Newport News, VA: La ciudad de Newport News, 1946.

Rice, Connie Park. *Our Monongalia: A History of African Americans in Monongalia County, West Virginia*. Terra Alta, WV: Headline Books, 1999.

Roland, Alex. *Model Research: The National Advisory Committee for Aeronautics, 1915–1958*. Washington, DC: Administración Nacional de Aeronáutica y el Espacio, 1985.

Rossiter, Margaret W. *Women Scientists in America: Before Affirmative Action 1940–1972*. Baltimore: Johns Hopkins University Press, 1995.

Rouse, Jr. Parke S. *The Good Old Days in Hampton and Newport News*. Petersburg, VA: Dietz Press, 2001.

Smith, Bob. *They Closed Their Schools: Prince Edward County, Virginia, 1951–1964*. Chapel Hill: University of North Carolina Press, 1965.

Sparrow, James T. *Warfare State: World War II Americans and the Age of Big Government*. Nueva York: Oxford University Press, 2011.

Stillwell, Wendell H. *X-15 Research Results*. Washington, DC: Administración Nacional de Aeronáutica y el Espacio, 1964.

Warren, Wini. *Black Women Scientists in the United States*. Bloomington: Indiana University Press, 2000.

Wolfe, Tom. *The Right Stuff*. Nueva York: Macmillan, 2004 [*Elegidos para la gloria: lo que hay que tener*, Barcelona: Anagrama, 1984].

Woodbury, Margaret Claytor y Ruth C. Marsh. *Virginia Kaleidoscope: The Claytor Family of Roanoke, and Some of Its Kinships, from First Families of Virginia and Their Former Slaves*. Ann Arbor, MI: Ruth C. Marsh, 1994.

Wright, Gavin. *Sharing the Prize: The Economics of the Civil Rights Revolution in the American South*. Cambridge, MA: Harvard University Press, 2013.

Artículos

Bailey, Martha J. y William J. Collins. «The Wage Gains of African-American Women in the 1940s». National Bureau of Economic Research, 2004, http:// www.nber.org/papers/w10621.pdf.

Branson, Herman. «The Role of the Negro College in the Preparation of Technical Personnel for the War Effort». *The Journal of Negro Education*, julio 1942, pp. 297–303.

Burgess, P. R. «Uncle Sam's Eagles Saved Hampton». *Richmond Times Dispatch*, 13 enero 1935.

Collins, William J. Race. «Roosevelt and Wartime Production: Fair Employment in World War II Labor Markets». *American Economic Review* 91, núm. 1 (marzo 2001): pp. 272–286.

Dabney, Virginius. «To Lessen Race Friction». *Richmond Times-Dispatch*, 13 noviembre 1943.

Darden, Christine M. «Affordable Supersonic Transport: Is It Near?». Una conferencia de la Sociedad de Ciencias Aeronáuticas y Espaciales de Japón, Yokohama, Japón, 9–11 octubre 2002.

Davis, John A. y Cornelius Golightly. «Negro Employment in the Federal Government». *Phylon* 6, núm. 4 (1945): pp. 337–46.

Dunnigan, Alice A., «Two Women Help Chart the Way for the Astronauts». *Norfolk Journal and Guide*, 6 julio 1963.

«Four Women "Engineers" Begin Jobs». *Norfolk Journal and Guide*, 22 mayo 1943.

Frazier, Lisa. «Searching for Dorothy». Washington Post, 7 mayo 2000.

«Funeral Services Held for James F. Goble». *Norfolk Journal and Guide*, 29 diciembre 1956.

Gainer, Mary E. y Robert C. Moyer. «Chasing Theory to the Edge of Space: The Development of the X-15 at NACA Langley Aeronautical Laboratory». *Quest Spaceflight Quarterly*, núm. 2, 2012.

Goldstein, Richard. «Irene Morgan Kirklady, 90, Rights Pioneer, Dies». *New York Times*, 1 agosto 2007.

Gup, Ted. «The Ultimate Congressional Hideaway». *Washington Post*, 31 mayo 1992.

Hall, Jacqueline Dowd. «The Long Civil Rights Movement and the Political Uses of the Past». *The Journal of American History*, marzo 2005, pp. 1233–63.

Hall, Phyllis A. «Crisis at Hampton Roads: The Problems of Wartime Congestion, 1942–1944». *The Virginia Magazine of History and Bibliography*, julio 1993, pp. 405–32.

Heinemann, Ronald L. «The Byrd Legacy: Integrity, Honesty, Lack of Imagination, Massive Resistance». *Richmond Times-Dispatch*, 25 agosto 2013.

Hine, Darlene Clark. «Black Professionals and Race Consciousness: Origins of the Civil Rights Movement, 1980–1950». *Journal of American History*, marzo 2003, pp. 1279–94.

«Lady Mathematician Played Key Role in Glenn Space Flight. *Pittsburgh Courier*, 10 marzo 1962.

Lawrence, Dave. «Langley Engineer Is Remembered for Part in History». *Daily Press*, 21 agosto 1999.

Lewis, Shawn D. «She Lives with Wind Tunnels». *Ebony Magazine*, agosto 1977, p. 116.

Light, Jennifer S. «When Computers Were Women». *Technology and Culture*, julio 1999, pp. 455–83.

McCuiston, Fred. «The South's Negro Teaching Force». *The Journal of Negro Education*, abril 1932, pp. 16–24.

«Newsome Park to Open Soon; Shopping Center Is Feature». *Norfolk Journal and Guide*, 27 marzo 1943.

Reklaitis, Victor. «Hampton Archive: J. S. Darling: Leader of Seafood Industry in Hampton». *Daily Press*, 27 agosto 2006.

Rorty, James R. «Virginia's Creeping Desegregation: Force of the Inevitable». *Commentary Magazine*, julio 1956.

Rouse, Parker. «Hampton Archive: Early Days at Langley Were Colorful». *Daily Press*, 25 marzo 1990.

Shloss, Leon. «Russia Said to Have Fastest Fighter Plane». *Norfolk Journal and Guide*, 18 febrero 1950.

St. John Erickson, Mark. «No Easy Journey». *Daily Press*, 1 mayo 2004.

Stradling, Richard. «Retired Engineer Remembers Segregated Langley». *Daily Press*, 8 febrero 1998.

Thompson, James G. «Should I Sacrifice to Live "Half-American"?». *Pittsburgh Courier*, 31 enero 1942.

Uher, Bill. «Tuskegee Airman Reunites with "Best Plane in the World"». NASA. gov, 10 junio 2004.

«USO Secretary Weds Navy Man». *Norfolk Journal and Guide*, 25 noviembre 1944.

Vaughn, Tyra M. «After Civil War, Black Businesses Flourished in Hampton Roads». *Daily Press*, 14 febrero 2010.

Walker, W. R. «Mimosa Crescent, Post-War Housing Project, Started». *Norfolk Journal and Guide*, 15 julio 1944.

Watson, Denise M. «Lunch Counter Sit-ins: 50 Years Later». *Virginian-Pilot*, 15 febrero 2010.

Weaver, Robert C. «The Employment of the Negro in War Industries». *The Journal of Negro Education*, Verano 1943, pp. 386–96.

«What's a War Boom Like?». *Business Week*, 6 junio 1942, pp. 22–32.

GUÍA DE LECTURA DE GRUPO

1. Al comenzar el libro, el lector se encuentra con Melvin Butler, el encargado de personal blanco, quien buscaba desesperadamente matemáticos cualificados y que terminó contratando a mujeres negras para esos trabajos que históricamente habían sido ofrecidos a hombres blancos. Shetterly reflexiona: «Quizá Melvin Butler fuese progresista para su época, o quizá fuese un simple funcionario que llevaba a cabo su labor. Quizá fuese ambas cosas». ¿Qué piensa usted?

2. La autora nos dice que la joven Dorothy Vaughan era: «Poseedora de una seguridad innata que no la limitaba ni por su raza ni por su género, Dorothy agradeció la oportunidad de demostrar su valía en un terreno académico competitivo». ¿Cómo cree que esta perspectiva de vida le ayudó a Dorothy en Langley? ¿Compartían esta aptitud las otras mujeres de los computistas del oeste?

3. Dorothy, esposa y madre de cuatro niños, deja a su familia en Farmville para ejercer su trabajo como matemática a más de 160 kilómetros de distancia. Su trabajo en Langley ofrecía el doble de lo que solía cobrar como maestra en una escuela segregada, pero esto conllevaba no ver a su familia durante semanas. ¿Habría hecho usted lo mismo? ¿Mereció la pena su sacrificio?

4. La autora nos dice: «Las computistas del oeste demostrarían que eran iguales o mejores, habiendo interiorizado el teorema negro de tener que ser el doble de buenas para

llegar la mitad de lejos». ¿Cree que esto es cierto? ¿Por qué cree usted que pensaban de esta forma?

5. Mary Jackson no permitió que el coro de niños de su iglesia cantara la canción *Pick a Bale of Cotton*, una canción alegre sobre la esclavitud: «La canción reforzaba todos los estereotipos de lo que un negro podía ser o hacer. Ella sabía que a veces las más importantes batallas por la dignidad, el orgullo y el progreso se libraban con la más simple de las acciones». ¿Dónde encuentra otras acciones simples de este tipo relatadas en el libro que describen esta verdad? ¿Cuáles fueron?

6. El reconocido matemático doctor William Claytor, el mentor de Katherine Johnson, cree que su excepcional talento la convertiría en una matemática de primer grado, pero cuando Katherine Johnson preguntó: «Pero ¿dónde encontraré trabajo?». Él respondió: «Eso es asunto tuyo». ¿Cómo hubiera respondido usted? ¿Hubiera continuado con sus estudios con tantos desafíos? ¿Por qué piensa que Katherine tomó la decisión que tomó?

7. Mary Johnson «veía las relaciones entre mujeres como una manera natural de salvar las diferencias raciales». ¿De qué manera esos puntos en común que tenían las computistas del oeste con sus compañeros varones blancos —el amor a las matemáticas y las ciencias, las partidas de bridge, dedicación a su trabajo— les ayudó a superar las divisiones impuestas por la sociedad?

8. «No amaneció un solo día sin que estuviera ansiosa por llegar a la oficina. La pasión que sentía por su trabajo era un don, algo que pocas personas experimentan en su vida». ¿Fue esta pasión por su trabajo la clave para que Johnson superara los obstáculos que enfrentó por su género y raza? ¿Podría simplemente considerarse afortunada por hallar la ocupación adecuada? ¿Piensa que hay muchas personas que se siente de esta manera en cuanto a sus trabajos?

9. Irónicamente, la integración de las computistas del oeste con el resto de la sección de computaciones conllevó la democión de su supervisor, Dorothy Vaughan: «pese a saber durante años que aquel día acabaría por llegar, e incluso haber hecho todo lo que estaba en su poder para lograrlo, la victoria que saboreó... estuvo teñida de decepción. El progreso del grupo suponía un paso atrás para su líder; la carrera de Dorothy como directora llegó a su fin el último día de la oficina de Computación de la zona oeste». ¿Qué nos dice esto en cuanto a la naturaleza del progreso? ¿Cómo se hubiera sentido si fuera Dorothy Vaughan?

10. «Estar a la cabeza de la integración no era una cosa apta para cardiacos», observa Margot Lee Shetterly. ¿Piensa usted que las mujeres de Computación de la zona oeste eran excepcionalmente valientes? ¿Alcanzaron ese lugar porque eran audaces, o porque crecieron en su valentía conforme se enfrentaban a los desafíos de trabajar en Langley y vivir bajo Jim Crow?

ACERCA DE LA AUTORA

Aran Shetterly

MARGOT LEE SHETTERLY es una escritora que se crio en Hampton, Virginia, donde conoció a muchas de las mujeres de *Talentos ocultos*. Es una becaria de la Fundación Alfred P. Sloan y receptora de una beca de investigación de la Fundación de Humanidades de Virginia para el estudio de la historia de mujeres en computación. Reside en Charlottesville, Virginia.

2/19 Ø.

CPSIA information can be obtained
at www.ICGtesting.com
Printed in the USA
LVOW07s1807280217
525671LV00006B/32/P